AF356255

TRAITÉ DE CHIMIE

APPLIQUÉE AUX ARTS.

ATLAS.

EXPLICATION DES PLANCHES.

PLANCHE PREMIÈRE.

Fig. 1. Ballon à long col. — 2. Ballon à cordeline : ils sont employés pour chauffer les liquides.

3. Ballon à tubulure. Il s'adapte comme récipient aux appareils distillatoires.

4. Matras à fond plat, employé autrefois pour quelques calcinations.

5. Matras d'essayeur, fort commode pour toutes les expériences analytiques.

6, 7, 8. Ballons à deux ou trois pointes employés comme réfrigérens pour les distillations.

9. Cloche courbe, employée toutes les fois qu'on a besoin de mettre un solide en contact avec un gaz à une température élevée.

10, 11. Cornue simple et cornue tubulée.

12, 13. Allonge simple et allonge recourbée. Elle sert à prolonger en quelque sorte le col des cornues et éloigne ainsi du feu les récipiens refroidis.

14. Fiole ordinaire.

15. Éprouvette à recueillir les gaz.

16. Récipient florentin.

17, 18, 19. Vaisseaux distillatoires en verre.

20, 21. Éprouvettes à pied.

22. Verre à expérience avec la baguette de verre pour agiter les liqueurs à essayer.

23. Conserve pour mettre les produits sur lesquels l'air est sans action.

24, 25. Bocaux ordinaires fermant au liége.

26, 27. Bocaux fermés avec des bouchons de verre usés à l'émeri.

28. Tubes de verre qu'on ferme à la lampe pour y renfermer les produits que l'on veut garantir entièrement du contact de l'air.

29. Bocaux à large ouverture que l'on peut fermer avec un disque de verre luté.

30. Entonnoir ordinaire.

31. Entonnoir qu'on emploie pour transvaser les gaz sur la cuve à mercure.

32. Entonnoir à robinets.

33, 34, 35, 36. Pipettes de diverses formes qui servent à aspirer les liquides.

37, 38, 40. Capsules de porcelaine.

39. Terrine de grès.

1

41. Bassine en cuivre.

42, 43, 44, 45. Creusets.

46. Têt de terre cuite : on l'emploie pour chauffer les corps au rouge avec le contact de l'air.

47. Coupelle d'essayeur.

48. Fromage : c'est un disque en terre cuite que l'on place sous les creusets.

49, 50. Spatule.

51. Cuillers en fer, qui servent à projeter les matières dans les creusets.

52, 53, 54. Pinces de diverses formes.

55. Pelle à charbon.

56. Pince.

57. Ressort en spirale qui sert à soutenir les tubes pleins de gaz, quand on veut les mesurer.

58, 59. Lime plate et lime triangulaire.

60, 61, 62. Rape demi-ronde, queues de rat ; elles servent à arrondir ou à percer les bouchons.

63. Triangle pour supporter les cornues ou ballons sur le feu.

64. Grilles en fil de fer, pour supporter les tubes sur le feu.

65. Disque de tôle percée qui sert à supporter les capsules sur le feu.

66. Lingotière pour couler les métaux.

67. Percerette en fer dont le bout chauffé au rouge sert à percer les bouchons.

68, 69. Bougies suspendues pour essayer les gaz.

70. Coupelle suspendue pour plonger dans les gaz divers corps solides.

71. Tige qu'on emploie pour pousser au travers du mercure les corps solides que l'on veut porter au sommet des cloches courbes (9).

72, 73. Flacon à deux et trois tubulures.

74. Flacon à deux tubulures, muni d'un robinet pour le vider.

75. Mortier de bronze. — 76. Mortier de marbre.— 77. Mortier de porcelaine.

78. Mortier de verre. 79. Mortier d'agate.

80. Cloche à bouton.

81. Cloche destinée à recevoir un robinet de cuivre ou de fer.

82. Cloche à large rebord, dressée à l'émeri.

83. Cloche à tubulures.

84. Large cuvette en verre.

85. Cornue en porcelaine.

86. Tube en porcelaine. — 87. *id.* à deux entrées.

88. Pince à ressort.

PLANCHE II.

Fig. 1. Appareil pour filtrer. —2. Autre appareil à filtre.

3, 4. Carrelet muni de pointes, sur lesquelles on fixe une toile pour les grandes filtrations.

5. Verre d'où l'on décante un liquide pour le séparer d'un dépôt rassemblé au fond du verre; le bord de celui-ci doit être graissé pour que le liquide ne puisse pas couler le long du verre; la baguette appliquée contre ce bord sert à diriger le jet du liquide.

6. Petite pipette qu'on emploie pour aspirer les dernières gouttes de liquide que l'on n'a pas pu décanter.

7, 8. Syphons et leur emploi pour décanter. —21, 22. Autres syphons.

9. Chausse en laine pour filtrer les sirops et les liqueurs analogues.

10. Carrelets pour fixer des morceaux de laine qui remplacent les chausses.

11. Passoire.

12, 13, 14. Tamis pour passer les poudres.

15. Étouffoir pour éteindre les charbons allumés.

16. Fer à couper le verre : on rougit l'un des anneaux que l'on applique sur le verre froid.

16. Baguette en charbon que l'on allume par un bout et qu'on emploie au même usage.

17. Creuset en fer.

18. Manière d'amorcer les syphons quand on les emploie à décanter des liqueurs caustiques. On souffle par le tube droit; la liqueur monte dans le syphon, et dès que celui-ci est amorcé, on cesse de souffler; la liqueur continue à couler par le syphon.

20. Appareil pour fitrer à l'abri du contact de l'air. Le liquide à filtrer se place dans l'allonge et l'air ou le gaz remonte par le tube recourbé dans cette même allonge à mesure que le liquide en descend.

23. Support à filtrer et lampe pour les évaporations. *A* est la cloche en verre qui sert à recouvrir la mèche de la lampe à alcool pour empêcher ce liquide de s'évaporer.

24. Éprouvette graduée.

25, 26, 27. Couteaux d'ivoire ou de corne pour recueillir les précipités sur les filtres.

28. Pince à charnière pour soutenir les capsules au dessus du feu.

29. Porphyre avec sa molette pour broyer les poudres.

30, 31, 32, 33. Pinces et supports mobiles.

34. Cloche et ballon à robinets pour les gaz.

35, 36, 37, 38. Tubes de sûreté.

39. Lampe à double courant. *A* plan de lampe. *B* son bouchon. *C* la cheminée de tôle.

40. Lampe simple à alcool. — 44. Autre lampe simple à l'alcool en verre.

41. Bain de sable : c'est une poêle en fer remplie de sable. On y place les vases qui doivent être soumis à une douce chaleur.

42. Bassine en fonte.

43. Filtre en papier. *A*, *b*, *c*, *d*, *e*, filtre à diverses époques de sa fabrication.

45. Tube gradué pour mesurer les gaz et les liquides.

46. Vessie à robinet.

47. Fabrication d'un tube de caoutchouc. *A* lame de caoutchouc qu'on met tremper dans de l'eau chaude pour la ramollir. On l'essuie bien soigneusement, et on coupe avec des ciseaux les deux bords qu'on veut coller; on roule la lame sur un mandrin *b*, et on met les deux bords coupés en contact en les pressant fortement. On serre ensuite le tube avec du lacet plat *c*, et, au bout de quelques jours, on le retire du mandrin et on a le tube *d*. Ces tubes servent à lier les diverses parties des appareils à gaz. On en voit un exemple en 49. Le même appareil, monté avec un bouchon de liége, se voit en 50.

51. Appareil pour laver les précipités. A moitié rempli d'eau, cet appareil, quand on le renverse, laisse couler l'eau, goutte à goutte, à travers son tube effilé. Il suffit d'échauffer l'air avec la main pour rendre le jet plus rapide.

PLANCHE III.

Fig. 1. Appareil à recueillir le gaz dégagé par la chaleur d'un corps solide quelconque. *m* cornue qui renferme le solide à échauffer. *q* tube de sûreté qui conduit le gaz. *n* planchette percée qui supporte la cloche. *o* cloche à gaz. L'appareil est disposé sur la cuve à eau.

2. Cuve à eau. *m* tablette fixe. *n* tablette mobile. *p* robinet.

3 et 3 *a*. Autre appareil semblable au précédent, mais sans tube de sûreté. On y voit le plan et la coupe de la cuve à eau.

4. Manière d'employer les cloches courbes.

5. Appareil à dessécher les gaz. *a* grande éprouvette. *c* tube de verre qui passe au travers du bouchon *b*, et se rend au fond de l'éprouvette; il apporte le gaz. *d* tube de verre qui passe aussi au travers du bouchon *b* : il s'arrête au sommet de l'éprouvette, et sert à emporter le gaz. *cc* tuyaux de caoutchouc fixés aux tubes *c* et *d*, et servant à lier l'appareil à ceux qui doivent produire ou employer le gaz. *ff* bouchons de liége qui ferment l'appareil quand on ne s'en sert pas. On remplit l'éprouvette de chaux ou de chlorure de calcium; on soutient la matière à quelque distance

du fond de l'éprouvette au moyen d'un bouchon percé de trous, pour éviter l'obstruction du tube *d*.

7. Appareil de Woulf.

8, 9, 16, 17. Eudiomètres décrits dans le tome premier, pag. 38 et suivantes.

10. Disposition employée pour prendre exactement la mesure des gaz.

6. Appareil distillatoire simple. *e* tube en *S* qui sert à verser la liqueur dans la cornue *a*, d'où celle-ci passe en vapeur dans l'allonge *b*, puis dans le ballon refroidi *c*, où elle elle se condense. L'air ou les gaz se dégagent par le tube *d*; l'allonge est liée au ballon et à la cornue par des bandes lutées *ff*.

11. Appareil distillatoire très-simple.

12, 13, 14, 15. Cuve à mercure. *a* tiroir. *b* rebords en bois, qui empêchent la dispersion du mercure. *ff* rigole qui reçoit le mercure qu'on laisse tomber sur la table. *c* cuve à mercure en pierre. *d* fosse de la cuve. *ee* rigoles creusées dans sa tablette pour engager les tubes à gaz.

18. Tube à plusieurs courbures dont chaque courbure peut servir de récipient en la refroidissant. Ce tube sert quand on a de petites quantités de liquide à distiller.

19, 20, 21. Appareil pour chauffer au bain-marie et à la vapeur.

PLANCHE IV.

Fig. 1, 2, 3, 4, 5, 6, 7. Divers appareils destinés à mettre les gaz en contact avec des liquides.

8. A et B. Appareils pour brûler le charbon ou le diamant dans le gaz oxigène. Ils sont décrits dans le tome I, page 504.

9. Disposition la plus simple pour recueillir les gaz dégagés par un liquide chaud. On en voit un autre fig. 13.

10. Appareil pour mettre en contact un gaz avec un solide incandescent. On en trouve un exemple tome I, page 502.

11. Appareil pour distiller de petites quantités de liquide.

12. Appareil pour l'hydrogène, l'acide carbonique, etc.

14 Appareil pour sécher à chaud dans le vide. *h* plateau de la machine pneumatique. *g* cloche. *f* tube qui communique au tube plus large *e*, rempli de chlorure de calcium. Celui-ci communique avec le tube *a*, contenant la matière à dessécher. Le tube *a* plonge dans un tube *b* plein d'eau chaude ou de mercure chaud. Enfin ce dernier communique, au moyen d'un tube recourbé *c*, avec une cuvette *d* qui reçoit l'excès du liquide chassé par la dilatation.

15. Appareil de M. Gay-Lussac pour l'analyse des substances organiques.

PLANCHE V.

Fabrication du coke. Fig. 1, 2 et 3. Cheminée de Wilkinson pour la carbonisation de la houille en meules. Fig. 4 et 5, disposition de la meule.

Fig. 6, 7, 8, 9 et 10. Carbonisation de la houille en meule au Janon, près St-Etienne.

Fig. 11. Fourneau à coke de Lord Dundonnald.

Fig. 12 et 13. Four à réverbère pour le coke.

Voyez le tome I, pag. 620 et suivantes.

PLANCHE VI.

Préparation de l'hydrogène en grand. Fig. 1. *Voyez* tom. I, p. 8.

Préparation du chlore en grand. Fig. 2. *Voyez* tom. I, p. 54.

Siphon de platine pour l'acide sulfurique. Fig. 3, 4 et 5. *Voyez* tom. I, p. 215.

PLANCHE VII.

Fig. 1. Coupe de l'appareil pour la *fabrication de l'acide nitrique ou hydrochlorique*. Fig. 2. Élévation du même appareil sur une échelle moindre. *Voyez* tom. I, pag. 70.

Chambre de plomb pour l'acide sulfurique. Fig. 3. *Voyez* tom. I, page 201.

Soupape à eau de la chambre de plomb. Fig. 4. P. est une plaque en plomb ajustée à charnière au point x, et allégée par un contrepoids porté par une chaîne CC, qui glisse sur une roue R, en passant au travers d'un trou n pratiqué à la paroi de la cheminée. La plaque P est munie en dessous d'un rebord circulaire, qui plonge dans la rainure mm, constamment remplie d'eau.

Fourneau de galère pour la concentration de l'acide sulfurique, en vases de verre ou de grès. Fig. 8, coupe longitudinale. Fig. 5. Plan. Fig. 7. Coupe transversale. f foyer. c cendrier. n cheminée. $u, u, u, u,$ capsules de fonte servant de bains de sable. o cornue. L'emploi du bain de sable occasione un peu plus de dépense en combustible, mais il permet d'éviter l'application du lut terreux autour des cornues. Quand on chauffe à feu nu, ce lut est toujours nécessaire. *Voyez* tom. I, p. 213.

Appareil à une seule cornue pour le phosphore. Fig. 8. *Voyez* tom. I, p. 254. On a joint dans la figure la petite baguette de fer b, imaginée par M. Baget. On recourbe le bout contourné en spirale, après avoir passé la tige de fer dans le bouchon qui doit fermer le bocal condenseur; puis on engage cette partie contournée dans le col de l'allonge. Au moyen de quelques légers mouvemens, on fait tomber le phosphore qui se condense dans l'allonge vers la fin de l'opération, et on empêche ainsi l'allonge de se boucher.

PLANCHE VIII.

Appareil de Puzzuoli pour l'extraction du soufre. Fig. 1. Vue de l'appareil ancien. On a supprimé tous les condenseurs, sauf le premier. Fig. 1. A, coupe de cet appareil. On voit que le pot à distillation, encastré dans l'épaisseur du mur, ne présente à la flamme que le tiers ou le quart de sa surface, ce qui rend à la fois le chauffage très-imparfait et la casse des pots plus fréquente, ceux-ci éprouvant à chaque opération des dilatations où des contractions très-inégales. D'ailleurs, on voit que, pour décharger les pots ou les charger, il faut à chaque fois démolir le fourneau. Aujourd'hui on emploie la disposition représentée fig. 1 C. Les pots sont placés dans le fourneau tout entiers, et on les entre ou sort à chaque opération, par une porte en briques qu'on démolit à chaque fois sans détruire le fourneau. La fig. 1 B montre une disposition qui serait préférable encore, en ce que les pots étant enfermés dans le fourneau, leur ouverture principale serait néanmoins au dehors de celui-ci, et pourrait servir en conséquence à la charge ou à la décharge des pots sans qu'il fût nécessaire d'interrompre le feu. *Voyez* tom. I, p. 121.

Chaudière à décantation pour le soufre. Fig. 2. *Voyez* tom. I, p. 121.

Chambre à distillation pour le soufre. Fig. 3. Les principales dispositions en sont décrites, tom. I, p. 122. Il reste à indiquer les détails de l'appareil de coulage. h est un bouchon conique terminé par une tige o qu'un ressort m tient constamment pressée de dedans en dehors. nn est une plaque en fonte munie d'un tuyau conique aussi, dans lequel s'engage le bouchon. r est une rigole qui sert à l'écoulement du soufre. qq une petite capsule où l'on place quelques charbons pour fondre le soufre qui se fige dans le trajet.

Moules à soufre. Fig. 5. Autrefois on les faisait en sapin et on les disposait sur une table. Fig. 5. On versait alors le soufre à la cuillère dans chaque moule. Aujourd'hui, on les fait en buis. Fig. 5 a. Ils sont formés d'un moule conique m et d'un bouchon aussi conique n. On présente les moules successivement au bas de la rigole r; une fois remplis, on les met dans un baquet d'eau froide, et quand le soufre est figé, au moyen d'un petit coup donné sur la tige n, on chasse le bâton de soufre hors du moule.

2

(6)

PLANCHES IX, X et XI.

Appareil de M. D'Arcet pour les fumigations sulfureuses. Voyez tom. I, pages 152 et suivantes.

PLANCHE XII.

Préparation de l'ammoniaque en grand. Fig. 1 et 2. *Voyez* tom. I, pag. 300.
Préparation du réalgar. Fig. 3, 4 et 5. *Voyez* tom. I, p. 372.
Préparation du phosphore en grand. Fig. 8. Vue de deux fourneaux de galère accolés. Fig. 7, plan des fourneaux. Fig. 6, coupe de l'un d'eux. *ppp* portes des foyers. *ff* foyers. *nn* cendriers. *mm* cavité dans laquelle on place les cornues. *cc* cheminées. Chaque fourneau a trois cornues, et chacune d'elles un récipient analogue à celui de la fig. 8, pl. 7.
Taille des pierres à fusil. Fig. 9, 10, 11, 12, 13, 14 et 15. *Voyez* tom. I, p. 410.
Aérage des mines. Fig. 16. Coupe d'une mine de houille et de sa cheminée d'aérage. *a* puits d'extraction, *n* puits d'aérage, *o* cheminée. Le sens du courant est établi en *a, b, d, e, c, n, m, u.* Le foyer *f*, ainsi que le cendrier *m*, sont fermés, et vers le point *n* se trouvent des diaphragmes en toile métallique pour prévenir toute explosion rétrograde.

PLANCHE XIII.

Lampes de sûreté. Voyez tom. I, p. 474.

PLANCHE XIV.

Préparation du charbon par meules. Fig. 1, 2, 3, 4, 5, 6, 7, 8. *Voyez* tom. I, pag. 562 et 584.
Appareil de carbonisation de M. Foucaud. Fig. 9, 10 et 11. *Voyez* tom. I, p. 570.
Appareil de carbonisation de M. Lachabeaussière. Fig. 12, 13, 14, 15 et 16. *Voyez* tom. I, p. 571.

PLANCHE XV.

Fourneau à carbonisation de M. Schwartz. Fig. 1, 2 et 3. *Voyez* tom. I, p. 579.
Noir de fumée par la résine. Fig. 4. *Voyez* tom. I, p. 441.
Noir de fumée par la houille. Fig. 5, 6 et 7. *Voyez* tom. I, p. 442.

PLANCHE XVI.

Extraction du gaz de l'huile. Fig. 1. *Voyez* tom. I, p. 644.
Extraction du gaz de la houille. Fig. 2. *Voyez* tom. I, p. 646.
Forme des cornues. Fig. 3, 4, 5, 6 et 6 *a. Voyez* tom. I, p. 650.
Disposition des fourneaux. Fig. 7 et 8. *Voyez* tom. I, p. 651.
Vis d'Archimède pour l'épuration du gaz. Fig. 9. *Voyez* tom. I, p. 655.
Tuyau de conduite. Fig. 10. *Voyez* tom. I, p. 600.
Pompe à compression. Fig. 11. R, vase où l'on veut condenser le gaz. D, tuyau à soupape qui amène le gaz du corps de pompe dans le récipient R, C, tuyau également à soupape, qui amène le gaz du gazomètre dans le corps de pompe. A, piston. B, corps de pompe. *m* soupape qui est chargée d'un poids *n*, calculé de manière qu'elle se soulève à 30 atmosphères.
Ce système de pompe offrant l'inconvénient signalé tom. I, p. 687, il a été remplacé par la pompe de la fig. 12, qui s'y trouve décrite.
Robinet des récipiens à gaz comprimé. Fig. 13. *Voyez* tom. I, p. 688.
Gazomètre à lunette. Fig. 14. *Voyez* tom. I, p. 658.

Becs de gaz. Fig. 15. *Voyez* tom. I, p. 660.
Appareil de M. Bourguignon. Fig. 16. *Voyez* tom. I, p. 678.

PLANCHE XVII.

Appareils pour la *préparation du potassium. Fig.* 1, 2 et 3.
Appareil de MM. Gay-Lussac et Thénard. *Voyez* tom. II, page 445.
Fig. 4, 5, 6, 7 et 8, appareil de Brunner établi au collége de France. Il a été suffisamment décrit, tom. II, pag. 446. Nous ferons ici, seulement, deux observations importantes. La première, c'est qu'on a oublié dans la gravure une tubulure au couvercle *u* du récipient et un tube de verre qui s'y ajuste pour le dégagemen du gaz. La seconde, c'est que le tube *r* doit être entouré de charbons ardens pour prévenir son obstruction. La paroi du fourneau est donc excavée tout autour du canon de fusil, pour que le charbon puisse l'envelopper.

PLANCHE XVIII.

Fabrication du salpêtre. Fig. 1, 2 et 3, caisse à lessiver les platras. *Fig.* 4, 5, 6, chaudière à évaporer la lessive. *Fig.* 7 et 8, cristallisoir pour le raffinage. *Fig.* 9, 10 et 11, caisse à laver le salpêtre pour achever sa purification.
Voyez le tome II, pages 745 et suivantes.

PLANCHE XIX.

Fabrication de la poudre à canon. Fig. 1 et 2, pilon des moulins à pilons. *Fig.* 3, 4 et 5, mortiers. *Fig.* 6, 7 et 8, tamis. *Fig.* 9, éprouvette de Reigner. *Fig.* 10, mortier-éprouvette.
Voyez le tome II, pag. 790 et suivantes.

PLANCHE XX.

Marais salans. Voyez tom. II, page 485.

PLANCHE XXI.

Bâtimens de graduation.

Fig. I, coupe transversale des bâtimens de graduation de Bex.
Fig. II, coupe longitudinale des mêmes bâtimens.
Fig. III et IV, rigoles entaillées qui versent l'eau sur les fagots.
Fig. V, coupe transversale d'un bâtiment à un seul rang d'épines. *a*, charpente. *b*, toit supérieur. *c*, toit inférieur. *d*, fagots d'épines. *e*, canal qui verse l'eau dans les rigoles principales par des entailles faites à leurs faces latérales. *f*, rigoles qui versent l'eau sur les fagots. *g*, espace vide qui se trouve ménagé dans toute la longueur des bâtimens, pour faciliter la circulation de l'air. *p*, plancher sur lequel l'eau s'écoule pour aller gagner les réservoirs. *r*, réservoir. *s*, pilotis qui supportent le bâtiment.
Fig. VI, coupe longitudinale du même bâtiment.
Fig. VII, disposition des rigoles, pour verser l'eau tantôt d'un côté, tantôt de l'autre. Cet effet s'obtient en fermant ou ouvrant à volonté les entailles de la rigole du milieu qui reçoit l'eau des pompes. On y parvient en faisant glisser le long de ses parois une planche entaillée aussi; quand les entailles coïncident, l'eau s'écoule; dans le cas contraire, l'écoulement cesse. Pour mouvoir la planche glissante, on se sert du lévier *i*, jouant dans l'anneau *y*. On se sert aussi (*fig.* VII) d'un axe *uu* auquel sont fixées par des brides en fer les planches glissantes; au moyen de la manivelle *yy*,

(8)

que l'on tire alternativement par les cordes *nn*, on met l'axe en mouvement, et celui-ci entraîne les planches entaillées.

Ces deux systèmes sont représentés en place, dans les *fig.* V et VI.

Fig. XI, coupe d'un bâtiment à trois rangs de fagots. *a*, charpente. *b*, toit. *c*, ouverture du toit pour faciliter la circulation de l'air. *g*, *hh*, manivelle et ses cordes pour faire glisser la planche entaillée. *e*, rigole principale. *l*, rang d'épines supérieur. Il est placé sur un plancher incliné par lequel il verse ses eaux sur les deux rangées inférieures *dd*, entre lesquelles on a ménagé un vide *k*.

Fig. X, vue latérale du même bâtiment.

Fig. IX, cuvette d'un bâtiment à tables.

Fig. XII, disposition d'un bâtiment à tables ou à cuvettes; l'eau s'écoule de l'une à l'autre par les trous *n*, et vient se rendre au réservoir *h*.

Ces bâtimens à cuvettes, imaginés par M. Baader, n'ont pas été adoptés. On y perd moins d'eau, mais l'évaporation y est plus lente

PLANCHE XXII.

Chaudières des Salines disposées à la manière de Cleiss. Fig. I, plan général des chaudières; elles sont au nombre de six, dont cinq ont chacune leur foyer particulier. La sixième est le *poêlon*, qui est chauffé par les fumées réunies des cinq autres. Voici la marche du travail :

..L'eau salée arrive dans le *poêlon*, où elle s'échauffe sans bouillir; là elle se dépouille de quelques substances en suspension, et se rend ensuite dans la *poêle de graduation*. Sur celle-ci, on a marqué la disposition des plaques de tôle dont elle est formée; l'eau y arrive facilement, parce qu'on a eu soin de la placer plus bas que le poêlon. L'eau y est chauffée par un foyer, s'y concentre, et quand elle est parvenue au degré convenable pour le schlotage, on l'amène dans les deux *poêles de préparation* placées plus bas. Là, on schlote jusqu'à ce que l'eau commence à saliner; quand elle est parvenue à ce degré, on l'amène dans les deux *poêles de cristallisation* placées encore plus bas. Le salinage s'y effectue lentement, l'eau étant maintenue près de l'ébullition, mais sans bouillir. A mesure que le sel cristallise, on le place sur l'*égouttoir*, plan incliné, où il se dépouille de l'eau interposée entre les cristaux. Celle-ci retombe dans la poêle.

Fig. II, disposition des plaques de tôle qui forment les poêles; les bords sont repliés et serrés par des boulons dans un écrou qui repose sur des piliers de fonte destinés à soutenir la poêle.

Fig. III, coupe selon la ligne AB. *Fig.* IV, coupe selon la ligne CD. Ces coupes donnent une idée générale de la disposition des appareils, mais sont inexactes quant aux détails. Les foyers *e* sont d'une dimension exagérée. Il serait facile de les calculer pour des dimensions données de chaudières. Par la seule disposition de ces figures, on voit que la flamme, après avoir passé sous les chaudières, circule autour d'elles dans des conduits qui l'amènent au-dessous du poêlon. Toutes les chaudières sont couvertes d'un toit qui en dirige les vapeurs dans une cheminée générale.

Du reste, la fumée, après avoir chauffé le poêlon, peut encore passer sous des plaques de fonte qu'elle chauffe aussi, et sur lesquelles on met le sel pour le sécher.

Les planches suivantes feront comprendre tous les détails qui manquent à celle-ci, et permettront d'y suppléer. Mais il est probable que la disposition générale représentée ici est la plus économique de combustible.

On a joint ici le dessin de quelques outils employés dans les salines. La pelle à écumer sert à enlever les écumes qui se forment pendant l'ébullition, ainsi que les pellicules de sel qui se produisent à la surface de l'eau. Le rateau pour assembler sert à ramasser tout le sel, qui se détache facilement du fond des poêles. On le porte sur l'égouttoir, quand on l'a rassemblé sur un des côtés de la poêle au moyen du râteau pour enlever le sel, qui est fait en écumoire pour faciliter l'égouttage. Quand le sel adhère trop, on se sert du racloir pour le détacher du fond de la poêle.

Pour porter le sel des portions du plan incliné qui touchent la poéle où on le met d'abord à celles qui sont plus éloignées, on se sert du râteau à auget de tôle.

Enfin on l'enlève avec une caisse en bois pour le porter dans le magasin.

On trouve dans la même planche l'aréomètre employé dans les salines de l'Allemagne. C'est un cône en cuivre lesté à son sommet. On y a tracé des degrés qui sont déterminés par expérience, en prenant de l'eau saturée de sel, pour dernier degré de l'échelle, et de l'eau pure pour son zéro. Les degrés intermédiaires sont fixés par des mélanges à proportions connues. Les degrés de cet instrument indiquent les centièmes de sel dissous. On en fait deux, l'un pour les liqueurs bouillantes, l'autre pour les liqueurs froides.

PLANCHE XXIII.

Chaudières de la saline de Hall en Tyrol, d'après M. Marcel de Serres. L'échelle est pour les fig. 1 et 2; les autres sont réduites à moitié.

Fig. 6, plan suivant la ligne A B. *Fig.* 5, plan suivant la ligne C D. *Fig.* 7, plan suivant la ligne E F. *Fig.* 4, plan suivant la ligne G H. *Fig.* 3, élévation du bâtiment du côté de la cheminée.

Fig. 1, coupe du bâtiment en travers. *Fig.* 2, coupe du bâtiment en longueur.

a, chambre placée sous le sol du foyer. *b*, canal d'aspiration du foyer. *f*, cendrier. *h*, supports en argile pour la grille. *g*, grille. *y*, canaux qui portent la fumée sous les chaudières à chauffer l'eau, puis sous les séchoirs du premier étage. De là, au moyen des conduits ponctués *l*, elle passe aux séchoirs *k*. On voit dans l'élévation les conduits ponctués qui l'amènent dans la cheminée *r*.

La chaudière *n* où l'on saline est la seule qui soit chauffée; elle l'est à la houille. Elle est recouverte d'un toit en planches *q* fermé par les trapes *t t*. On soulève celles-ci pour retirer le sel, que l'on dépose entre deux pour l'égoutter. De là, on le passe sur le plan incliné *u*, où il achève de s'égoutter avant d'aller aux séchoirs.

L'eau est d'abord chauffée par la fumée dans les chaudières *o*, qui sont séparées de la précédente par un intervalle coté 6; elle y coule par les robinets *p*. La marche de la fumée en *s s* est indiquée par des flèches. Après avoir traversé le mur de séparation, la fumée arrive sous les plaques des séchoirs supérieurs; elle redescend par les canaux *l*, et parvient en 8, 8, sous les plaques des séchoirs inférieurs, d'où elle gagne la cheminée générale.

Ainsi, l'eau passe des deux chaudières à chauffer *o* dans la chaudière à saliner *n*, et l'eau mère gagne le réservoir *e*, d'où on la retire au moyen d'une pompe 1, 2.

Le sel passe du plan incliné *x* au plan suivant *u*, d'où on le porte sur les premiers séchoirs. De là, au moyen de trémies *m, m*, dont on voit le conduit ponctué dans la fig. 2, on le fait tomber sur les séchoirs inférieurs *k*.

La flamme produite en *g*, passe sous la chaudière *n*; de là, elle se divise sous les deux chaudières *o*, circule sous celles-ci, puis sous les séchoirs supérieurs, descend sous les séchoirs inférieurs, et vient enfin se perdre dans la cheminée, où elle fait appel pour les vapeurs, qui y sont envoyées au moyen du toit *q*.

On trouve que le schlotage se fait mal, à cause de la basse température à laquelle se trouve portée l'eau dans les chaudières *o*; elle n'y peut pas bouillir. Son évaporation y est aussi trop lente.

Sous ces deux rapports, l'usine représentée dans la planche suivante est mieux entendue.

PLANCHE XXIV.

Chaudières des salines de Rosenheim, en Bavière, d'après M. Marcel de Serres.

Fig. 1, plan du rez-de-chaussée du bâtiment. *a*, chambres situées sous les chaudières. *b*, cendrier de la chaudière à saliner. *c*, canal d'aspiration qui porte l'air sous le cendrier de la chaudière à schloter. *d*, cendrier de la chaudière à schloter.

Fig. 2, plan à la hauteur des foyers. *e*, grille de la chaudière à schloter. *f. idem* de la chaudière à saliner. *g*, sol incliné des foyers. *h*, murailles qui soutiennent la chaudière à saliner, et qui font circuler la flamme au dessous d'elle. *i*, piliers de fonte ou de laitier qui supportent les chaudières. *k k*, murs qui entourent les foyers, et entre lesquels on a laissé un espace vide pour prévenir le re-

3

froidissement. *l*, galerie de communication, servant aussi de magasin. *m*, grand magasin. *n*, *n*, portes pour les foyers. *o*, *o*, galeries transversales de communication.

Fig. 3, plan à la hauteur des chaudières ou du premier étage du bâtiment. *p*, chaudière à schloter. *q*, chaudière à saliner. *y*, plan incliné où l'on jette le sel sortant de la chaudière. *r*, *r*, égouttoir pour le sel. *s*, *s*, canaux pour la fumée qui chauffe le séchoir. *t*, plaques de fonte du séchoir, qui ferment les canaux *s*, *s*, et qui reçoivent le sel : elles sont inclinées. *u*, *u*, *u*, petite rigole qui ramène dans la chaudière l'eau qui s'écoule du sel placé au séchoir. *z*, passage pour le service du séchoir. *v*, cheminée de la chaudière *p*. On voit en *x* le canal de rebroussement de la flamme qui vient lécher le liquide.

Fig. 4, coupe du bâtiment par le milieu, dans le sens de sa longueur. Les lettres ont la même valeur que dans les figures précédentes.

1, espace vide entre la cheminée et la chaudière à saliner. 3, plafond de cette chaudière. 5, ouverture par laquelle la fumée qui chauffe les séchoirs vient se rendre dans la cheminée. 6, 6, trapes qu'on ouvre pour retirer le sel, et entre lesquelles on le met à égoutter. 7, ouverture du cendrier. 7, ouverture du cendrier de la chaudière à schloter. 2, sa cheminée. 4, cheminée générale. 8, charpente qui soutient les crochets 9, auxquels est fixé le couvercle de la chaudière à schloter. Celui-ci est en tôle boulonnée.

Fig. 5, coupé en travers du bâtiment et de la chaudière à saliner. 11, portes de communication entre les deux chaudières. 12, conduits qui dirigent la fumée sous les plaques du séchoir.

Dans cette usine, on schlote dans la chaudière *p*, et l'eau prête à saliner passe dans la chaudière *q*, où l'on fait le sel. On ramasse le sel sur le plan incliné *y* ; de là, on le rejette plus haut en *r*, et enfin on le porte au séchoir. Le schlotage, le salinage et le séchage s'opèrent dans le même temps.

Par inadvertance, on a omis les échelles dans cette planche. Il est facile de retrouver les dimensions.

En effet, les plans sont à une échelle qui est la moitié de celle des coupes. La fig. 3 a douze toises de large.

PLANCHE V.

Fig. 5 et 6. Four à plâtre. *Voyez* tome II, page 530.

Fig. 1, 2, 3 et 4, four à potasse. Voici la manière de construire le four le plus convenable pour la calcination de la potasse.

On fait dans l'emplacement qu'on lui destine une légère fondation de quelques décimètres de profondeur, de 37 décimètres de face, et de 26 de longueur ; *a b c d* (*fig.* 4) : on élève, à partir du niveau du sol, le massif plein en maçonnerie, jusqu'à la hauteur de 2 décimètres, en composant les quatre faces de pierres de tailles ou de moellons piqués.

A cette hauteur, on établit sur la face de devant, et à la distance de 7 décimètres des deux angles, la naissance des deux bouches du cendrier *a a* (*fig.* 1) ; ces cendriers doivent être construits en briques ; on leur donne 4 décimètres, en ménageant toujours ces bouches, et donnant à leur âtre, depuis la naissance jusqu'au fond, c'est-à-dire dans la longueur de 23 décimètres, une inclinaison de 4 décimètres *a a* (*fig.* 2), et ayant soin aussi, en rapprochant successivement les deux côtés, de réduire le fond à 3 décimètres de large.

La maçonnerie se trouvant alors à 6 décimètres de hauteur, on la remonte de 4 décimètres, en recouvrant les bouches du cendrier d'une paroi supérieure de cette épaisseur, et de 1 mètre de longueur seulement ; ce qui laisse une ouverture aux cendriers de 13 décimètres de long *a b* (*fig.* 1 et 2). On partage cet espace vide en deux par une barre de fer *c*, de 6 centimètres d'épaisseur, et placée en travers. A partir de l'aplomb de chaque paroi intérieure du cendrier, on élève une cloison *d d* (*fig.* 3 et 4) de 2 décimètres de haut et de 1 décimètre de large, c'est-à-dire, d'une brique prise sur sa hauteur et sa largeur ; ce sont ces deux cloisons qui forment deux côtés de l'enceinte de l'âtre de la chambre du fourneau. On élève l'âtre intérieurement de 1 décimètre, c'est-à-dire de la hauteur d'une brique de champ ou d'une pierre à feu équivalente ; ce qui ne laisse plus dominer les cloisons que de 1 décimètre ; cet âtre forme alors un parallélogramme de 2 mètres de longueur et de 13 décimètres de large, prenant sa naissance à la même profondeur des cendriers, c'est-à-dire à 3 décimètres de la façade de devant du fourneau ; on en coupe les quatre angles circulairement en *d* (*fig.* 3).

A partir de l'aplomb des parois intérieures des cendriers, et dans toute leur longueur, on élève un arceau *e e e* (*fig.* 5) qui recouvre la chambre du four à la hauteur de 3 décimètres. L'espace embrassé de chaque côté, par la voûte et les parois de la chambre du four, forme ce que l'on appelle les foyers, *d e*. Ces foyers, qui ont, comme la chambre du four, 2 mètres de long, se composent encore d'un sol en pierres ou briques *a b* (*fig.* 4) de 1 mètre de long, en y comprenant la longueur de l'entrée. Les 13 décimètres restans sont vides et traversés d'une barre de fer *c* qui sert de grille.

Il ne s'agit plus, pour mettre la bâtisse du fourneau à la hauteur, que d'en élever les quatre faces de 9 décimètres de haut, en pratiquant dans celle de devant trois portes *b b c* (*fig.* 1), dont deux aient pour seuil le sol des foyers, et l'autre, au milieu, celui de la chambre du four.

On donne aux portes des foyers *b b*, 3 décimètres sur les deux sens, et à celle de la chambre *c* 5 décimètres de large sur 2 décimètres de hauteur. Cette entrée de la chambre est garnie en devant, en arrière et sur les côtés, de deux plates bandes de fer *g g* (*fig.* 3) de 2 centimètres d'épaisseur sur 8 centimètres de largeur; les extrémités de ces barres sont noyées dans la maçonnerie. La partie supérieure des cinq bouches du fourneau est formée en voûte par des briques de champ ou des pierres.

La surface supérieure du fourneau se termine en recouvrant le dos de la voûte avec des grávois mêlés d'argile, et en égalisant ce revêtissement par un enduit de mortier d'argile et de sable, jusqu'à la hauteur des quatre murs de face.

Au bout de quatre heures, ce four est assez chaud pour qu'on puisse y mettre le salin, tandis que dans les fours ordinaires, on ne peut commencer la calcination que douze à quinze heures après avoir allumé le feu.

On obtient constamment, dans ce four, 600 kilogrammes de potasse avec 1 stère de bois. La chaleur du four devient, au bout de deux à trois jours, si considérable, qu'alors on n'entretient les deux foyers qu'alternativement, en mettant une bûche d'un côté, quand l'autre côté commence à ne plus donner de flamme.

Chaque calcination dure deux heures quinze minutes, charge et décharge comprise; lorsque le four est en pleine chaleur, et donne cent soixante kil. de potasse.

PLANCHE XXVI.

Fig. 1, 2 et 3, appareil pour le chlorure de chaux solide.
Fig. 4, 5, 6 et 7, appareil pour le chlorure de chaux liquide. *Voyez* tome II, pag. 805.

PLANCHE XXVII.

Fours à chaux. *Fig.* 1, four à chaux commun.
Fig. 2 et 3, four à chaux, chauffé à la tourbe.
Fig. 4, four à chaux continu de Rumford.
Fig. 5, 6 et 7, four à chaux continu de Rudersdorf, chauffé avec le bois et la tourbe.
Fig. 8 et 9, four à chaux belge, chauffé à la houille.
Fig. 10 et 11, four à chaux de Lille, chauffé à la houille.

PLANCHE XXVIII.

Four à vitres, à la houille, d'après M. Dartigues.
Fig. 1, élévation. *Fig.* 2, plan au niveau de la grille. *Fig.* 3, coupe en A B. *Fig.* 4, plan suivant la ligne A B, *fig.* 3. *Fig.* 5, coupe en D E. *Fig.* 6, coupe en G H. *Fig.* 7, coupe suivant la ligne F. *Fig.* 8, élévation du corps du four pour montrer de face la disposition extérieure des ouvreaux.

Ce four est à 8 pots. On peut y fondre et travailler, en vingt-quatre heures, 3,000 à 3,500 livres de matière à verre à vitres, en brûlant 3,600 livres de houille. Celle-ci ne doit pas être trop collante. Il faut aussi qu'elle ne décrépite pas au feu.

La *fig.* 3 montre les principales dispositions de ce four. *c*, grille du foyer. EE, portes pour le charger. D, cendrier. II, pots ou creusets. FF, voûtes placées au dessous des arches. NN, conduits par lesquels la fumée passe dans les arches. Ces conduits se voient mieux dans la *fig.* 4, sous les lettres

ṖṖ, où l'on aperçoit la disposition des quatre arches, ainsi que celle de leurs ouvertures s s s s par où la fumée s'échappe.

PLANCHE XXIX.

Fig. 1, 2 et 3, four à vitres au bois, d'après M. Dartigues.

La *fig.* 1 montre l'élévation du four; la *fig.* 2 le plan au niveau des pots; la *fig.* 3, une coupe prise en travers d'un des pots. Les pots ou creusets sont ovales, ce qui économise la place dans le four. En face de chaque ouvreau se trouve un tréteau sur lequel se placent les ouvriers. A hauteur d'appui et à la droite du maître ouvrier, se trouve une auge carrée remplie d'eau et une fourchette en fer. Il place sa canne sur la fourchette, et la rafraîchit au moyen de l'eau contenue dans la caisse toutes les fois que cela est nécessaire. Sur le plancher et au dessous de la caisse se trouve le marbre ou mabre, bloc de bois de hêtre dans lequel on a creusé plusieurs demi-poires.

Pour obtenir 100 de verre en poids, on brûle 200 de bois en poids, tel qu'il vient de la forêt. On fait de 30 à 34 travaux en 30 jours.

Fig. 4, creuset sur une plus grande échelle.

Fig. 5, mabre sur une plus grande échelle.

Fig. 6, 7, 8, 9, 10 et 11, four à étendre les vitres.

La *fig.* 10 montre le plan du four au niveau du tizard. La *fig.* 11, le plan pris au niveau de la sôle du four à étendre et du four à recuire les vitres. La *fig.* 8 est une coupe en C D. La *fig.* 9, une coupe en A B. La *fig.* 7 est une élévation du côté de l'ouverture de la trompe, et la *fig.* 6 une autre élévation du côté de la porte du fourneau à recuire. Pour échauffer le four, on charge le tizard par les deux bouts. Quand on veut étendre, on ne laisse qu'une petite ouverture du côté du four à étendre, par laquelle on met une bûche de temps en temps. La flamme du tizard se répand dans les deux fours par les ouvertures *eeeee*, *fig.* 11. Cette figure montre en EE la trompe par laquelle arrivent les cylindres de verre. En F se trouve le lagre sur lequel on les étend. Le travail se fait par une porte placée en C, *fig.* 8. On pousse les vitres dans le four à recuire, où, par la porte L, on les redresse en les appliquant sur des barres de fer placées en I.

Fig. 12, canne à souffler le verre.

Fig. A, B, C, D, E, F, G, H, I, L, M. Façon d'une vitre soufflée.

PLANCHE XXX.

Fig. 1 et 2. *Four à boudines.* Voyez la PLANCHE XXXII.

Fig. 3. *Four à verre en tables* d'après M. Dartigues. Élévation du four disposé pour le travail.

Fig. 4. Plan du même four pris au niveau des creusets.

Les principales dispositions de ce four sont semblables à celles du four à vitres.

Fig. 5. Coupe en A B du four à étendre le verre en tables.

Fig. 6. Plan du même four pris au niveau des places d'étendage.

E E, trompe pour conduire les cylindres. F, plaque du four à étendre. J, place où se met l'étendeur. H, ouverture pour passer les tables de verre dans le four à recuire en G. c c, porte par laquelle on pousse les tables de verre de F en G. L, baguettes de fer qui servent à soutenir les tables à recuire.

A B C D E F G H I J, façon du verre en table.

Pour la façon du verre à boudines, voyez la PLANCHE XXXII.

PLANCHE XXXI.

Four à glaces coulées. Fig. 1. Elévation du four du côté des ouvreaux.

Fig. 2. Elévation de la tonnelle.

Fig. 3. Coupe suivant la ligne A B.

Fig. 4. Plan au niveau du foyer.

Fig. 5. Plan au niveau des arches.

Fig. 6. Coupe suivant la ligne C D.

Fig. 7. Détail de la fermeture de la tonnelle.

Fig. 8 et 9. Pièces qui ferment les ouvreaux.

La *fig.* 5 montre les principales dispositions de ce four. A est le foyer, que l'on charge en bois par les ouvertures ménagées à la tonnelle (*fig.* 7). C est le siége sur lequel se placent les pots et les cuvettes. B le plan incliné par lequel le siége vient se réunir au foyer. DD, creusets ou pots à fondre la matière. EE, cuvettes dans lesquelles la matière se prépare au coulage. FFF, ouvreaux. LL, arches à cuire les pots et les cuvettes. PP, creusets. SS, cuvettes qui cuisent. HH, lunettes ou conduits par lesquels la flamme passe dans les arches. Les arches vides sont destinées à fritter les compositions pour le verre.

L'ouverture A, *fig.* 2, nommée *tonnelle*, sert à enfourner les pots. Elle est fermée ensuite, sauf une ouverture carrée que l'on voit *fig.* 7, et qui sert de tizard pour jeter le bois sur l'âtre. On ferme la tonnelle par le haut avec des briques, et par le bas avec des pièces a, b, cc, dd, dont la disposition est indiquée en élévation et en plan.

Les ouvreaux sont fermés par des tuiles (*fig.* 8 et 9), munies de trous qui servent à les enlever ou à les placer avec des fourches en fer.

PLANCHE XXXII

Four de verrerie allemand pour bouteilles, chauffé au bois, d'après M. Dartigues.
Fig. 3. Plan au niveau des siéges.
Fig. 4. Plan au niveau des arches.
Fig. 1. Coupe suivant la ligne A B.
Fig. 2. Coupe suivant la ligne C D.
Dans la *fig.* 4, G N sont les fours à fritter les matières; M M M M, seront soit des fours à recuire, soit des fours à fritter, soit des fours à cuire les pots. Leur emploi varie selon les besoins et les localités.
Four à boudines, chauffé au bois, d'après M. Dartigues.
Fig. 5. Coupe selon la ligne A B.
Fig. 6. Plan à la hauteur des ouvreaux.
Ce four peut servir à la fabrication des bouteilles, à celle du verre à boudines, ainsi qu'à la fabrication de la gobletterie commune.
Les pots a, b, c, et leurs ouvreaux c c c, sont disposés pour gobletterie commune.
Les pots d, e f, et les deux ouvreaux D, E, sont disposés pour verre à boudine; savoir, l'ouvreau D pour commencer le plat, et l'ouvreau E pour l'achever.
Le pot intermédiaire e est destiné à préparer la matière. Les *fig.* 1 et 2 de la PLANCHE XXX se rapportent à ce même four. La *fig.* 1 est une coupe prise en A B, et la *fig.* 2 présente deux plans. Dans la partie supérieure de la figure, le plan est pris au niveau des arches; dans la partie inférieure, le plan est pris au niveau de E E (*fig.* 1).
A'B'C'D'E'F'G'H'I' de la PLANCHE XXX, montrent la façon du verre à boudine. La boule soufflée en E', puis aplatie en F' et coupée en G', est fixée sur la canne par son côté plat. On agrandit l'ouverture, et on étale la pièce en disque. On peut procéder d'une autre manière qui a été indiquée dans le texte.

PLANCHE XXXIII.

Four à cristal au bois. Fig. 1. Élévation dans le sens de la longueur. *Fig.* 2. Plans au niveau du sol et au niveau du tizard. *Fig.* 3. Plans au niveau des siéges et à 20 centimètres au-dessus des pots. *Fig.* 4. Coupes en A B et en C D de la fig. 2. *Fig.* 5. Coupe en E F de la fig. 3. *Fig.* 6. Coupe en G H de la fig. 3.
x. Trou par lequel les braises allumées tombent dans le cendrier.
y. Cendrier ou brasier.
z. Encaissement de deux pouces au fond du four, pour retenir les scories des cendres vitrifiées que l'on tire, après la fonte, par le trou x.
r. Porte par laquelle on nettoie la sole des cendres qui s'y accumulent.
s, s, s, s, etc. Ouvertures par lesquelles on met les pots, et d'où on les retire quand on veut les changer pour en remettre de neufs.

4

(14)

c, c, d, Siéges formés de briques massives ou pierres de siége destinées à soutenir les pots.

h, h, h, h. Pots figurés à leur place.

u, u. Trous par lesquels passe la flamme du four, pour échauffer les chambres et galeries à recuire le cristal.

g, g. Portes des chambres à recuire le cristal.

11. Chambres à recuire les grandes pièces et celles que l'on a laissées épaisses pour les tailler à grandes saillies.

f, f. Galeries à recuire le cristal avec les bancs de fer sur lesquels glissent les ferasses, ou supports des pièces de cristal.

d, d. Barres de fer très-fortes pour retenir les murs du fourneau.

v, v, v. Ouvreaux; les uns sont ronds et servent aux ouvreurs ou maîtres ouvriers; ceux qui ont une forme elliptique servent aux souffleurs. Au-dessous des ouvreaux, on aperçoit les trous dans lesquels les souffleurs font chauffer le bout de leurs cannes à souffler le verre.

p, p. Canal que l'on pratique aux grands fours pour donner de l'air à la flamme au milieu du four. On n'en fait pas dans les fours à douze ou seulement à huit pots.

q, q. Fig. 5 et 6. Ouverture par laquelle on met les *billettes* (bois de chauffage fendu et séché).

La maçonnerie des fours à cristal est de cinq espèces :

m^1 En pierres ordinaires, ou si l'on veut en briques et mortier ordinaire.

m^2. En brique ordinaire cimentée avec un mortier fait d'argile cuite mêlée avec de l'argile crue.

m^3. Briques d'argile très-réfractaire.

Les pierres de siége sont faites avec de l'argile bien épluchée, comme pour les pots ; mais on y emploie le ciment plus gros que pour les pots.

m^4. Briques faites avec moitié sable et moitié argile réfractaire.

m^5. Garnissage en épluchures de briques pour le haut du four, afin qu'il garde mieux la chaleur.

PLANCHE XXXIV.

Four à cristal à la houille, d'après M. Dartigues. *Fig.* 1. Élévation. *Fig.* 2. Vue de face du côté du tizard. *Fig.* 3. Coupe suivant la ligne LL. *Fig.* 4. Coupe suivant la ligne KK. *Fig.* 5. Plan au niveau des siéges.

Dans la *figure* 5, on voit en C la grille qui supporte la houille. DD sont les siéges qui viennent joindre la grille par un talus. EE, creusets couverts représentés plus en détail dans la *figure* 6. FF, ouvreaux. GG, cheminées.

Dans la *figure* 3, MM sont les chambres à recuire.

PLANCHE XXXV.

Four à porcelaine dure. Fig. 1. Elévation du four. *Fig.* 2. Demi-coupe. *Fig.* 4. Plan au niveau du sol, à droite, et plan au niveau de la première voûte, à gauche. *Fig.* 3. Plan au niveau de la seconde voûte, à droite, et vue à vol d'oiseau du four, à gauche.

L'étage inférieur sert à cuire ; l'étage suivant à dégourdir. On ne met rien dans l'étage supérieur.

rr, marches qui conduisent à l'étage inférieur, où l'on entre par la porte *p* qui est bouchée avec des briques quand le four est chargé. *qq,* porte de l'étage du dégourdi. *cc,* issues pour la flamme, ménagées dans les deux voûtes. *aaaa,* allandiers ou foyers. *tt,* murs en briques qui divisent la flamme.

Fig. 9. Coupe d'une cazette à assiettes pour la porcelaine dure. *a,* assiette. *cc,* cazette. *r,* support de l'assiette.

Fig. 10. Cazettes assemblées en pile. *cc,* cazettes jointes avec du lut réfractaire en *eee.* Les cazettes fendues sont liées avec des ficelles *ff,* qui les maintiennent pendant le montage. Ces deux figures sont réduites au sixième.

Four à faïence fine. Fig. 6. Elévation. *Fig,* 5. Coupe. *Fig.* 7. Plan au niveau du sol. *Fig.* 8. Plan au niveau de la voûte, et vue des allandiers à vol d'oiseau.

Ce four n'a qu'un seul étage ; mais du reste, il ressemble entièrement au précédent.

PLANCHE XXXVI.

Four à grès de Saint-Amans, Saveignies, etc. *Fig.* 1, 2, 3. Ce four est d'une construction très-simple : la voûte en est faite avec des pots de grès même. La bouche offre deux ouvertures : l'une sert à introduire le combustible, qui consiste en fagots, l'autre à retirer les cendres. Les vases de grès sont rangés en piles sans étuis, dans toute la longueur du four. Celui-ci est pourtant divisé en deux parties par une cloison (*Fig.* 2). En avant de la cloison on cuit, en arrière on dégourdit. Il n'y a pas de cheminée ; le four se termine par une ouverture qui laisse échapper la flamme.

Four à grès anglais, d'après M. de Saint-Amans. *Fig.* 4, et suivantes.

Fig. 4, vue et coupe de ce four et de sa halle. *Fig.* 5, *p*, porte du four vue isolée ; elle est aussi étroite que possible. *Fig.* 6, plan pris un peu au-dessus du niveau du sol et au sommet des allandiers. *Fig.* 8, plan d'un allandier. *Fig.* 9 et 10, élévation du même. *Fig.* 11 et 12, coupe en travers du foyer. *Fig.* 7, coupe de l'allandier dans sa longueur.

Fig. 4, *g*, four. *p*, sa porte armée de barres de fer. *h, i, k*, ouvertures qui donnent issue à la flamme. *c, c, c*, allandiers. *a*, leurs foyers. *h*, entrée de l'allandier. *d*, regard. *e*, cheminée verticale de l'allandier. *f*, cheminée horizontale qui amène une partie de la flamme au centre du four. *b, b*, cintres qui soutiennent le four quand on répare les allandiers.

Fig. 6 ; elle montre les cheminées horizontales qui vont en diminuant, et qui se réunissent dans une seule issue *u*, placée au centre du plancher du four.

PLANCHE XXXVII.

Fig. 2, plan, et *fig.* 1, coupe longitudinale du four, propre à cuire en grand la porcelaine peinte, tant dure que tendre, employé à la manufacture royale de porcelaine jusque vers 1802.

AA'. Première chambre dans laquelle on place les caisses pleines de porcelaine peinte pour recevoir le premier degré d'échauffement.

BB'. Seconde chambre échauffée par le foyer F, où se poussent les caisses quand elles ont séjourné assez long-temps dans la chambre A ; ce qui s'appelle *mettre au fond*.

C. Troisième chambre d'échauffement où se poussent alternativement les caisses qui étaient en B et B' ; ce qui se nomme *mettre en rive*.

D. Quatrième chambre où on fait avancer alternativement les caisses de B et B'.

Toutes ces chambres sont faiblement échauffées par le foyer F.

E. Chambre séparée des précédentes par la trappe T^2, et nommée n° 4, où se pousse la caisse qui était en D ; elle est échauffée particulièrement par le foyer F.

G. Chambre du milieu, ou *grand feu*, ou *enfer*. La caisse et les porcelaines qu'elle renferme y restent le temps nécessaire pour y recevoir le feu qui leur convient.

On juge du degré de feu nécessaire, tant à la caisse n° 4 qu'à la caisse mise dans la chambre G ou l'enfer, par la couleur rubescente ou incandescente des pièces ; on voit cette couleur en regardant par les visières V et V', qui correspondent à un trou carré percé sur le côté gauche de la caisse.

L'enfer est chauffé par l'allandier ou foyer principal F', et séparé du n° 4 ou chambre H par les trappes T^3 et T^4.

Lorsqu'on juge le feu suffisant, on tire la caisse dans la chambre H, chauffée faiblement par l'allandier F'', et elle commence à s'y refroidir. Elle passe successivement dans les places I, K et L, qui font partie de la grande chambre chauffée par le petit foyer F', et enfin dans la dernière M, où elle se refroidit assez pour qu'on puisse la sortir du four sans risque.

T^1 T^2, etc. Trappes en terre cuite armées en fer qu'on élève et qu'on abaisse au moyen de leviers ou bascules de fer attachées au plafond de la halle du four.

f et *f'*. Petits foyers pour maintenir une basse température dans les chambres antérieures B, C, D, et postérieures I, K, L.

Les caisses sont parallellipipédiques, en terre cuite ; elles peuvent renfermer 18 à 20 assiettes de porcelaine tendre, et de 50 à 60 assiettes de porcelaine dure ; elles sont portées sur des traîneaux en fer dont les brancards sont terminés par une espèce de bec relevé.

On pousse dans le sens des brancards du traîneau avec un ringard ou longue barre de fer de

A en B par l'ouverture T'; ensuite de B en C et en D, mais latéralement avec de plus petits ringards qu'on introduit par les conduits *u*, *u*; puis de D en E et G par l'ouverture P, fermée également par une trappe au moyen de ringards plus ou moins longs.

Lorsque le coup de feu est donné, on retire la caisse qui est en G au moyen de crochets, et on la fait passer successivement et par la même manœuvre, mais en la tirant, au lieu de la pousser, par les chambres H, I, K, L, M.

Les cinq foyers et allandiers *f*, *f'*, et F, F', F'', produisent la chaleur, qui, au moyen des conduits O, qui s'ouvrent d'abord dans les chambres et ensuite sur le plafond du four dans la halle, répartissent la chaleur dans la proportion qu'on a jugée convenable. .

t^2, t^3, t^4, t^5. Sont les rainures dans lesquelles glissent les trappes qui ferment les chambres E G et H.

Pyromètre de M. Brongniart.

Fig. 3. Plan. *fig.* 5, coupe du barreau.

Cet appareil est composé d'un support en porcelaine dégourdie, creusé d'une rainure demi-cylindrique qui reçoit un cylindre d'argent *ab*, auquel s'applique bout à bout un autre cylindre de porcelaine dégourdie *a d*. Cette pièce s'appuie sur une autre en cuivre qui transmet le mouvement à l'arc denté qui engrène avec la base de l'aiguille *x*. A mesure que la barre d'argent se dilate elle pousse le cylindre de porcelaine qui fait mouvoir à son tour les pièces intermédiaires et enfin l'aiguille *x*. Les mouvemens de celle-ci se mesurent sur l'arc gradué *c*. Un petit ressort *r* facilite le retour de l'aiguille au moment du refroidissement, sans trop s'opposer à sa marche pendant l'échauffement de l'appareil.

Ce pyromètre s'emploie en plongeant dans la moufle, les deux tiers environ du support de porcelaine, et laissant toute la graduation au dehors. Il est loin de donner la température exacte. Nous avons fait connaître son utilité comme pyroscope.

Fig. 4. *Fourneau à cuire les verres dorés* de M. Bastenaire Daudenart. Les verres dorés peuvent sans doute se cuire dans les moufles ordinaires. M. Bastenaire, qui a pratiqué cet art, se servait du fourneau que cette figure représente. *b* moufle en tôle. *c*, *d*, son couvercle. On voit dans la coupe, la moufle portée sur ses barres de fer et entourée de charbons allumés. *eee* sont les ouvertures qui fournissent l'air nécessaire à la combustion. *a* sont les petites montres attachées à une baguette et introduites par l'ouverture latérale de la moufle. Elle servent à régler le coup de feu. Les pièces sont placées sur des planchers en tôle, qu'il doit être utile d'enduire d'argile.

Dans le haut du four, le feu doit être bien plus fort que dans le bas, à un juger par analogie. On ne voit pas comment on se garantit de cet inconvénient. Le travail serait probablement plus sûr dans un four ordinaire à moufle, planche 38.

PLANCHE XXXVIII.

Four à moufle pour cuire la peinture sur porcelaine. Fig. 5, élévation et coupe transversale du four et de sa moufle en place; celle-ci est supposée en fonte. *Fig.* 6, coupe longitudinale du four, sans moufle. *Fig.* VII, plan du four au niveau de la voûte qui supporte la moufle, au-dessus du foyer. *Fig.* 8 et 9, moufle isolée; celle-ci est une moufle en terre cuite.

u, porte du cendrier. *e*, cendrier. *p*, porte du foyer. *f*, foyer. *y*, *y*, *y*, etc., arceaux de la voûte qui supportent la moufle. *c*, *c*, *c*, etc., carneaux par lesquels s'échappe la flamme.

m, moufle; *n*, son tuyau supérieur; *rr*, les tuyaux de la porte qui ferme la moufle. Dans les petites moufles, on n'en met qu'un seul. *p*, porte de la moufle.

Four à moufle pour cuire la peinture sur verre. Fig. 1, coupe et élévation du fourneau avec sa moufle. *Fig.* 3, coupe longitudinale. *Fig.* 2 et 4, moufle isolée, en terre cuite.

Les mêmes lettres désignent les mêmes objets que dans le four précédent; on remarque seulement ici les arêtes *i*, *i*, *i*, qui sont placées dans l'intérieur de la moufle, et qui servent à soutenir des barreaux de fer enchâssés dans des tubes de porcelaine dégourdie. Ces barreaux servent à soutenir des plaques de porcelaine dégourdie. Sur ceux-ci on place les plaques de verre peint que l'on veut cuire.

PLANCHE XXXVIII *bis.*

Traitement de la blende pour zinc, dans le canton des Grisons. Fig. 1, 2, 3 et 4, élévation, plan et coupes du fourneau de réduction et de second grillage de la blende.

a, a, chauffe du fourneau, elle s'élargit vers le milieu. Le but de cette disposition est de réfléchir la flamme du bois qui brûle vers la partie centrale du fourneau. Le fond sur lequel repose le combustible est en briques et s'abaisse vers le milieu; d'où il résulte que le bois jeté par les ouvertures *g, g,* pousse vers le centre celui qui est à demi brûlé.

b, section horizontale d'un pot supposé dans la position qu'il occupe réellement.

c, c, ouvertures communiquant du fourneau de réduction aux fourneaux de grillage $\gamma, \gamma, \gamma, \gamma$, servant à l'introduction de la flamme dans ces derniers, dont deux seulement doivent marcher en même temps, les deux autres étant destinés à suppléer celui des deux premiers qui se dérangerait. L'entrée de la flamme dans les fours de grillage qui ne marchent pas est interdite par des plaques placées devant les ouvertures *c, c.*

d, d, murs servant d'appui aux deux voûtes en arcs de cloître, qui recouvrent la sole du fourneau ; ils sont séparés l'un de l'autre, par une ouverture qui permet la jonction de la flamme partie des deux extrémités de la chauffe.

e, e, portes du cendrier, par lesquelles s'introduit l'air nécessaire à la combustion.

f, f, trou par lequel passe le conducteur du zinc.

g, g, ouverture pour le chargement du combustible.

h, arcade dans laquelle on a représenté l'ajutage ou conducteur qui conduit le zinc distillé d'un pot dans la cuve, à travers l'ouverture *f.*

i, i, arcade fermée par une porte en tôle, percée d'une ouverture par laquelle l'ouvrier peut voir l'ajutage.

k, k, soupiraux qui livrent passage aux vapeurs aqueuses dégagées par le massif du fourneau.

l, l, ouverture placée sur le derrière de chaque fourneau de grillage, laquelle permet de remuer les matières placées de ce côté.

$\gamma, \gamma, \gamma, \gamma$, fourneaux de grillage communiquant au fourneau de réduction par les ouvertures *c, c, c, c, fig.* 4.

x, x, contrefort en maçonnerie qui consolide les fourneaux de grillage.

Fig. 5, pot de réduction. Ces pots sont faits en argile très-réfractaire : on se sert d'un moule en bois; leur forme est celle d'un demi-cylindre dont l'axe est horizontal. Chaque pot est terminé inférieurement, par une surface plane ; il est bouché à l'extrémité qui avoisine la chauffe, et présente à l'autre extrémité une ouverture qu'on ferme au moyen d'une porte en argile réfractaire et munie de deux ouvertures, dont chacune est ordinairement fermée par des plaques *b, c,* mastiquées avec de l'argile. La plaque *b,* présente une échancrure *a,* destinée à recevoir le conducteur du zinc.

Fig. 6, conducteur du zinc. Il se compose de deux tuyaux en argile, l'un *d,* horizontal, l'autre *e,* vertical; celui-ci entre dans le premier, et vient se terminer à l'orifice du trou *f.* Le tuyau horizontal *d,* est muni d'une ouverture *g,* par laquelle on introduit la charge au moyen de la pelle. (*Fig.* 7 et 8.)

Fig. 7 et 8, coupes de la pelle, servant à l'introduction du mélange de blende grillée et de charbon dans le conducteur. (*Fig.* 6.)

Fig. 9 et 10, plan et coupe du fourneau pour la dessication du bois.

a, chauffe du fourneau; elle sert à deux fourneaux accolés l'un à l'autre : ils sont ordinairement au nombre de huit dans chaque usine.

b, sole du fourneau.

c, canaux par lesquels se répand la fumée.

d, bouches de chaleur en communication avec la chauffe.

Fig. 11 et 12, plan et coupe du four pour la cuisson des pots.

a, ouverture par laquelle on introduit le combustible. La flamme produite traverse un canal *b,* qui s'élargit de plus en plus vers l'issue; les fumées traversent la sole et s'échappent par l'ouverture *c.*

5

Fig. 13 et 14, coupe et plan du fourneau servant au premier grillage de la blende.

γ, γ, chauffes en forme de voûtes dans lesquelles on jette le bois à brûler.

s, s, soupiraux par lesquels s'introduit l'air qui doit alimenter la combustion.

c, c, c, c, ouvertures par lesquelles la flamme s'introduit dans l'espace qui renferme les briques de blende.

p, p, portes de chargement et de déchargement, elles restent fermées par une maçonnerie de remplissage pendant la durée du grillage.

k, cheminée.

PLANCHE XXXIX.

Traitement des minerais de zinc en Silésie. Figures 1 et 2. Coupe et plan du fourneau à réverbère pour la calcination de la calamine.

a, grille.

b, porte du foyer par où s'introduit le combustible.

c, pont.

d, intérieur du fourneau dont la sole est faite de briques ordinaires.

e, portes de travail.

f, canal qui communique à la cheminée.

g, ouvertures à la voûte du fourneau, servant à introduire la calamine.

Figures 3 et 4. Coupe et plan du fourneau pour la cuisson des moufles.

a, a, a, ouvertures pour l'entrée de l'air nécessaire à la combustion; on peut modérer le feu en les ouvrant plus ou moins.

b, foyer formé de briques réfractaires.

c, intérieur du fourneau, avec une sole de briques ordinaires.

d, mur de 18 pouces de hauteur, qui sépare la sole du fourneau, de la chauffe.

e, e, tuyaux qui traversent les parois, et servent au dégagement des fumées.

f, porte par laquelle on introduit les moufles et qui se ferme au moyen d'une porte mobile en fer.

Les figures 5, 6 et 7 représentent le fourneau pour la réduction de la calamine calcinée.

a, cendrier; on y recueille des escarbilles de coke, qui ensuite sont employées pour la refonte du zinc.

b, grille formée de trois barres de fer fondu, de forme triangulaire, sur lesquelles reposent les plaques de fer fondu, qui supportent les parois de la chauffe.

c, ouverture de la chauffe.

d, foyer dont les parois sont en briques réfractaires posées verticalement.

e, voûte; on la construit d'une seule pièce, avec un mélange d'argile et de sable que l'on bat sur des cintres circulaires.

f, moufles; elles sont représentées sur une échelle double, dans les *figures* 8, 9, 10 et 11.

g, plateau d'argile: il est représenté à part, *fig.* 12, sur une échelle double de celle des fourneaux; on y laisse deux ouvertures *b, c,* l'une *b,* pour le passage des allonges *h,* l'autre *c,* pour le chargement et le nettoyage de la moufle. Ces ouvertures sont bouchées pendant le travail.

h, allonge que traverse le zinc en vapeur, pour se rendre dans le récipient *i.*

i, récipient où se réunit le zinc métallique, mêlé d'oxide.

k, ouvertures pour le dégagement des fumées et de la flamme; il y en a quatre dans la voûte, et quatre dans les parois du fourneau. C'est par leur moyen que la chaleur se porte autour de chaque moufle et les échauffe également.

l, parois du fourneau.

n, banquettes sur lesquelles on pose la moufle contenant la calamine.

o, secondes allonges dans lesquelles s'emboîtent les allonges *h.*

Les figures 14, 15, 16 et 17 représentent les sections et plans des allonges *h* et *o,* sur une échelle double de celle des fourneaux.

r, petites voûtes sous lesquelles sont placées les allonges. Elles sont construites comme la grande voûte, avec un mélange d'argile et de sable.

On accole ordinairement deux de ces fourneaux ensemble, et une usine en renferme plusieurs paires.

Fig. 18, outil en bois pour mouler l'extrémité AB de l'allonge, *fig.* 13.

Fig. 19 et 20, pelle longue et étroite servant à introduire le mélange par l'ouverture c de l'allonge.

PLANCHE XL.

Traitement des minerais de zinc, en Angleterre. Fig. 1, coupe verticale du fourneau anglais; passant par son axe. Ce fourneau est circulaire; il est enveloppé par un cône qui lui sert de cheminée : cette cheminée conique est percée de portes qui correspondent aux creusets.

a, *a*, petits murs que l'on détruit à volonté, pour faire entrer ou sortir les pots; ils sont composés de briques percées d'un trou, qui permet, en y introduisant une tige de fer, de les enlever commodément, étant encore chaudes.

b, porte du four qui se ferme avec une brique.

c, cendrier dans lequel l'ouvrier peut entrer, pour nettoyer les grilles.

d, *d*, trous pratiqués à la partie supérieure de la voûte qui est en forme de dôme; ils servent non-seulement de passage à la fumée, pour se rendre dans la cheminée, mais encore à remplir les creusets: ils ne sont jamais fermés tous à la fois. L'ouvrier peut par leur moyen diriger la flamme dans une partie quelconque du fourneau.

e, *e*, *e*, conduits dans l'étage inférieur, correspondant aux creusets dans l'étage supérieur.

g, *g*, bassins de réception en tôle, dans lesquels se rend le zinc.

h, tube cylindrique en tôle, qui conduit le zinc dans le bassin de réception.

i, condenseur : c'est un tuyau de tôle légèrement conique, portant à sa partie supérieure un petit rebord par lequel il s'applique sur le creuset. Pour l'y fixer, on étend sur ce rebord un boudin d'argile, on le presse fortement contre le creuset ; et, afin de le maintenir dans cette position, on a deux tringles en fer *k k*, qui sont fixées dans la partie inférieure du condenseur par un bouton, et qui passent dans une petite pièce en fer *m*, scellée dans le mur ; on presse les tringles avec une vis de pression *n*. La *fig.* 3 montre en détail la disposition de cet appareil qui sert à serrer le condenseur contre le fond du creuset.

1, 2, niveau de l'étage supérieur.

3, 4, niveau du plafond inférieur.

Fig. 2, plan au niveau de 1, 2. On n'a représenté que la moitié du plan.

Fig. 5, plan au niveau de 3, 4.

Fig. 3, coupe verticale d'un creuset, et détails de l'appareil qui sert à serrer le condenseur contre le creuset.

k, *k*, tringles en fer fixées au condenseur par un bouton.

m, pièce en fer scellée dans le mur.

n, vis de pression.

Fig. 4, pince à roues, pour le transport des creusets chauds.

Traitement du minerai de zinc, en Carinthie. Fig. 7, 8, 9 et 10, plan, coupe et détails du fourneau de distillation *per descensum* employé en Carinthie.

a, *a*, *a*, *a*, chauffes.

b, *b*, *b*, *b*, soles ; elles sont formées d'un treillis en fer, destiné à recevoir les conducteurs en terre dans lesquels coule le zinc.

c, *c*, *c*, *c*, portes qui servent à charger le four.

d, *d*, rampant qui porte la flamme dans la cheminée.

n, conducteur destiné à recevoir le zinc.

l, treillis vide.

m, treillis garni du conducteur.

p, *p*, cases garnies du conducteur et du cône.

s, *s*, *s*, feuilles de tôle suspendues devant l'entrée de l'espace *r*, *r*. Elles servent à empêcher l'air d'affluer sur le zinc à mesure qu'il tombe des tuyaux, ce qui occasionerait la combustion du métal.

Fig. 11 et 12, plan et coupe du fourneau à réverbère à bassines de fonte, pour la fusion du zinc brut.

Fig. 6, coupe d'une bassine en fonte.

PLANCHE XLI.

Laveries des minerais d'étain, à *Altenberg.Fig.* 1 , plan général de la laverie.

A A , bocards.

B B , roues hydrauliques, qui mettent en mouvement les bocards.

C C , arbres des roues.

D D , caisses à minerais, dites *rolles*.

E E , canaux de schlichs.

F F , bourbiers.

G G , emplacement des schlichs et vases.

1 , roue de la table à secousse.

i i, canal qui amène l'eau nécessaire aux auges des bocards.

2 2, canal de sortie de l'eau du bocard, conduisant aux canaux de schlichs.

3 , canal qui amène l'eau.

M M , tables à secousses.

N N , tables dormantes.

s , schlemm graben.

n , chambre des laveurs.

v v , bourbiers.

b b, caisses où l'on reçoit le schlich lavé.

Fig. 2 , 3 et 4, plan , coupe et élévation d'une batterie de bocard, sur une échelle double de la figure 1.

Fig. 5 et 6, coupe et élévation d'une table à secousse, sur une échelle double de la figure 1.

K , arbre de la roue hydraulique.

t t, tour qui reçoit un mouvement oscillatoire de la roue hydraulique, et qui communique un mouvement de va-et-vient à la table, au moyen du levier coudé *i i*, et du tirant *m*.

c c, caisses dans lesquelles se délaie le schlich à laver.

g g, grilles.

p p, chevet de la table à secousse.

M , corps de la table.

Fig. 7 et 7 *bis*, coupe longitudinale et transversale extrême d'une table dormante, sur une échelle double de la figure 1.

Fig. 8, 9 et 9 *bis*, plan , coupe longitudinale et coupe transversale extrême d'un schlemm graben, sur une échelle double de la figure 1.

PLANCHE XLII.

Fonderie pour les minerais d'étain, à *Altenberg. Fig.* 1, 2, 3 et 4, plan, coupe et élévation des fourneaux d'Altenberg.

A , plan du grand fourneau.

B , plan du petit fourneau.

C , roue hydraulique qui met les soufflets en mouvement.

D , soufflets.

E , chambre des fondeurs.

F , emplacement des schlichs et du charbon.

1 , massif du fourneau.

2 , chemise.

3 , creuset.

4 , plan incliné pour les scories.

5 , réservoir d'eau où sont reçues les *scories*.

6 , bassin de percée.

7 , aire d'épuration.

8 , bassin d'épuration.

9, chambre de sublimation.
10, table de cuivre.
11, réservoir d'eau pour les charbons.
Fig. 5, 6, 7 et 8, plan, coupes et élévation, relatives à l'atelier de grillage.
A A, atelier.
B, chambre de sublimation.
1, grille du four de grillage.
2, sole de grillage.
3, orifice par où l'on fait tomber le minerai.
4, aire de séchage.
5, manteau.
6, conduit qui mène les vapeurs à la chambre de sublimation B.
7, cheminée de la chambre de sublimation.

PLANCHE XLIII.

Traitement des minerais d'étain, en Angleterre. Fig. 1, 2, 3 et 4, élévation, coupe et plans du fourneau de grillage.

Fig. 5, 6 et 7, élévation, coupe et plan des fourneaux de fusion et de raffinage; ils sont semblables quant au massif principal; seulement, le bassin de réception est remplacé par le bassin d'affinage. (La figure 7 sert aux deux.)

a, point le plus bas de la sole du fourneau de fusion : de ce point part un conduit qui, passant sous la porte latérale de la chauffe, conduit à un bassin de réception en briques; ce conduit est bouché avec un tampon d'argile ou de mortier.

b, bassin de réception en briques; on le remplace quelquefois par une chaudière en fonte.

c, bassin d'affinage, dans lequel l'étain se rend par le canal *d*.

Au dessus du bassin d'affinage se trouve une potence tournante, dans laquelle passe une tige de fer verticale, susceptible de monter et de descendre; cette tige porte un châssis également en fer, dans lequel on peut enchasser des bûches de bois, qu'on fait entrer et qn'on maintient dans le bain de métal, au moyen de la potence.

Fig. 8, 9, 10 et 11, coupes et plans des nouveaux fourneaux de réduction et d'affinage.
A, porte pour le chargement de la houille.
B, porte pour le chargement des matières à réduire.
c, porte de travail.
D, trou pour la coulée; il est fermé pendant l'opération avec un tampon d'argile.
E, trou que l'on ouvre seulement au moment où l'on charge le minerai d'étain sur la sole, afin d'empêcher le courant d'air d'emporter la poussière dans la cheminée.
c, c, c, c, petit canal qui donne passage à de l'air froid qui rafraîchit le pont et la sole, et les empêche de se détruire trop promptement.
T T', bassin de réception.
Fig. 10, *a*, petite cheminée latérale à la grille : elle sert au même usage que le trou E de la figure 8; on modère le tirage au moyen d'un registre *r* (*fig.* 11).

PLANCHE XLIV.

Préparation de l'acide arsénieux. Fourneaux employés à Reichenstein, pour le grillage de la pyrite arsenicale, et pour la purification de l'acide arsénieux brut.

Fig. 1, 2, 3, fourneau de grillage pour le minerai arsenical.
a, cendrier.
b, foyer.
e, e, e, arceaux en briques, qui soutiennent la mouffle.
c, mouffle en terre, qui reçoit le minerai.
f, trémie par laquelle tombe le minerai.

6

d, conduit par lequel les fumées d'acide arsénieux se rendent dans la chambre de condensation.

h, h, tuyaux qui portent la fumée du foyer dans la cheminée.

g, cheminée qui fait appel sur le devant de la mouffle, pour garantir les ouvriers des vapeurs d'arsenic.

Fig. 4, chambres de condensation, qui reçoivent les vapeurs sortant de la mouffle.

b, c, d, e, f, g, h, ligne ponctuée indiquant la marche des vapeurs.

i, i, i, portes par lesquelles on pénètre dans les chambres.

m, m, m, ouvertures de communication entre les divers étages.

Fig. 5, 6, 7, fourneau de raffinage pour l'acide arsénieux.

a, cendrier.

b, foyer.

c, chaudière qui reçoit l'acide brut.

d, cylindres qui surmontent la chaudière, et qui font l'office de condenseurs.

e, cône qui termine l'appareil.

f,f, rampants qui portent les fumées dans la cheminée.

g, cheminée.

PLANCHE XLV.

Fabrication du bleu de cobalt ou azur. Fig. 1, 2, 3 et 4, élévation, coupe et plan du fourneau de fusion.

P, P, P, piliers qui supportent la voûte du fourneau.

E, E, portes par lesquelles on introduit les pots de fusion.

R, R, pots de fusion; ils sont en argile réfractaire.

Q, Q, porte de chargement et de déchargement; elles servent aussi de regard.

o, orifice d'entrée de la flamme.

F, foyer.

G, grille en argile réfractaire.

c, cendrier.

Fig. 3 et 4, fourneau à dessécher le quarz, il est accolé au fourneau de fusion. La figure 3 en donne la coupe suivant la ligne B B de la figure 4.

D, sole sur laquelle on étend le quarz.

I, porte de chargement et de déchargement.

H, récipient dans lequel on fait tomber le quarz, après sa calcination.

L, canal latéral servant de passage à la flamme du fourneau de fusion.

M, cheminée.

Fig. 5 et 6, coupes du fourneau de grillage.

A, fourneau.

F, foyer latéral.

c, cendrier.

Q, entrée latérale de la flamme dans le fourneau A.

s, sole sur laquelle on étend le schlich.

P, porte de chargement, de déchargement, de travail, et par laquelle sortent la flamme et les vapeurs, pour se rendre dans le canal et les chambres de condensation.

B, chambre de condensation.

R, rouleau sur lequel l'ouvrier appuie son râble pour remuer le minerai.

K, registre pour intercepter la sortie des vapeurs après que l'ouvrier a cessé de remuer le minerai.

M, cheminée destinée à recueillir les vapeurs qui s'échappent pendant que l'ouvrier travaille.

H, récipient dans lequel on fait tomber le minerai après le grillage.

PLANCHE XLVI.

Machines à broyer le bleu d'azur. Fig. 7 à 11, coupes et plans du moulin à smalt.

R, roue dentée, mue par une roue hydraulique.

B, lanterne.

c, c, assemblage de deux meules en granit.

f, f, entailles pratiquées dans les meules.

e, barres en fer, servant à assembler les meules.

d, meule fixe en granit.

g, cuve cerclée en fer.

Fig. 10, assemblage des meules, vu par dessus.

Fig. 11, assemblage des meules, vu par dessous.

Fig. 12, barre en fer, sur une échelle plus grande que celle servant aux figures 7 à 11.

PLANCHE XLVII.

Fusion des minerais d'antimoine. Fig. 1 et 2, coupe et plan du fourneau circulaire, pour le traitement du sulfure d'antimoine.

a a, creusets dans lesquels se place le minerai.

bb, conduit par lequel coule le sulfure dans les récipients.

c, c, c, récipients; ils sont en terre, de même que les creusets et conduits.

d, grille du fourneau.

Fig. 3, creuset, conduit et récipient, sur une échelle double.

Fusion ou réverbère. Fig. 4 et 5, plan et coupe du fourneau à réverbère.

a, chauffe.

b, pont de la chauffe.

c, sole où se place le minerai.

d, brasque.

e, coulée.

f, récipient.

g, grille.

Fusion ordinaire. Fig. 6 et 7, plan et coupe du fourneau à pots étagés.

a, entrée de la chauffe; *b*, celle du fourneau; elle se ferme au moyen d'une porte.

b, emplacement d'une grille mobile; c'est dans cet espace que se place l'ouvrier pour disposer les pots sur le massif.

c, d, e, massif; il est en briques posées de champ; à sa partie inférieure sont ménagés plusieurs canaux pour le dégagement de l'humidité; le fourneau est construit en briques revêtues de pierres de taille.

f, g, h, i, petites cheminées par lesquelles sort la fumée.

l, étage supérieur du fourneau qui sert à cuire les pots neufs.

k, grande cheminée dans laquelle vont se réunir toutes les fumées; sa hauteur totale est de dix-sept pieds.

Procédé de M. Panserat. Fig. 8, 9, 10 et 11, élévation, coupes et plan du fourneau à cylindres et à coulisses.

a, b, c, grilles parallèles composées chacune de six barres formant trois foyers.

k, k, coulisses ou galeries rectangulaires; elles traversent le fourneau dans toute sa longueur, et sont destinées à recevoir deux creusets coniques (*m, n*) en fonte, où se rend le sulfure fondu.

f, g, h, ouvertures non correspondantes, pratiquées dans un petit mur, dont l'épaisseur égale la longueur d'une brique; elles servent à donner passage à la flamme.

k', k', portes en tôle servant à boucher les extrémités des coulisses (*k k*); elles sont munies d'un petit œil (*i*), qu'on peut fermer à son tour par une plaque glissant autour du boulon de la porte.

l, l, voûte qui recouvre la grille du milieu; elle est cylindrique, mais elle a peu de courbure.

m, n, creusets coniques en fonte; on les enduit intérieurement d'une couche d'argile, afin que le sulfure d'antimoine n'y adhère point; ils portent en outre deux bras, aux deux tiers de leur hauteur, pour les transporter. Chacun de ces creusets est porté par un petit chariot ou plaque de fonte à quatre roulettes, munie d'un anneau horizontal, où l'on insinue un crochet en fer, pour le faire avancer ou reculer.

e, f, embrâsures pratiquées dans les murs latéraux, et qui vont en se rétrécissant à l'intrados de la voûte, vers le milieu d de sa naissance.

ɒ, naissance de la voûte.

ɢ, hotte qui s'élève sur le devant du fourneau pour soutirer les fumées antimoniales qui se dégagent, quand on retire les gangues par les ouvreaux.

s, seconde hotte au dessus de la plate-forme de chargement; elle sert à ventiler le devant du
fourneau.

ᴘ, plateforme de chargement.

ʀ, mur de refend reposant sur la plateforme et qui la divise en deux, de manière à ce que les
ouvriers qui travaillent à un système de cylindres, ne soient pas incommodés par les vapeurs qui
se dégagent de l'autre. Ce mur consolide la hotte ɢ et la relie avec le mur postérieur, qui renferme
la cheminée s. Les hottes ɪɪ et s sont en outre soutenues par des pièces en bois et en fer ᴛ, liées à
la charpente du bâtiment.

o, ouverture communiquant avec la cheminée.

o', registre pour régler le tirage.

q, q, plafond des coulisses; il est formé en partie par deux plaques carrées, en argile réfractaire,
dites assiettes ou casseroles, et sert de fond aux cylindres verticaux (s, s); elles sont percées à leur
centre d'un orifice (t, t), par où le sulfure coule dans les récipiens.

s, s, cylindres d'argile où se place le minerai; leur forme est un peu conique, ils ont à leur partie
inférieure une échancrure tournée vers les faces antérieures et postérieures du fourneau, correspondantes aux ouvertures (x, x); celles-ci sont fermées avec des tampons d'argile pendant l'opération;
on les débouche pour retirer les crasses ou gangues, quand on juge qu'elles sont dépouillées de sulfure. Ces cylindres traversent à leur partie supérieure la voûte du fourneau, et vont présenter leur
orifice muni d'un couvercle d'argile z, au niveau de la plate-forme qui termine le fourneau.

ᴜ, voûte en briques réfractaires surbaissée; elle est traversée par les creusets, de manière à ce
que la flamme puisse circuler autour de ceux-ci.

PLANCHE XLVIII.

Exploitation du cuivre en Angleterre. Fig. ɪ, élévation du fourneau de grillage.

Fig. 2, coupe.

Fig. 3, plan.

Ces fourneaux sont construits en briques réfractaires, et garnis d'armatures en fer.

s, sole; elle a à peu près la forme d'une ellipse tronquée aux deux extrémités de son grand axe; elle
peut se défaire et se réparer, sans altérer la voûte sur laquelle elle repose.

a, a, a, a, trous placés au devant de chaque porte; ils servent à faire tomber le minerai grillé dans
l'arche.

ᴀ, arche qui reçoit le minerai grillé.

p, porte de la chauffe.

r, pont de la chauffe.

t, t, t, t, portes de travail; elles sont placées sur chaque côté et en regard l'une de l'autre; leurs con-
tours sont en fonte.

v, v, voûte du fourneau; elle s'abaisse depuis le pont de la chauffe jusqu'à la cheminée.

c, cheminée.

ᴛ ᴛ, trémies en fer supportées par des châssis du même métal; elles servent à charger le minerai.

Fig. 4 et 5, fourneau de fusion, coupe et plan.

s, sole; elle est ellipsoïdale, et plus petite que celle des fourneaux de grillage.

ṅ, n, chauffe. La température devant être très-élevée pour fondre le minerai, on lui donne une
dimension proportionnellement plus grande qu'à la chauffe du fourneau de grillage.

o, o, canal en fer qui conduit la matte dans la fosse ᴘ.

p, porte de la chauffe.

h, porte qui ne sert que lorsque l'on veut arracher des matières attachées sur la sole, ou lorsqu'on
veut entrer dans le fourneau pour le réparer; elle est presque toujours fermée.

z, porte de travail; elle sert à brasser les matières fondues, et à retirer les scories.

ᴘ, fosse remplie d'eau, au fond de laquelle est un récipient en fonte où se rassemble, en grenaille,
la matte qui se divise en tombant dans le liquide; on enlève le récipient au moyen d'une grue.

Fig. 6, modification dans la construction du pont de la chauffe, du fourneau, *fig.* 1, 2 et 3.

a, a, canal longitudinal en communication, à ses deux extrémités, avec l'air extérieur, et qui l'amène sur la sole du fourneau, par les conduits *b, b, b.*

Fig. 7 et 8, plan et coupe de l'appareil pour condenser les vapeurs qui se dégagent dans le traitement des minerais de cuivre.

N, chambres à pluie; elles sont divisées par des cloisons latérales, dans lesquelles la fumée passe à travers une masse d'eau, qui tombe en gouttelettes très-fines. Ces cloisons sont surmontées d'un bassin en cuivre percé de trous; l'eau est apportée dans ce bassin au moyen d'un conduit *fig.* 8.

M, fourneau de grillage, dont la cheminée est commune avec l'appareil ci-dessus; elle sert à établir un courant d'appel pour les fumées, dont la marche est ralentie par les chambres à pluie.

PLANCHE XLIX.

Exploitation du cuivre à Chessy. Fig. 1, 2, 3 et 4, plan, coupes et élévation du fourneau à réverbère employé à Chessy.

A', bouche d'aspiration.

F, grille du four.

L, sole du fourneau.

a b, brasque.

m n, bassins de réception.

p, ouverture par laquelle on fait tomber les scories.

s s, soufflets, dont le vent est dirigé sur le bain de cuivre.

c c, percées par lesquelles coule le cuivre dans les bassins de réception.

c, cheminée.

o, o, o, canaux pratiqués dans l'épaisseur du fourneau pour l'évaporation de l'humidité.

Fig. 5 et 6, élévation et coupe du fourneau à manche.

A A, massif en maçonnerie consolidé par des traverses en fer.

B B, chemise que l'on renouvelle à chaque campagne; elle varie dans le cours de la campagne; il se forme sur les parois un ventre, dont la capacité s'accroît progressivement jusqu'à une certaine limite qu'on a indiquée par une ligne pointuée. Les deux faces latérales et celle du fond, sont construites en gneiss; la face antérieure, appelée *fiervende,* est formée d'une suite de plaques rectangulaires, peu épaisses, et en argile réfractaire. Elle est supposée enlevée.

c, forme de la chemise au moment de la mise en feu. C'est un parallélipipède rectangle, ayant $1^m,80$ de hauteur, $1^m,60$ de largeur et 1^m de profondeur.

D, sole; elle est en briques réfractaires faites d'argile de Bourgogne et de quarz pulvérisé.

E, tuyère, dont le museau est en fer forgé et le pavillon en tôle; elle est horizontale, et placée à $8^m,40$ au-dessus de la sole; l'ouverture a $0^m,08$ de diamètre.

F, plate-forme appelée *table;* elle est construite en argile fortement damée, entre le devant du fourneau et trois petits murs reliés entre eux par des barres de fer; trois marches, placées au devant, permettent aux ouvriers d'y monter commodément.

G, bassin d'avant-foyer; il est creusé dans la table, et forme en se raccordant avec la sole et les parois du fourneau, un prolongement du creuset. Ses parois sont en brasque composée d'argile et de charbon pulvérisé, intimement mêlés. On le refait toutes les semaines.

H, canal de coulée.

I, bassin de réception.

PLANCHE L.

Machine à broyer le minerai de plomb, en Angleterre. Fig. 1, 2 et 3, cylindres à broyer.

A, chariot servant à apporter le minerai sur les cylindres, il roule sur un chemin en bois, et il est garni au milieu de son fond, d'une trappe qui s'ouvre par dehors', et sert à charger la trémie s.

m, m, cylindres canelés.

z, z, z, z, cylindres unis.

7

Chaque machine est munie d'une paire des premiers, et de deux paires des seconds. Ils tournent simultanément en sens inverse, au moyen des roues dentées *m, m, fig.* 2 et 3.

a, a, a, a, roue hydraulique donnant le mouvement à toute la machine.

D, roue dentée en fonte qui engrène avec les roues dentées *e, e*, fixées sur les axes des cylindres unis.

s, trémie qui verse sur les cylindres le minerai apporté par le chariot *A*. Au dessous de la trémie est placée une petite auge, dans laquelle descend le minerai, qui est versé continuellement sur les cylindres, par l'effet des secousses continuelles qu'imprime à la trémie une tringle de bois (*i, fig.* 3) qui y est attachée, et qui s'appuie sur les dents de la roue dentée (*m, fig.* 3).

n, n, plans inclinés sur lesquels le minerai tombe, et qui le versent sur l'une et l'autre paire de cylindres unis.

x, x, leviers en fer; ils reposent sur les coins *M, M*.

P, P, poids attachés à l'extrémité du grand bras des leviers *x, x*.

M, M, coins servant d'appui aux leviers.

N, N, plans inclinés sur lesquels glissent les coins *M, M*.

o, o, barre de fer, qui sert à rapprocher l'un des cylindres de chaque paire de l'autre cylindre, au moyen de la pression qu'exerce le coin *M*, en glissant sur le plan incliné. Le tourillon de chaque cylindre mobile (*f*), tourne dans une crapaudine en cuivre, qui glisse dans une rainure pratiquée à la traverse *k, fig.* 4.

Fig. 4, paire de cylindres unis sur une échelle double.

Fig. 5, 6 et 7, élévation et coupes des cuves à rincer.

A, axe.

B, manivelle.

Fourneau écossais. Fig. 8 et 9, coupe et plan du fourneau écossais. L'intérieur du fourneau est formé de plaques en fonte; elles sont appliquées sur la maçonnerie.

A, B, sole du fourneau; elle est en fonte, de même que les parois.

c, rebord de la sole; il existe sur les côtés postérieurs et latéraux.

M, N, M', N', pierre de travail; elle est entourée d'un rebord d'un pouce de hauteur, excepté sur le côté qui regarde la sole, elle est inclinée de l'arrière à l'avant.

q, espace vide qu'on remplit avec un mélange de cendres d'os et de galène en poudre fine.

g, h, rigole par où coule le plomb fondu.

P, bassin de réception, ou chaudière en fonte.

C, D, E, F, H, plaques en fonte dont l'ensemble forme l'ouverture pour la tuyère.

Fourneau à Manche. Fig. 10 et 11, coupe et plan du fourneau à manche.

L, L', plaques formant le devant du fourneau.

P, bassin de réception; on le remplit en petit frasil battu.

Q, fosse pleine d'eau.

s, tuyau apportant constamment un petit courant d'eau froide dans la fosse.

PLANCHE LI.

Traitement des minerais de plomb, anciennement employé à Poullaouen. Fig. 1, 2, 3, 4 et 5, plan, coupes et élévations du fourneau à réverbère, pour le grillage et la première fonte du minerai.

A, maçonnerie du fourneau.

B, mur de clôture de l'atelier, dans lequel la cheminée est en partie enclavée.

c, massif de la cheminée.

E, escalier du cendrier.

F, intérieur de la cheminée.

H, armature en fer, pour empêcher l'écartement de la maçonnerie.

I, tringle en fer, sur laquelle on appuie le manche du râble qui sert à vider le fourneau.

K, porte, par laquelle on vide le fourneau.

L, portes situées à droite et à gauche de la coulée.

ꜱ, porte de la coulée.

ɴ, bassin extérieur, dans lequel se rassemblent les coulées.

n, coulée.

ᴏ, chauffe.

ᴘ, pont de la chauffe.

ǫ, sole en terre.

ʀ, petite cheminée couchée, qui met le fourneau en communication avec la grande cheminée ꜰ.

ꜱ, voûte du fourneau.

ᴛ, grande voûte pour donner issue aux évaporations de la maçonnerie.

x, retraite sur laquelle la voûte du fourneau est assujettie.

y, talus.

a, cendrier.

b, devanture de la coulée.

c, pierres non maçonnées, appliquées sur le penchant de la petite cheminée.

d, armature de la cheminée.

Fig. 6, 7, 8 et 9, outils principaux du fourneau de grillage, et de la première fusion.

Fig. 6, grande spadèle.

Fig. 7, petite spadèle.

Fig. 8, rable ou spadèle coudée.

Fig. 9, pince pour percer la coulée.

Fig. 10, lingotière carrée pour mouler le plomb marchand.

Fig. 11, lingotière arrondie pour mouler le plomb d'œuvre.

PLANCHE LII.

Traitement des minerais de plomb, en Angleterre. Fig. 1 et 2, coupe et plan du fourneau de grillage.

ᴀ, pont de la chauffe.

ʙ, chauffe.

ᴄ, ᴄ, tuyaux séparés par un massif, par lesquels la fumée se rend dans la cheminée *f*.

ᴅ, massif triangulaire séparant les tuyaux de conduite de la fumée.

ᴍ, ᴍ, portes de travail; elles servent à introduire et retirer le minerai.

ɴ, ɴ, portes plus petites par lesquelles on remue le minerai.

ǫ, plaque en fonte sur laquelle repose la sole formée de briques posées de champ; elle est supportée par des piliers.

f, cheminée.

g, *g*, petites portes au côté opposé de la chauffe; elles servent à ramener, au moyen d'un râble, le minerai, d'une extrémité à l'autre de la sole.

Fig. 3 et 4, coupe et plan du fourneau de réduction.

ʙ, pont de la chauffe.

ᴀ, chauffe.

ᴏ, ᴘ, canal par lequel le plomb coule dans le bassin de réception.

ᴘ, bassin de réception.

m, *m'*, portes de chargement et de sortie des scories.

n', *n'*, portes plus petites, par lesquelles l'ouvrier accumule les crasses sur la partie du fourneau qui avoisine le pont de la chauffe.

h, conduit pour la fumée;

f, cheminée.

Fig. 5, 6, 7, 8 et 9, coupe, plan et détails du fourneau de coupelle.

a, chauffe.

b, pont de la chauffe.

ᴇ, coupelle; elle est mobile et composée d'un châssis ou cadre ovale ᴀ, ʙ, ᴄ, ᴅ (*fig.* 7) en fer, entouré d'un rebord : son fond présente quatre barres transversales ᴀ, ᴅ, *m*, *m'*, *n*, *n'*, ᴄ, ʙ. Pour former la coupelle, on met dans ce cadre des couches successives d'un mélange de cendres d'os, et de cendres de fougère très-fines ; on bat assez fortement les couches, et on creuse la masse ainsi formée au moyen d'une petite bêche faite exprès.

g, g, ouvertures servant, soit pour filer le plomb, soit pour introduire du plomb fondu dans la coupelle.

h, h, bassins de réception des litharges.

Fig. 7, 8 et 9, plan et coupe de la coupelle sur une échelle double de la figure 6.

PLANCHE LIII.

Traitement du plomb en Angleterre. Fig. 1, 2, 3 et 4, coupes et plans des fourneaux de réduction.

A, chauffe.

B, porte du foyer.

C, pont de la chauffe.

D, D, D, portes de travail.

E, sole du fourneau.

F, bassin de réception.

Dans le fourneau représenté par les figures 3 et 4, dont les dimensions diffèrent un peu de celle du fourneau, figure 1 et 2, la partie plate de la sole est moins étendue ; en sorte que si la courbe a, b, c, d, c', b', a', est la section de l'une, la courbe $a, o, p, d, p' o,' a'$, sera la section de l'autre.

Fig. 5 et 6, autre fourneau du même genre.

A, chauffe.

B, bassin de réception.

C, pont de la chauffe.

D, D, D, portes de travail.

E, sole du fourneau.

f, trou sous la porte placée du côté de la cheminée ; il est bouché pendant la fonte, et sert à donner issue à une partie des scories.

t, trou placé sous la porte du milieu ; il est aussi bouché pendant la fusion, et permet de faire couler le plomb, du bassin intérieur b dans le bassin extérieur B.

PLANCHE LIV.

Traitement du mercure. Fig. 1, 2 et 3, coupe et plan des appareils distillatoires en usage dans l'usine d'Idria.

Il y a deux fourneaux séparés adossés l'un à l'autre.

a, a, entrée de la chauffe.

b, chauffe ; on y brûle du bois de hêtre mêlé de sapin.

c, cendrier qui se prolonge au dessous de la chauffe.

d, espace sur lequel les minerais sont disposés sur les voûtes 1, 2 et 3.

e, e, conduits en briques par lesquels la fumée du combustible et les vapeurs de mercure volatilisé, se rendent, d'un côté dans les chambres successives f à k, et de l'autre en f' à k'.

f, g, h, i, j, k, l, et $f', g', h', i', j', k', l'$, ouvertures qui permettent la circulation des vapeurs depuis le fourneau proprement dit a, b, c, d, jusqu'aux cheminées l, l'. Cet appareil est double, comme le montre la figure 2.

m, m', bassin de réception disposé devant la porte s, de chacune des chambres $f k, f' k'$. C'est là que se rend le mercure condensé qui s'écoule hors des chambres.

n, n', rigole dans laquelle on verse le mercure puisé dans le bassin de réception, afin qu'il s'écoule dans une chambre commune située en o, suivant l'inclinaison indiquée par la direction des flèches (*fig.* 2).

d, emplacement de la chambre au mercure. Là, ce métal est reçu dans une cuve de porphyre ; on l'y puise ensuite pour l'emballer dans des peaux de mouton préparées à l'alun ; ces balles sont ficelées et cachetées avec soin, et enfermées dans des barils destinés au commerce.

p, p, arceaux de voûte sous lesquels on peut circuler autour du fourneau a, b, c.

q, q, voûte des étages supérieurs.

s, s, entrées des chambres *f, k* et *f', k'.* Elles doivent être fermées pendant l'opération, au moyen de portes en bois armées de ferrures et enduites d'un lut de mortier d'argile et de chaux.

v v', ouvertures supérieures des chambres; elles sont fermées pendant l'opération par des bouchons lutés; on les ouvre ensuite pour faciliter le refroidissement de l'appareil, et pour recueillir la suie mercurielle qui s'y est déposée.

Fig. 4 et 5, plan et coupe du fourneau d'Amalden.

Fig. 6, plan général.

a, bâtiment qui renferme deux fourneaux accolés, 1, 2; le premier correspond par douze rangées d'aludels, à deux chambres de condensation a^1, a^2; le second 2 correspond de même à deux autres chambres a^3, a^4.

b, bâtiment semblable qui renferme deux fourneaux 3, 4, et quatre chambres b^3, b^4.

c, d, atelier pour le lavage à sec du mercure imprégné de suie, qui est obtenu des aludels. Le métal mêlé avec de la cendre chaude, est débarrassé de la suie par le moyen de râteaux qui l'agitent sur des plans inclinés; il se réunit dans un bassin situé à la partie inférieure. (La petite figure placée au dessus représente la coupe de cet atelier suivant la ligne *d, c.*)

a, entrée de la chauffe, *fig.* 4 et 5.

b, chauffe.

c, arceaux à jour, sur lesquels les minerais de mercure sont disposés dans la chambre *e,* au moyen d'une porte *d,* et d'une ouverture pratiquée au sommet de la voûte.

f, issues des vapeurs de mercure qui se rendent pour chaque fourneau dans deux chambres *i,* séparées l'une de l'autre par un massif en maçonnerie *m, n.*

h, cheminée de la chauffe, destinée au passage de la fumée du bois.

o, o, rangées d'aludels de terre cuite, qui partent des chambres *i,* s'inclinent sur une terrasse vers la gouttière *q-v,* et vont aboutir aux chambres *r, r,* surmontées de cheminées *t.* C'est dans ces aludels et dans le bassin *q* que le mercure est recueilli.

v, escalier qui de la terrasse des aludels, conduit à la plate-forme dont les fourneaux sont surmontés.

PLANCHE LV.

Amalgamation des minerais d'argent. Fig. 1, coupe du bâtiment d'amalgamation; on remarquera qu'il présente quatre grandes divisions A B, B C, C D, D E.

La première A B, est consacrée à la préparation et au grillage des matières destinées à l'amalgamation.

Dans la deuxième, B C, s'opèrent les deux criblages successifs et la mouture.

La troisième, C D, renferme l'atelier d'amalgamation proprement dit, et au dessous l'atelier de lavage des résidus.

C'est dans la quatrième, D E, que se trouve l'appareil distillatoire auquel l'amalgame est livré en définitive.

Première division A B.

a, a, magasin de sel. Il y arrive au moyen de tonnes à trois compartimens, dont chacun contient deux petites caisses de sel d'un poids déterminé; ces tonnes sont élevées au moyen d'un treuil. Le sel est déposé dans des caisses de bois placées au dessous d'un crible qui sert à arrêter les morceaux grossiers. Quand elles contiennent la quantité de sel convenable, on ouvre une trémie placée à leur fond, et le sel peut redescendre dans la salle inférieure b.

b, salle de préparation du minerai.

c, c, fourneaux de grillage; il y en a quatre d'accolés dans le même massif : la figure 2 représente la coupe suivant la ligne brisée v v de la figure 1. On y remarquera :

1, la chauffe avec sa grille et son cendrier.

2, 2, le fourneau ou le réverbère proprement dit, qui est divisé en deux parties : l'une, 3, un peu plus élevée que l'autre, 2, et plus éloignée de la chauffe, sert de séchoir; la matière y tombe de la salle de chargement par une cheminée 6; l'autre partie, 2, est l'aire de grillage.

4, 5, chambres de sublimation; le courant d'air y est interrompu par de petits murs.

7, ouvertures communiquant du fourneau à réverbère aux chambres de sublimation.

8

c, cheminée commune aux quatre fourneaux accolés.

a, *b*, voûte sous laquelle se trouvent, d'un côté, les portes des chauffes, celle des aires de grillage, et au dessus celle des chambres de sublimation; de l'autre côté, les portes des séchoirs. En face de ces dernières s'élève une petite cheminée 6, qui sert d'issue aux vapeurs nuisibles qui pourraient sortir du fourneau, malgré la force du courant d'air, qui les entraîne ordinairement dans la cheminée principale.

d, conduits de dégagement pour l'humidité.

Seconde division B C.

d, atelier de criblage grossier. La matière grillée y arrive dans des caisses élevées six par six dans des tonnes alternatives *t*, *t'*, au moyen d'un treuil mu par des hommes. La figure 3 représente le plan du gros crible, et la figure 4 l'élévation; on y remarquera:

1. Deux grilles en fer, inclinées l'une contre l'autre et environnées de planches; de sorte que le tout présente à l'extérieur l'aspect d'une grande armoire de bois.

2. L'escalier; il conduit à un plancher 7, sur lequel monte l'ouvrier pour jeter la matière sur la grille.

3. Deux caisses mobiles enfermées dans une caisse fixe; elles servent à recueillir les morceaux de matière qui sont trop gros pour traverser la grille correspondante.

4. Deux caisses couvertes; elles reçoivent les morceaux qui ont passé à travers les grilles, et qu'on recueille par une porte placée au côté opposé de l'escalier.

5. Orifice garni d'un couvercle, par où l'ouvrier jette les matières sur les grilles.

6. Cheminée en bois, par laquelle la poussière qui résulte du criblage, va se rendre dans une chambre voisine, où on la recueille.

8. *Fig. 1*, table de bois sur laquelle on casse à coups de marteau, les morceaux de matière qui n'ont pu traverser la grille, et qui sont ensuite traités de nouveau.

c, *atelier de criblage fin ou tamisage*. (La figure 5 offre un plan qui correspond à cette partie de la figure 1).

1, trémie dans laquelle se rend par un conduit en bois la matière grossièrement criblée, en *d*.

2, crible mobile et incliné dans lequel les mailles de la partie supérieure sont plus serrées que celles de la partie inférieure; il est suspendu au dessus d'une caisse à compartimens.

3, caisse à trois compartimens; chacun des compartimens de cette caisse reçoit la matière d'un grain différent. Le crible est suspendu à des chaînettes de fer, et un mouvement de va et vient lui est communiqué au moyen d'une tige de fer adaptée à une manivelle, mue par un système de rouages communiquant à la roue hydraulique f.

g, *j*, *atelier de mouture*; au premier étage et au rez de chaussée. Les moulins, entièrement semblables aux moulins à bled, sont au nombre de quatorze. La figure 1 présente le profil d'un seul moulin; on y remarque :

1, son arbre tournant, qui reçoit son mouvement de la roue hydraulique f.

2, sa lanterne.

3, sa trémie.

4, la caisse de son blutoir. Cette caisse est garnie de plusieurs portes à coulisses, par lesquelles on retire les diverses poudres de minerai, dites *farines*.

Dans chacun de ces moulins, ce qui passe par la toile du bluteau est la poudre de minerai, assez fine et assez égale pour être livrée à l'amalgamation. Quant au rebut, il est de nouveau soumis à la mouture.

Troisième division C D.

k, k', *atelier d'amalgamation* proprement dit.

1, caisses à minerais; elles sont en bois et au nombre de vingt; chacune d'elles contient exactement 10 quintaux de matière; elles sont garnies d'un couvercle et portent à leur fond une trémie à laquelle correspond un tuyau de bois terminé par un tuyau en cuir, et enfin par une embouchure en tôle 5.

2, caisses à eau ou réservoirs en plomb; leur nombre égale celui des caisses 1; elles sont établies entre des balustrades de bois. Chacune d'elles contient 3 quintaux d'eau, correspond à sa partie supérieure à un tuyau de plomb propre à l'alimenter, et porte un robinet à sa partie inférieure.

3, tuyau de fer forgé; il part de la chambre à mercure v et passe au dessus des tonnes 4. Il est supporté sur un petit plancher, d'où on peut le faire manœuvrer, ainsi que les robinets à eau 2; chacune des portions de tuyau 3, qui correspond à la longueur de chaque tonne 4, a ses supports particuliers, de sorte qu'on peut le faire tourner sur son axe, indépendamment de tout le reste du tuyau. Chacune de ces portions offre une ouverture en bec, qui, dans la figure 1, est représentée, pour toutes, tournée vers le haut. Cette ouverture sert à introduire le mercure dans les tonnes, au moyen d'un entonnoir, *fig.* 8.

4, tonnes d'amalgamation; elles sont également au nombre de 20; elles reçoivent leur mouvement de rotation de la roue hydraulique j, et peuvent être arrêtées à volonté au moyen d'un empalement. (Voyez détails, *fig.* 6.)

5, embouchure du tuyau des caisses à minerais, servant à charger les tonnes au moyen d'un entonnoir carré qu'on place dans leur orifice.

6, conduits placés sur un plan incliné; ils servent à l'écoulement des résidus des tonnes, et à les réunir dans les cuves de lavages l, l'.

7, conduit incliné par lequel l'amalgame fluide s'écoule et va se réunir dans la chambre de filtration q; là il est reçu dans des filtres de coutil, au fond desquels reste l'amalgame pâteux; tandis que le mercure fluide va se rendre dans une auge en pierre placée au dessous.

l, l', atelier du lavage des résidus.

o, cuve de lavage; p, herse formée de barres de fer liées entre elles; elle pivote circulairement dans la cuve o par suite du mouvement qui lui est communiqué par la roue hydraulique j.

s, réservoir qui fournit l'eau nécessaire pour le lavage des résidus.

Fig. 6 et 7, détails des tonnes 4 de la figure 1.

1, plaque de fonte garnie de dents engrénant dans une des roues secondaires, mises en mouvement par la roue hydraulique j. 2, 3, tourillons; 4, orifice; il se ferme exactement au moyen d'une bonde de bois surmontée d'un étrier en fer; on en voit le plan et la coupe en a, b, *fig.* 7.

Fig. 8, entonnoir servant à introduire, sans perte, le mercure dans les tonnes; c, coupe; d, plan. Le tube qui termine cet entonnoir est ajusté dans l'orifice d'une tonne, et son extrémité opposée 7, est placée sous le bec de la portion du tuyau 3, *fig.* 1, qui correspond à la même tonne.

Fig. 9, canelle en bois qui s'adapte dans l'ouverture de la bonde des tonnes, pour en retirer l'amalgame.

Quatrième division D E.

v', chambre à mercure; c'est de là, que part la quantité de ce métal qui doit être introduite dans les tonnes d'amalgamation.

q, chambre de filtration : l'amalgame arrivant de l'atelier d'amalgamation, est reçu dans des filtres de coutil, et de là dans des auges en pierre.

z, treuil servant à faire monter les caisses contenant le mercure, dans la chambre v'.

m, atelier de distillation.

Les figures 10 et 11 en présentent la coupe et le plan, sur une échelle double. On y remarquera quatre fourneaux semblables, mais représentés en divers états; à chacun d'eux se rapportent les objets suivans.

a, tiroir en bois qui peut glisser à l'aide de coulisses sur l'établi e qui le supporte.

b, bassine en fonte de fer, posée dans le tiroir a; elle est ouverte à sa partie supérieure.

c, sorte de candelabre en fer qui est porté sur quatre pieds, et posé dans la bassine b.

d, cinq assiettes en fer forgé; elles sont percées d'un trou au centre, et par là susceptibles d'être posées sur la tige du candélabre qui les traverse toutes; elles diminuent de diamètre à mesure qu'elles occupent une place plus élevée sur la tige.

f, cloche en fonte de fer, garnie d'une armure en fer forgé, et d'un crochet par lequel on peut l'élever ou l'abaisser, à l'aide d'une poulie et d'un treuil.

g, porte en tôle avec laquelle on ferme le fourneau quand la cloche f est disposée dans son intérieur.

h, pièce de bois qu'on place sur la cloche, quand on veut découvrir le candelabre, la distillation étant terminée.

PLANCHE LVI.

Affinage des alliages d'or et d'argent. Fig. 1, plan général d'un atelier d'affinage.

a, a, fourneaux sur lesquels se placent la chaudière en platine.

b, b, canal souterrain contenant de l'eau dans lequel viennent se condenser les vapeurs ; il est garni de soupapes à eau *c,* et va se rendre dans la cheminée générale *d.*

b, four à réverbère, pour les alliages très-cuivreux.

s, fourneaux dans lesquels on fond, soit les lingots à bas titre que l'on veut grenailler, soit l'or ou l'argent fin provenant des travaux de l'affinage.

g, g, chaudières dans lesquelles on fait sécher l'argent après sa précipitation par le cuivre, et son lavage à grande eau.

h, h, chaudières dans lesquelles on fait évaporer, jusqu'à la densité convenable, les eaux-mères de première cristallisation du sulfate de cuivre.

i, i, chaudières en plomb qui servent à décomposer le sulfate d'argent étendu d'eau, au moyen de plaques de cuivre ; on y fait aussi évaporer les dissolutions de sulfate de cuivre pour obtenir ce sel cristallisé.

k, k, cristallisoirs en plomb, dans lesquels cristallise la dissolution concentrée de sulfate de cuivre.

Fig. 2, 3 et 4, *atelier et appareils salubres pour l'affinage des alliages d'or et d'argent.*

Fig. 2 et 3, plan et élévation générale de l'atelier.

Fig. 4, coupe transversale du fourneau, sur une échelle double, et suivant la ligne brisée c c', D D' de la figure 2.

a, a, chaudières en platine placées sur leurs fourneaux.

b, b, tuyaux de platine servant à joindre les chapiteaux des huit chaudières avec l'appareil condensateur.

c, c, massif général de la maçonnerie, contenant les huit fourneaux.

p, cheminée générale.

z, z, les lignes ponctuées indiquées par ces lettres, représentent le plan de la cheminée horizontale, dans laquelle viennent aboutir les huit petites cheminées des fourneaux, qui communiquent ainsi avec la cheminée *p.*

v, v, fosse creusée en avant des fourneaux pour en faciliter le service.

x, escalier pour descendre dans la fosse *v v.*

e, e, grand cylindre en plomb ayant environ 3 décimètres de diamètre. Ce tuyau forme le commencement de l'appareil condensateur ; il est posé de manière à avoir une légère pente de droite à gauche, et porte huit tubulures latérales destinées à recevoir les allonges *bb,* qui établissent la communication entre ce cylindre et les chaudières *a a.*

f, entonnoir en plomb ; il sert à verser de l'eau dans le cylindre *e,* pour le nettoyer, lorsqu'il en est besoin.

d, petite cloison transversale en plomb, soudée à la partie inférieure du grand tuyau *e.* Elle bouche environ le quart de l'ouverture de ce tuyau. Ce barrage est destiné à arrêter tout le liquide condensé ou versé dans la partie droite du tuyau *e.*

g, tuyau en plomb de 2 à 3 centimètres de diamètre, conduisant dans le réservoir *h* la liqueur qui, coulant dans le cylindre *e,* vient s'arrêter contre le barrage *d.*

h, réservoir en plomb, recevant l'acide qui se condense dans la partie droite du cylindre *e.*

u, extrémité inférieure du cylindre en plomb *e e.* On voit comment ce tuyau vient communiquer avec le côté gauche de l'appareil condensateur.

i, l, caisses en plomb ; elles sont construites comme les chambres de plomb servant à la fabrication de l'acide sulfurique, et communiquent entre elles par le tuyau de plomb *k.*

m, m, tuyau donnant issue aux gaz qui arrivent dans la caisse *l,* et les conduisant dans l'appareil *n.*

n, caisse tournante, contenant de l'hydrate de chaux en poudre fine ; elle reçoit les gaz par le tuyau *m,* et laisse échapper par le conduit *o,* ceux qui ne peuvent pas être absorbés par la chaux éteinte.

o, o, tuyau de sortie des gaz et vapeurs qui n'ont pu être absorbés. Ce tuyau se dirige verticalement, et aboutit dans la cheminée générale p, où le feu, entretenu dans huit fourneaux, établit un appel forcé, continuel et très-puissant.

q, manivelle pour imprimer le mouvement à la caisse n.

s, t, réservoirs qui reçoivent les acides condensés dans la partie inférieure du cylindre e et dans les deux caisses de plomb i et l.

$4, 4$, poteaux en bois formant la monture de la caisse tournante n.

On voit dans la figure 2 les portes des foyers et des cendriers des huit fourneaux sur lesquels sont placées les chaudières de platine. On distingue en d et en q la disposition de la lame de plomb établissant le barrage dans le cylindre e, et celle du tuyau conduisant, dans le réservoir h, l'acide condensé dans la partie supérieure de l'appareil. Le tuyau g plonge dans l'eau, et ne peut pas donner issue aux gaz et vapeurs non condensés qui sont ainsi obligés de se rendre dans les caisses i et l, en passant au dessus du barrage d. On voit que les vapeurs, après avoir traversé les deux caisses en plomb i et l, sortent par le tuyau m, passent dans la boîte tournante n, où elles sont mises en contact avec un nuage continuel d'hydrate de chaux, et vont de là, se rendre par le conduit o dans la cheminée générale p.

L'entonnoir f, qui se bouche avec un tampon de bois r, sert à introduire de l'eau chaude, pour laver l'intérieur du cylindre et pour en retirer le sulfate d'argent, lorsque, par accident, l'acide se boursoufflant dans les chaudières, monte jusque dans leurs chapiteaux et tombe dans le cylindre e. Dans ce cas, le sulfate d'argent, délayé ou dissous dans l'eau, coule le long du cylindre, arrive en d, où il est arrêté par le barrage, et obligé de couler par le tuyau g, dans le réservoir h, où ce sel peut être recueilli facilement.

On remarque en s et t, les deux petits réservoirs placés en avant des caisses i, l, et servant à les vider, lorsqu'il s'y est condensé assez d'acide. Le tuyau e, aboutissant presque au fond de la caisse i, comme on le voit en u, oblige à vider plus souvent cette première caisse, afin d'y toujours tenir libre l'ouverture u du cylindre e; quant à la deuxième caisse, on peut y laisser sans inconvénient l'acide qui s'y condense, pourvu que le niveau n'en monte point à plus de 3 ou 4 centimètres de hauteur.

Fig. 5 et 6, plan et élévation d'une chaudière de platine et de ses accessoires, sur une échelle quadruple de celle des figures 2 et 3.

Les mêmes lettres indiquent les mêmes objets que dans les figures 1, 2 et 3, seulement on remarquera en y, l'espèce de tubulure par laquelle on peut, pendant le travail, verser de l'acide dans la chaudière et y observer la marche de l'opération. Cette ouverture se ferme à volonté au moyen d'un couvercle à charnière, dont la disposition est indiquée figure 4.

PLANCHE LVII.

Fourneau de coupelle employé en Hongrie. Fig. 1, 2, 3 et 4, élévation, plan et coupe du fourneau de coupelle de Hongrie.

A, chauffe.

B, bain métallique; le plomb d'œuvre y est introduit par une ouverture pratiquée auprès de l'entrée des tuyères.

c, c, tuyères par lesquelles s'échappe le vent qui est dirigé sur la surface du bain.

D, plan incliné par où s'écoulent les litharges dans le bassin de réception.

E, bassin de réception des litharges.

F, F, massif intérieur en maçonnerie sur lequel vient reposer le couvercle.

G, couvercle en tôle; il est mobile au moyen d'un levier qu'on charge à son extrémité.

H, entrée de la flamme dans le fourneau.

I, I, massif extérieur garni d'armatures en fer.

J, J, canaux pour le dégagement de l'humidité.

M, coupelle; elle est formée de cendres.

N, porte du cendrier.

P, Q, soufflets.

9

PLANCHE LVIII.

Fourneaux de coupelle employés à Chausthal. Fig. 1, 2, 3 et 4, coupes et plans des fourneaux de coupelle de Clausthal.

A, chauffe.

B, coupelle ; elle est faite en marne, et repose sur un fond en briques posées de champ, comme on le voit en M, *fig.* 2.

C, cendrier.

D, ouverture par où s'échappe la flamme après avoir traversé le fourneau.

E, ouverture par laquelle s'écoulent les litharges.

N, bassin de réception.

Q, Q, orifices pour le passage des tuyères des soufflets.

PLANCHE LIX.

Fabrication du laiton. Fig. 1, plan général d'une fonderie à six fours, et à trois jeux de pierre.

Fig. 2, élévation, dans laquelle on voit la porte de trois fours, et les poteaux qui soutiennent le manteau de la cheminée.

Fig. 3, coupe horizontale de trois fours accolés suivant la ligne A B C D des coupes verticales.

Fig. 4, coupe verticale de deux fours accolés suivant la ligne E F.

Fig. 5, coupe verticale d'un four suivant la ligne G H.

Fig. 6, plan et coupe d'un grand pot.

Fig. 7, plan et coupe d'une buse en fonte.

a, a, a, a, a, a, bouches des fours à laiton.

b, b, b, fosses dans lesquelles on amasse les escarbilles.

c, c, c, c, c, portes du cendrier de chaque four.

d, d, d, d, manteau de la cheminée, soutenu par des poteaux en pierre.

e, e, pétrins en bois dans lesquels on fait le mélange du charbon et de la calamine. On jette de l'eau sur ce mélange pour qu'il ne s'en élève pas de poussière, et pour qu'il se tasse mieux dans les pots.

f, f, f, pierres à mouler le laiton, en granit de Granville.

g, g, g, fosses dans lesquelles on fait basculer les pierres, au moyen d'un treuil et d'une roue qu'on appelle le *virveau.*

i, i, i, i, i, i, tourillons sur lesquels les pierres se meuvent.

j, j, j, j, maçonnerie des fours en briques.

k, k, plaques carrées en fonte qui font la base des fours ; elles sont percées de onze trous sur lesquels on place les buses.

l, l, l, buses en fonte par lesquelles l'air s'introduit dans les fours, et par lesquelles les escarbilles tombent dans les cendriers.

m, m, m, aire des fours, en argile réfractaire battue.

n, n, n, n, n, pots. Il y en a huit dans chaque four.

o, o, o, o, voûtes des fours. Ces voûtes se font sur un moule, avec un mélange semblable à celui dont on fait les pots, mais moins soigné. Quand elles sont achevées, on retire le moule, composé de huit pièces qui peuvent se séparer les unes des autres ; on aplatit les voûtes de quelques centimètres en les pressant fortement. On bat l'argile et on charge de terre.

p, p, p, couronnes en fonte qui forment la bouche des fours et qu'on pose sur les voûtes.

PLANCHE LX.

Fourneau rond de 30,000 *kilog. pour la fusion des bouches à feu. Fig.* 1, coupe suivant a, u, de la figure 2.

Fig. 2, plan suivant la ligne x x de la figure 1.

Fig. 3, coupe suivant M M de la figure 1.

Fig. 4, élévation du fourneau suivant la ligne V V de la figure 2. Vis-à-vis la portière de gauche, un canon est disposé sur des rouleaux et un plan incliné, pour être introduit dans le fourneau, au moyen d'un cabestan placé à la portière opposée.

a, chauffe.

b, trou de la chauffe.

c, registre du trou de chauffe.

d, grille.

e, vide existant dans le massif du fourneau, et servant de cendrier.

f, plan incliné sur lequel tombent les cendres pour se réunir dans le cendrier.

g, petit escalier ou pas de souris, construit sur le côté du plan incliné, et conduisant au cendrier.

h, ventouse ou évent; son sol est au dessus de celui du cendrier.

i, galeries de communication.

k, autel.

l, sole.

m, trou de coulée.

n, portes; leurs portières sont en fer ou en tôle, et se manœuvrent au moyen de bascules.

o, ouvreaux; ouvertures qui communiquent des portières au plan de la plate-forme des fourneaux, *fig*. 3.

p, soupiraux.

q, hotte.

r, cheminée.

s, chaîne avec laquelle on soutient la perrière quand on veut enfoncer le tampon.

t, fosse où l'on enterre les moules.

u, contre-fosse destinée à recevoir les terres lorsqu'on déterre les moules.

v, canal et écheneaux.

x, moules disposés pour la coulée.

y, trou de loup.

z, cabriolet; il se compose de deux treuils horizontaux, autour desquels s'enroule un même câble, qui s'engage dans une mouffle. D'un côté de chaque treuil et en sens opposé, est adaptée une roue à chevilles dont l'arbre porte une lanterne qui engrène avec une roue dentée fixée sur chacun des treuils. Ce système sert à descendre les moules dans la fosse et à les en retirer. Le cabriolet a en outre deux mouvemens de translation : l'un suivant la ligne milieu de la fosse, et l'autre perpendiculairement à cette direction; il reçoit le premier au moyen d'un cabestan vertical dont le câble est amaré par ses deux extrémités à des poteaux fixés à des poutrelles par des colliers en fer; l'autre mouvement se communique à l'aide de deux treuils, sur chacun desquels on enroule deux câbles dont les brins passent sur des poulies de renvoi, et viennent s'attacher aux crochets des poutrelles. Ce double mouvement s'exécute facilement au moyen de roulettes engagées dans les rainures des jumelles correspondantes.

PLANCHE LXI.

Plan général d'une forge anglaise établie à Abersychau par M. P. Taylor. Cet établissement comprend six hauts fourneaux semblables à celui représenté sur la planche 64.

Fig. 1, élévation vue de face de l'usine.

Fig. 2, plan général de l'usine.

A, chemins de fer pour amener le minerai aux fours de grillage.

B, fours de grillage adossés deux à deux; il y en a dix pour entretenir les six hauts fourneaux.

C, hangar pour recevoir le minerai grillé, ainsi que les fondans.

D, six hauts fourneaux adossés contre une montagne sur laquelle sont établis le hangar et les fours de grillage; on y monte par l'escalier *a*.

E, fonderie dans laquelle se rend la fonte en fusion, sortant des hauts fourneaux.

F, chambre de la machine à vapeur faisant marcher la machine soufflante qui doit alimenter les hauts fourneaux, et les fours de fineries.

G, fourneaux et chaudières à vapeur.

н, cheminée.

ı, fours de fineries.

к, bureaux.

ʟ, magasins pour le fer.

м, forge.

н, fours à pudler et à réchauffer.

PLANCHE LXII.

Fours de grillage pour le minerai de fer. Fig. 1, 2 et 5, plan et coupe du fourneau de grillage employé à Dowlais.

La forme intérieure de ce fourneau est, le plus souvent, une pyramide rectangulaire renversée. Deux de ses faces sont verticales.

м, petit mur en briques; il sépare les deux portes de déchargement; sa hauteur est d'environ 4 pouces.

м, portes de déchargement.

z, voûte par laquelle on arrive aux portes м.

La partie x y du fourneau, est soutenue par une plaque de fonte percée de trous *o o*, destinés à donner de l'air. Souvent les fourneaux se déchargent des deux côtés.

Fig. 4, 5, 6 et 7, plan, coupe et élévation du fourneau de grillage du creusot.

Ce fourneau est construit en briques intérieurement; il à 17 pieds de hauteur, et est presque cylindrique extérieurement. Le vide intérieur est conique.

ı, *a*, chauffes; elles sont au nombre de trois, et placées latéralement.

b, ouvertures faites au niveau du sol; c'est par là qu'on retire le minerai grillé, au moyen d'un ringard.

c, d, gueulard; c'est par là qu'on jette le minerai cru, pour remplacer celui qui a été grillé; il est entouré d'une balustrade en bois *m n*, *m' n'*.

k, petit cône en fonte; il est placé au centre de la base du fourneau, et il force le minerai grillé à se présenter devant les ouvertures *b*.

o, conduit qui établit la communication entre la chauffe et l'intérieur du fourneau.

PLANCHE LXIII.

Machine soufflante mise en mouvement par une machine à vapeur à haute pression, de la force de 5o chevaux. Cette machine a été établie à Abersychau par M. P. Taylor, ingénieur. Elle aspire 11066 pieds cubes d'air par minute; la vitesse de cet air à la sortie des tuyères est de 200 pieds par seconde.

La pl. 63 représente une coupe longitudinale de cette machine, passant par l'axe du cylindre à vapeur, et du cylindre soufflant.

ᴀ, cylindre à vapeur.

ʙ, piston métallique.

c, cylindre distributeur, dans lequel arrive la vapeur avant de se rendre dans le cylindre ᴀ.

ᴅ, ᴅ, deux pistons métalliques, destinés à fermer et ouvrir alternativement les orifices qui interceptent ou établissent les communications entre les deux cylindres ᴀ et c.

ᴇ, enveloppe du cylindre c, servant de conduit à la vapeur lorsqu'elle a agi sur le piston.

ғ, tuyau adapté à la base de l'enveloppe ᴇ, pour conduire la vapeur au dehors.

ɢ, balancier en fonte, portant d'un bout la tige du piston à vapeur ʙ, et de l'autre, celle du piston souffleur s ʟ.

ʜ, bièle, dont le point d'attache ne se trouve pas à l'extrémité du balancier.

ɪ, excentrique placé sur l'arbre du volant, et destiné à donner le mouvement aux pistons distributeurs.

к, grand *cylindre soufflant* de 9 pieds anglais de diamètre.

ʟ, piston en fonte, garni à sa circonférence d'un double cuir, frottant contre la paroi intérieure du cylindre.

a, soupapes aspiratrices, par lesquelles l'air entre dans le cylindre к, lorsque son piston remonte.

b, clapets de cuir destinés, comme les soupapes *a*, à l'introduction de l'air dans la partie supérieure du cylindre K.

c, autres clapets par lesquels l'air refoulé par le piston L, sort du cylindre pour se rendre, par les conduits M, aux tuyères des hauts fourneaux.

PLANCHE LXIV.

Haut fourneau anglais au coke. La fig. 2, pl. 64, représente une coupe verticale de ce haut fourneau et de ses dépendances.

La fig. 1 en est une coupe horizontale faite suivant la ligne x-y. (*Fig.* 2.)

A, magasin pour le minerai grillé, le coke et la castine.

B, chemin qui communique du magasin au haut fourneau.

C, tronc de cône appelé *cuve*, rempli pendant le travail, de minerai, de coke et de castine.

D, *étalages;* tronc de cône renversé, qui vient se raccorder avec le ventre du fourneau. Cette partie est ordinairement construite en pierres réfractaires, en grès sans mélange de feldspath ou de matières calcaires.

E, *ouvrage;* partie du fourneau dans laquelle les matières entrent en fusion ; elle est formée avec une espèce de pierre très-réfractaire.

F, *creuset* dans lequel tombe, goutte à goutte, le fer en fusion.

G, *dame* au-dessus de laquelle s'échappent les *scories* qui s'élèvent sous la tympe H.

I, tuyères par lesquelles le vent est introduit dans le creuset.

J, canaux souterrains destinés à recevoir l'eau provenant de l'humidité du sol.

PLANCHE LXV.

Finerie. Fig. 1, 2 et 3, élévation, coupe et plan d'une finerie à double soufflerie.

A, creuset; il est rectangulaire et formé de quatre plaques en fonte; il est percé d'un trou sur le devant.

B, fosse pratiquée dans le sol, et dans laquelle se rend le métal qui y prend la forme de plaques.

C, trou par lequel le métal s'écoule du creuset dans la fosse; il sert aussi pour la sortie des scories.

D, murs en briques; ils n'existent que du côté des tuyères. Sur les deux autres côtés, on place des portes en tôle, pour empêcher l'air extérieur de pénétrer dans le fourneau, qui est presque toujours placé sous une halle ou en plein air, mais jamais dans un endroit entouré de murs.

E, appareils communiquant avec le système général de soufflerie ; ils sont munis de soupapes, qui restent fermées, quand la finerie ne marche pas.

F, cheminée ; elle est soutenue par quatre piliers en fonte et sur les murs D. Elle ne commence qu'à quatre pieds du sol, afin que les ouvriers puissent travailler facilement.

G, tuyères. Leur embrâsure est garnie d'une plaque de fonte double (*détails fig.* 4) dans laquelle on fait circuler de l'eau, au moyen de tuyaux cylindriques *a*, *b*.

H, tuyau de conduite, apportant dans les réservoirs l'eau qui doit servir à rafraîchir les tuyères pour empêcher leur trop rapide destruction.

I, réservoir supérieur.

K, bassin dans lequel s'écoule l'eau qui a parcouru l'intérieur des tuyères.

e, coins qui servent à incliner plus ou moins la tuyère sur la surface du bain.

Fig. 4, détails de la tuyère à courant d'eau.

a, *b*, tuyau cylindrique par où s'introduit dans les tuyères l'eau qui s'écoule du réservoir I.

c, *d*, tuyau de sortie de l'eau.

PLANCHE LXVI.

Four à pudler. Fig. 1, élévation vue de face, du fourneau, du côté du travail.

Fig. 2, coupe verticale, par le milieu de la longueur.

Fig. 3, coupe horizontale, faite suivant la ligne x-x.

Fig. 4, vue de profil du côté du foyer.

A, grille; les barreaux sont mobiles sur les supports, afin de pouvoir les écarter à volonté, pour

10

faire tomber les escarbilles, au moyen d'un ringard, que l'on introduit dans le foyer par les ouvertures A.

B, embrasure par laquelle on jette le combustible sur le foyer.

C, pont en briques réfractaires, servant à garantir la loupe de la chaleur directe du foyer. (Voyez *fig.* 2.)

D, sole en fonte, sur laquelle se place la loupe ou le fer à pudler.

E, ouverture par laquelle les loupes sont introduites dans le fourneau; elle est fermée par une porte en fonte F (*Fig.* 1) garnie intérieurement de briques réfractaires. Un petit orifice est ménagé à la partie inférieure de cette porte, pour permettre à l'ouvrier de voir à quel degré de fusion la matière est arrivée; cet orifice est bouché, pendant le travail, par une brique réfractaire.

G, cheminée de 40 à 45 pieds de hauteur, garnie intérieurement de briques réfractaires, et fermée à son sommet par un registre H, qui en règle l'ouverture.

a, trou de chio; ouverture par laquelle le fer en fusion sort du fourneau.

Fig. 5, plan et élévation de la sole en fonte D.

Fig. 6, détails de l'une des consoles I, qui maintiennent l'armature en fonte qui garnit tout l'extérieur du fourneau.

Fig. 7, détails de l'un des supports J de la cheminée.

Fig. 8, élévation et plan vu en dessous; de l'une des traverses de fonte K, qui se placent sur les supports J, pour en maintenir l'écartement.

Fig. 9, projections des traverses L placées sur les précédentes. (Voyez *fig.* 3.)

PLANCHE LXVII.

Martinets à fer. Les fig. 1 et 2 représentent une élévation vue de face et un plan d'un martinet établi à Charenton. Dans ce martinet, l'ourdon A, composé d'une seule pièce de fonte, porte cinq cames *a*, qui y sont fixées par des coins et qui agissent sous la tête du marteau pour le soulever.

B, marteau; il est en fonte; la panne *b*, *y* est assujettie par des clavettes. Les extrémités de la queue de ce marteau sont arrondies pour tourner librement sur le coussinet que porte le grand support C.

D, enclume en fonte recevant la panne *c* semblable à celle du marteau.

Tout le martinet est placé sur une forte charpente composée de poutres superposées et accolées l'une à l'autre, elles sont assujetties d'ailleurs sur une maçonnerie en pierres de taille.

La fig. 3 montre le détail de l'une des cames *a* qui arment l'ourdon.

La fig. 4 fait voir en plan et en élévation la panne du marteau B.

Les fig. 5 et 6 représentent un martinet dans lequel le marteau est soulevé par la queue; ce qui permet de lui donner plus de levée, et en même temps de tourner librement autour de l'enclume.

A, arbre de la roue hydraulique, à l'extrémité duquel est monté le camage qui doit agir sur la queue du marteau.

B, marteau composé d'une forte pièce de bois consolidée par des frètes en fer, et portant à son extrémité la panne C.

C', enclume encastrée dans le billot en chêne H.

D, stoque, pièce de bois dans laquelle est encastrée la chabotte *a* qui reçoit le choc du marteau.

C, étrier en fer trempé, qui par son choc contre la pièce *a* est vivement repoussé et rend par là la chute du marteau plus prompte.

E, abriquets, pièces en fonte qui peuvent se mouvoir horizontalement et verticalement le long des supports F. C'est dans ces pièces que se trouvent encastrés les coussinets de l'hurasse G.

Ce martinet est destiné à forger du fer rond, comme du fer plat.

La fig. 7 est un détail de l'un des abriquets E.

PLANCHE LXVIII.

Fours à réchauffer le fer. *Fig.* 1, élévation d'un fourneau à réchauffer des feuilles de tôle, vu du côté de l'entrée du foyer.

Fig. 2, coupe longitudinale faite par le milieu du fourneau.

Fig. 3, coupe horizontale faite suivant la ligne X Y (*fig.* 2).

Fig. 4, vue de profil du côté où l'on introduit les feuilles de tôle à réchauffer.

A, grille du foyer.

B, pont en briques réfractaires pour garantir le fer du feu direct du foyer.

C, sole sur laquelle se placent les feuilles de tôle à réchauffer.

D, ouverture fermée par un registre, et par laquelle on introduit les feuilles dans le fourneau.

E, cheminée composée intérieurement de briques réfractaires, comme tout l'intérieur du fourneau.

F, plaques de fonte qui garnissent tout l'extérieur du four; elles sont maintenues par des consoles de fonte G, encastrées dans le sol d'une part, et réunies de l'autre, par des tirans en fer *a*.

b, levier par lequel on peut lever ou baisser le registre qui ferme l'ouverture D.

Les figures 5 et 6 représentent en coupes verticale et horizontale, un autre fourneau propre à réchauffer le fer en barres; il est nouvellement construit. Dans ce four, la sole sur laquelle se place le fer à réchauffer, se trouve de chaque côté de la grille, qui existe dans presque toute la longueur.

A, embrasure en fonte, par laquelle on introduit le combustible dans le foyer.

B, sole élevée de chaque côté de la grille, et composée de briques réfractaires; on y place les barres de fer à chauffer, en les faisant entrer par les ouvertures C.

D, conduits pour la fumée; ils se réunissent au dessus du fourneau pour communiquer avec la cheminée E. Cette cheminée est construite en briques, et se trouve consolidée dans toute sa hauteur par des tirans en fer et des boulons placés à certaine distance. Tout l'extérieur du fourneau est en pierres ou briques ordinaires; il n'est pas, comme le fourneau précédent, enveloppé de plaques en fonte, mais il est solidement maintenu par des consoles F. La maçonnerie intérieure du four, composée de briques réfractaires, est séparée de celle extérieure par une couche de sable ou de scories *a*.

PLANCHE LXIX.

Train de laminoirs pour travailler le fer plat, le fer carré et la tôle. Ce train de laminoirs existait à l'usine de Charenton près Paris; il est mis en mouvement par une machine à vapeur.

Fig. 1, élévation longitudinale du train de laminoirs.

Fig. 2, plan vu en dessus.

A, cylindres unis, ou rouleaux en fonte pour laminer la tôle.

B, forts pignons destinés à transmettre le mouvement aux laminoirs.

C, cylindre à cannelures triangulaires et rectangulaires, pour étirer le fer méplat et le fer carré.

D, cages ou fermes en fonte, pour supporter les axes des cylindres A et C; elles sont placées sur de fortes charpentes en chêne, sur lesquelles elles se trouvent invariablement fixées par des boulons.

E, tirans en fer, pour maintenir l'écartement des fermes.

F, fermes des pignons B; elles sont assujetties comme les cages D, sur la charpente.

G, vis, au moyen desquelles on règle la pression des cylindres.

Fig. 3, vue de face de l'une des cages de fonte D, de la gaîne des coussinets et de toutes les pièces qui embrassent les tourillons des cylindres.

Fig. 4, coupe horizontale suivant la ligne 1 et 2, *fig.* 3.

Fig. 5, élévation de l'une des cages F et des pièces qu'elles renferment.

Fig. 6, coupe horizontale suivant la ligne 3-4, *fig.* 5.

Fig. 7, élévation du chapeau de cette cage.

Fig. 8, détails du cylindre supérieur cannelé C.

Fig. 9, détails de l'une des pièces *a* (*fig.* 3), qui touchent le tourillon des cylindres supérieurs des laminoirs.

Fig. 10, projections des pièces *b* (*Voyez* fig. 5), placées dans la partie supérieure des fermes F.

Fig. 11, bout d'arbre H, qui réunit les axes des cylindres à ceux des pignons.

Fig. 12. 1, manchons d'accouplement pour joindre tous les axes entre eux.

PLANCHE LXX.

Machine à couper le fer en barres ou fenderie. La fig. 1 représente une vue de face de la fenderie.

La fig. 2 en est une coupe horizontale, faite suivant la ligne TV (*fig.* 1), l'arbre qui porte les couteaux supérieurs étant enlevé.

La fig. 3 montre une coupe verticale suivant la ligne X Y (*fig.* 2).

La fig. 4 est vue de profil.

A, arbres carrés portant les lames ou cercles d'acier a, qui doivent couper le fer en barres. Ces cercles sont maintenus à distance, par des rondelles en fer b, et se trouvent tous réunis par des boulons à écrous.

c, vergettes; pièces de fer destinées à diriger le métal qui doit passer entre les lames.

d, traverses, placées de chaque côté des cylindres pour porter les vergettes c. Leur écartement est maintenu par deux boulons à clavettes B, et les pièces c qui embrassent en partie les colonnes D, taraudées à leur extrémité supérieure. Au dessus et au dessous de ces pièces, se trouvent des rondelles traversées par ces colonnes, et destinées à donner entre les arbres porte-lames l'écartement nécessaire.

Les colonnes D traversent la plaque ou siége de fonte E, que l'on fixe par des boulons sur une forte charpente.

Fig. 5, détails de l'une des vergettes c.

Fig. 6, détails de l'un des porte-vergettes d.

Fig. 7, plan de l'une des pièces de fonte c.

Fig. 8, élévation du support F de l'arbre inférieur de la fenderie.

Fig. 9, chapeau de l'arbre supérieur.

Fig. 10, plan du support F et de ce chapeau.

Fig. 11 et 12, *Cisaille*, machine propre à couper la tôle.

Cette cisaille est représentée en élévation et en plan sur les fig. 11 et 12; elle est mise en mouvement par un excentrique circulaire A, en fonte, fixé sur un arbre de couche B. Cet excentrique agit à l'extrémité d'un grand levier c, dont le centre fixe est en D. La tôle se trouve coupée par les mâchoires en acier trempé EE; l'une boulinée à la partie supérieure du support en fonte F, et l'autre à la tête du levier c.

Fig. 13, détails du palier G fixé sur le grand support F, et destiné à recevoir d'un côté, le boulon qui sert de centre de rotation au levier c.

PLANCHE LXXI.

Patouillet, bocards et laveries pour les minerais de fer. Fig. 1 et 2, plan et coupe d'un patouillet.

A, arbre de la roue à eau.

B, la roue.

C, coursier, ou canal qui porte l'eau sur la roue.

D, manteau de la roue, pour rejeter sur elle l'eau qui s'en échappe.

E, amas, ou huche dans laquelle on nettoie la mine qui y arrive par le ruisseau H.

F, barres de fer attachées à l'arbre pour agiter la mine dans l'eau.

G, bassin où l'on rassemble la masse lavée dans la huche.

C'est dans ce bassin que l'on rassemble la mine en tas avec une pelle courbe; on l'amoncelle loin de la petite porte O, qui ne doit être ouverte que pour faire couler, peu à peu, l'eau dans laquelle nage la mine. C'est encore dans ce bassin que l'on sépare les cailloux ou pierres hétérogènes à la mine.

H, courant d'eau, sur le bord duquel on décharge la mine, et qui l'entraîne dans la huche; on arrête ce courant, quand il y a de la mine dans la huche jusqu'à l'arbre, et que le mouvement de la machine se ralentit.

I, petit canal détaché du coursier, portant continuellement de l'eau claire dans la huche, pour mieux laver la mine, et remplacer celle qui s'échappe continuellement par les échancrures faites pour l'arbre dans les bouts de la huche.

K, ouverture au fond de la huche qui communique dans le bassin G, et par où on laisse sortir la mine quand la terre est bien détachée.

T, petite palette servant à boucher l'ouverture K.

L, rache, ou petit réservoir dans lequel on jette la mine qui doit être entraînée sur la grille N, où elle achève de se dépouiller de ses parties terreuses, à mesure que l'on remue avec une petite pelle de fer recourbée.

m, canal tiré du coursier pour entraîner et laver la mine sur la grille.

n, grille sur laquelle on perfectionne le lavage de la mine.

o, petite porte faite au bassin g, pour l'écoulement de l'eau qui sort de la huche avec la mine.

p, amas de mine sortant de la grille, et prête à être portée au fourneau.

q, empalement ou bascule pour donner de l'eau à la roue.

Fig. 3 et 4, bocards.

a, arbre de la roue.

b, roue.

c, coursier.

d, manteau de la roue.

e, dames ou montans.

f, levées ou mantonnets.

g, pilons.

h, cames de fer acérées ; il y en a quatre rangs qui correspondent aux quatre pilons.

i, glissoir.

k, lavoir.

l, barres de fer traversant les dames entre lesquelles les pilons sont maintenus.

m, grille qui arrête les crasses sous les pilons ; et qui les empêche d'être entraînées par l'eau.

n, emplacement au sortir de la grille, où se dépose le fer ou la mine par son poids, tandis que les matières sont emportées par le courant.

o, courant particulier pour laver les crasses.

PLANCHE LXXII.

Haut fourneau français alimenté par le charbon de bois. Fig. 1 , élévation du fourneau, vu du côté du laboratoire.

Fig. 2, coupe verticale faite suivant la ligne xy du plan, *fig.* 4.

Fig. 3, coupe horizontale faite au dessus des étalages suivant la ligne r s (*fig.* 2).

Fig. 4, deuxième coupe horizontale suivant la ligne tv. (*fig.* 2).

a, ouverture appelée *gueulard*, par laquelle on introduit le minerai, le fondant et le combustible dans le fourneau.

b, tronc de cône formant le corps du fourneau, et appelé *cuve.*

c, étalages composés d'un cône renversé et se raccordant avec l'ouvrage d, partie du fourneau dans laquelle les matières entrent en fusion.

e, creuset.

f, sole au fond du creuset.

g, dame,

h, tympe.

i, ouvertures par lesquelles le vent s'introduit dans le fourneau ; c'est un peu au dessus de ces ouvertures qu'est produite la plus haute température.

k, canettes en fonte, sur lesquelles pose la paroi intérieure de la cuve b.

L'espace entre cette paroi et le revêtement extérieur qui est en pierres de taille garni d'une armature en fer, est rempli de sable ou de scories ; ce qui permet à la chemise de se dilater et de la réparer sans faire éprouver d'altération au massif du fourneau.

Sous le creuset se trouve un grand conduit l pour recevoir l'eau provenant de l'humidité de terrain.

PLANCHE LXXIII.

Plan et coupe d'une forge à la catalane.

e, tuyère.

g, porte-vent.

h, caisse à vent.

11

ɪ, buse.

ᴋ, levier du tampon.

ʟ, chaîne du levier.

ᴍ, aire de la cheminée.

ɴ, mur de clôture de la cheminée.

ᴏ, fond du creuset.

ᴘ, grille de fer.

ǫ; enclume.

a, *a*, auges.

b, pique-mine.

c, loge des ouvriers.

d, magasin du charbon pour un feu seulement.

e, magasin du fer.

f, chambre du foyer.

q, enclume.

PLANCHE LXXIV.

Fig. ɪ, 2 et 3, plan et coupes d'un fourneau de cémentation.

Ce fourneau est rectangulaire, et couvert par une voûte en arc de cloître.

ᴀ, grille; elle occupe toute la longueur du fourneau.

ʙ, cendrier.

ᴄ, ᴄ, caisses de cémentation; elles sont construites en briques, et quelquefois aussi en grès ré-fràctaire; elles sont placées de chaque côtè de la grille.

d, *d*, *d*, *d*, canaux verticaux et horizontaux par lesquels passe la flamme, et qui la forcent à circuler autour des caisses.

ʜ, ouverture, par où s'échappe la flamme.

ᴘ, portes, par lesquelles l'ouvrier entre pour arranger les barres dans la caisse.

s, trous pratiqués dans les parois des caisses : ils servent à retirer les barres d'essai.

ᴛ, ᴛ, portes placées au dessus des caisses : elles servent à entrer et sortir les barres.

t, trous communiquant avec les cheminées placées dans les angles du fourneau. Quelques fourneaux se font remarquer par un plus grand nombre de cheminées disposées symétriquement autour du massif.

Fig. 4, 5 et 6, fours de fusion pour la fabrication de l'acier fondu.

a, cendrier.

f, foyer.

ᴄ, cheminée.

b, creuset.

PLANCHE LXXV.

Fabrication du papier. Fig. 1, coupe générale de la fabrique suivant A B de la figure 2 et de la figure 4.

Fig. 2, plan général de la fabrique.

Fig. 3, coupe suivant E F des figures 1 et 2.

Fig. 4, coupe transversale suivant C D des figures 1 et 2.

Dans ces quatre figures les objets semblables sont indiqués par les mêmes lettres.

a, greniers pour le dépôt des chiffons triés ou délissés.

b, atelier de délissage ou de triage.

c, c, cuves pour le lessivage des chiffons, chacune peut contenir 1,000 kil. de chiffons.

d, d, cases où sont déposées les différentes qualités de chiffons, après le lessivage.

e, e, cylindres défileurs ou effilocheurs.

f, f, cylindres raffineurs. Les cylindres sont encore désignés sous le nom de piles.

g, g, cuve-matière ou le chiffon raffiné se rend, avant de passer à la machine.

h, h, machine à papier.

i, i, tables sur lesquelles le papier est découpé d'après les formats voulus.

j, j, presses à bras destinées à donner une première pression au papier.

k, k, presses hydrauliques donnant au papier un grain plus doux et une apparence plus agréable.

l, l, appareil de blanchiment.

m, m, cases où sont déposés les chiffons blanchis. Chaque qualité de chiffons a sa case particulière.

n, n, cuves en bois solidement cerclées, chauffées par un serpentin amenant la vapeur; elles sont destinées à former l'empois de colle nécessaire au collage du papier.

o, o, chaudières en cuivre où se fabrique la colle, c'est à dire la combinaison de la résine avec la soude. Elles servent aussi à l'extraction des matières colorantes des bois.

p, canal amenant l'eau sur les roues hydrauliques.

q, q, roues hydrauliques. Elles doivent être au moins au nombre de deux, afin que lorsqu'une d'elles exige des réparations on ne soit pas obligé d'arrêter toute l'usine (1).

r, r, générateurs de vapeur.

s, s, petites roues hydrauliques faisant marcher seulement la machine à papier; quelquefois au lieu de roues spéciales, le mouvement de la machine est pris sur les grandes roues hydrauliques qui font mouvoir les cylindres.

t, t, bâti, solidement construit en pierre, supportant les cylindres défileurs et raffineurs.

u, u, caisses pour filtrer les eaux qui doivent laver les chiffons dans les piles. Cette filtration s'opère à travers plusieurs châssis en toile métallique à mailles de plus en plus serrées, à mesure que l'eau devient plus pure.

PLANCHE LXXVI.

Détails de l'atelier de lessivage d'une papeterie. Fig. 1, vue de face des cuves à lessiver.

Fig. 2, coupe transversale de l'atelier.

Fig. 3, détails de la cuve à lessiver.

Fig. 4, plan de la même cuve.

(1) Chaque roue hydraulique fait mouvoir quatre piles par l'intermédiaire d'un volant placé sur l'arbre du pignon qui engrène avec l'engrenage de la roue hydraulique. C'est sur ce volant que le pignon de chacun des quatre cylindres va prendre le mouvement. (*Voir* la disposition de la pile et de ce grand volant aux détails d'une pile.)

Dans ces quatre figures les mêmes lettres indiquent les mêmes objets.

a, cuves à lessiver.

b, tuyau amenant l'eau froide, qui au moyen des robinets *r* peut se déverser dans chacune des cuves.

c, tuyau amenant la vapeur destinée à chauffer la lessive.

d, canal en bois placé au dessus de chaque cuve de lessivage, et amenant directement le chiffon de l'atelier de délissage, ou de triage des chiffons.

e, hotte en bois doublée intérieurement de zinc, destinée à conduire au dehors la vapeur d'eau.

f, cases dont les côtés sont formés de planches *x x*, mobiles dans les rainures pratiquées sur les poteaux *p*. On peut ainsi à volonté augmenter ou diminuer la capacité des cases.

g, tuyau en cuivre placé au centre de la cuve de lessivage, et par lequel, la solution étendue de soude caustique chauffée et comprimée par la vapeur monte continuellement et retombe en nappe sur la couche supérieure des chiffons.

h, double fond percé d'un grand nombre de trous par lesquels la lessive rentre dans le faux fond, après avoir traversé la couche de chiffons.

i, couvercle en bois que l'on pose avant de commencer l'opération.

j, robinet de décharge par où s'écoule la lessive qui a servi à une opération.

PLANCHE LXXVII.

Blanchiment du chiffon au chlorure de chaux liquide. Fig. 1, coupe transversale suivant ᴀ ʙ de la fig. 3.

Fig. 2, vue de face des cuves à blanchir.

Fig. 3, plan d'une portion de l'atelier de blanchiment.

Fig. 4, détail d'une des cuves à blanchir.

a, cuves de blanchiment. Elles sont formées de douves épaisses en bois de pin très résineux et recouvertes intérieurement d'une couche résineuse inattaquable par le chlore.

b, caisses en bois à parois et à fond doubles, les uns formés de lattes très rapprochées qui ne laissent passer que l'eau, les autres formés au contraire de planches assez épaisses, exactement reliées. Comme on le comprend, d'après la forme de ces caisses, elles sont destinées à égoutter le chiffon défilé, qui, au moyen d'un large tuyau, y arrive directement des piles défileuses. Après l'égouttage, les chiffons se rendent, en soulevant une soupape, par le tuyau *x*, dans la cuve de blanchiment *a*.

c, tuyau par lequel on vide la cuve *a* lorsque le blanchiment est terminé.

d, caisses semblables aux caisses *b*, et servant à l'égouttage du chiffon blanchi.

e, e, cases en bois dont les côtés peuvent à volonté s'élever ou s'abaisser, au moyen de planches glissant dans des coulisses pratiquées sur les poteaux formant les 4 coins d'une case.

f, f, agitateur dont la partie supérieure en fonte porte des bras en bois perpendiculaires qui descendent jusqu'au fond de la cuve. Cet agitateur reçoit le mouvement de l'arbre *g*.

g, arbre mu par un engrenage conique et donnant le mouvement à l'agitateur *f*.

h, h, second agitateur en forme de dévidoire, et dont les deux tourillons sont soutenus sur les bras de l'agitateur *f*, de manière à ne former qu'un avec ce dernier; *h, h*, tout en tournant avec *f, f*, reçoit un second mouvement giratoire au moyen d'un pignon *j* placé sur son axe, et ce mouvement est donné parce que le pignon, suivant naturellement le mouvement de *f*, engrène sur une roue dentelée et fixe *k*.

i, tronc de cône creux en fonte, doublé de plomb, donnant passage à l'arbre *g*, et fermant toute issue au liquide contenu dans la cuve *a*.

j, pignon placé sur l'arbre du dévidoire *h*, et engrenant sur la roue *k*.

k, roue d'engrenage fixée sur le cône en fonte *i*, et sur laquelle le pignon *j* vient engrener.

l, vase en fonte fixé sur l'agitateur *f* et muni de deux tuyaux disposés de telle manière qu'ils puissent en tournant nettoyer le pourtour intérieur de la cuve lorsqu'on la vide.

m, soupape très large donnant issue au chiffon blanchi.

L'appareil de blanchiment que nous venons de décrire est employé en Angleterre ; appliqué dans une papeterie des Vosges, il a donné de bons résultats.

PLANCHE LXXVIII.

Pile à broyer le chiffon. Fig. 1, élévation d'une pile.

Fig. 2, coupe longitudinale d'une pile suivant A B, des figures 3, 4 et 5.

Fig. 3, plan d'une pile sans son cylindre.

Fig. 4, plan d'une pile avec cylindre.

Fig. 5, coupe transversale d'une pile suivant C D des figures 1, 2, 3 et 4.

Fig. 6, vue par bout de la défileuse et de la raffineuse telles qu'elles se trouvent relativement l'une à l'autre, c'est à dire la défileuse poùvant se vider au besoin dans la raffineuse.

Dans ces six figures les mêmes lettres indiquent les mêmes objets.

a, cylindre formé d'un cylindre en bois implanté de lames d'acier retenues au moyen d'une frête en fer et de coins en bois (Voyez les fig. 6 et 7).

b, bassin formé de plaques en fonte reliées à boulons.

c, chapeau en bois recouvrant le cylindre et empêchant ainsi les chiffons d'être projetés au dehors.

d, vannes en bois qui empêchent les chiffons d'être projetés sur le châssis en toile métallique *e*, lorsque le lavage est terminé.

e, châssis en toile métallique forçant les chiffons projetés de retomber dans la pile, et donnant seulement passage à l'eau entraînée par le chiffon ; cette eau sale s'écoule au dehors par la rigole *f* ; elle est continuellement renouvelée par de l'eau pure qu'un robinet, placé immédiatement au-dessus de la pile, fournit sans cesse.

f, rigoles en bois conduisant l'eau sale au dehors de la pile.

g, canal en bois dans lequel la rigole *f* amène l'eau sale.

h, platine formée de plusieurs lames en acier fondu (Voyez les détails fig. 9, 10 et 11).

i, *i*, coins en bois fortement chassés, retenant avec solidité la platine.

j, caniveau de peu de profondeur recouvert d'une toile métallique ; il retient les clous et autres corps durs qui endommageraient le cylindre et la platine.

k, paroi divisant en deux le bassin où sont contenus les chiffons.

l, *l*, système de soulèvement du cylindre (Voyez les détails fig. 8).

m, arbre en fonte qui supporte le cylindre.

n, pignon placé sur l'arbre *m* et lui donnant le mouvement.

o, grand engrenage sur lequel les pignons de quatre cylindres prennent le mouvement.

p, *q*, soupapes par où s'écoule le chiffon défilé ou raffiné.

Fig. 7, vue du rouleau en bois avant qu'il soit armé de ses lames d'acier et de ses frêtes.

Fig. 8, moyen employé pour soulever à volonté le cylindre de dessus sa platine.

a, tourillon du cylindre.

b, coussinet en bronze destiné à soutenir le cylindre.

c, cadre en fer, mobile, soutenant le coussinet *b* et, par suite, le cylindre ; ce cadre peut à vo-lonté se mouvoir de bas en haut ou de haut en bas, au moyen de la vis *g*, *g*, qu'un écrou *h*, à poignées, fait marcher.

d, boîte dans laquelle se meut le cadre *c* pour faciliter le centrage du rouleau ; cette boîte *d* est rendue mobile de gauche à droite ou de droite à gauche au moyen des vis de pression *f*.

e, boîte coulée avec la pile, soutenant le coussinet et le système de soulèvement.

f, vis de pression.

g, vis destinée à soulever le cylindre.

h, écrou à poignée faisant marcher la vis *g*.

Fig. 9, 10 et 11, coupe longitudinale, plan et coupe transversale de la platine destinée à broyer le chiffon qui passe entre elle et le cylindre.

a, lames en acier fondu, rassemblées en faisceau au moyen des boulons *c*, *c*; elles sont posées, comme on le voit dans la *fig.* 2, au fond de la pile, au dessous du cylindre, et solidement fixées au moyen de coins en bois chassés de force.

b, plaque en fonte contenant le faisceau de lames.

c, boulons reliant toutes les lames ensemble.

PLANCHE LXXIX.

Fabrication du papier; machine à papier. Fig. 1, élévation de la machine.

Fig. 2, coupe longitudinale de la machine à papier.

A, cuve à matière. C'est dans cette cuve qu'un tuyau à robinet, communiquant à la cuve réservoir, amène la pâte raffinée. De B en c, toile métallique.

c, pression humide.

D, première pression sèche.

E, deuxième pression sèche.

F, premier cylindre sécheur.

G, deuxième cylindre sécheur et troisième pression sèche.

H, troisième cylindre sécheur et quatrième pression sèche.

I, dévidoirs sur lesquels s'enroule le papier.

Le papier est indiqué par un tiret;

La toile métallique et les flôtres par une ligne continue.

a, cheneau ramenant l'eau écoulée de la pâte à travers la toile métallique, dans la cuve à matière.

Dans la planche LXXX, *fig.* 3 et 4, on voit le système employé pour remonter cette eau, arrivant de la boîte *k k* (*fig.* 2, planche LXXIX) dans la danaïde, *fig.* 3 et 4 ci-dessus.

b, cuve matière, avec agitateur; un jet de vapeur arrivant dans le fond de cette cuve, permet de la chauffer à volonté. Il y a des pâtes provenant de chiffons grossiers, qui sont tellement grasses, qu'on ne pourrait les égoutter sans les chauffer.

c, cloison qui force la pâte à passer près de l'agitateur avant de s'écouler sur l'épurateur *d*.

e, pièce de bois sur laquelle se cloue le cuir qui doit conduire la pâte liquide jusque sur la toile.

f, rouleaux en cuivre creux sur lesquels s'appuie la toile métallique.

g, chariot destiné à régler la largeur du papier au moyen de guides marchant sur les poulies *p*, *i* et *h*. Les deux pièces en cuivre (une de chaque côté de la machine) qui soutiennent les poulies *i* et *h* peuvent glisser à volonté sur deux barres en fer, reposant elles-mêmes sur le châssis en fer qui soutient les rouleaux.

k, boîte qui reçoit l'eau s'écoulant de la pâte.

l, pieds en fonte qui soutiennent la boîte *k*.

m, pieds en fer qui supportent tout le système de petits rouleaux *ff*, le chariot et les rouleaux *n*, *n*, qui tendent la toile; comme tout ce système a un mouvement de va et vient, nécessaire pour enverger le papier et pour égoutter l'eau, ces pieds, comme on le voit dans la figure, se meuvent sur tourillon.

n, *n*, *n*, rouleaux en cuivre creux ou en bois, soutenant la toile métallique.

o, boîte qui reçoit l'eau, qu'un robinet lance sans cesse sur les guides du papier, afin d'enlever les parcelles de pâte qu'elles entraînent toujours.

p, poulie donnant le mouvement aux guides.

s, boîte de la pompe aspirante ; le vide étant fait dans cette boîte, l'eau s'égoutte bien mieux lorsque le papier passe au dessus ; cette boîte communique, au moyen d'un tuyau, avec les trois cloches de la *fig.* 5, planche LXXX.—Le jeu de ces pompes aspirantes hydrauliques est facile à concevoir : le mouvement est donné à l'arbre *c*, portant trois manivelles à angles droits, lorsque la cloche se soulève, une soupape *a* s'ouvre, l'air est aspiré de la boîte de la machine ; lorsqu'elle descend, cette même soupape se referme, et la soupape *h* se soulève pour laisser échapper l'air. Dans la disposition employée il y a toujours au moins une pompe en fonction. (*V*. pl. LXXX, fig. 5.)

t, t, caisses en bois destinées à recevoir la pâte, car, lorsqu'on met en train la machine, on ne peut pas toujours faire passer de suite le papier sur le flôtre : il suit alors la toile métallique, et, arrivé au dessus des caisses *t*, un tuyau percé de trous dans toute sa longueur lance des jets d'eau, ce qui le détache et le fait tomber.

q, q, sont les deux cylindres en cuivre assez épais, qui forment la première presse dite humide. Ces deux cylindres sont revêtus de manchons en laine (pour garantir la toile) ; afin que le papier ne s'attache pas après les manchons, il est nécessaire de toujours les tenir humides ; voici comment on y parvient : contre le cylindre supérieur *q*, s'appuie une espèce de couteau en bois, recouvert aussi d'une étoffe de laine, et régnant dans toute la longueur du cylindre ; ce couteau, maintenu à ses extrémités par deux tourillons, s'appuie fortement contre le cylindre au moyen d'un poids *c*.

De cette disposition résulte une espèce de rigole étanche formée par l'angle d'intersection du couteau avec le cylindre, de telle manière qu'en faisant arriver l'eau à l'un des bouts du cylindre, elle suit la rigole et sort à l'autre bout.

r, supports du cylindre supérieur de la presse humide.

y, y, rouleaux en bois soutenant le premier flôtre appelé coucheur, qui conduit le papier à la seconde presse sèche D.

z, rouleau en bois se mouvant parallèlement à lui-même au moyen de vis de pression, et destiné à tendre le flôtre.

u, u, les deux cylindres de la presse D : ils sont en fonte pleine. Un couteau formé d'une lame d'acier encastrée dans un support en bois est placé au dessus du cylindre supérieur : il est destiné à râcler sa surface et à le tenir toujours propre ; il empêche aussi le papier de passer outre lorsqu'il s'attache au cylindre, accident qui ferait perdre le flôtre.

Ce premier flôtre, quand il va bien, dure huit jours, au bout desquels il faut l'enlever et le savonner ; en l'entretenant bien, on peut, avec trois lessivages, le faire durer jusqu'à un mois ; il faut toujours en avoir trois ou quatre prêts à mettre, car à chaque instant, un accident, le plus petit corps dur qui passe sous la presse, peut le trouer et le mettre hors de service.

v, vis agissant sur le coussinet supérieur et destinée à augmenter ou à diminuer la pression.

x, boîte recevant l'eau qui s'écoule par la pression.

E, seconde presse sèche.

1 1, les deux cylindres de la presse.

2, vis de pression.

3, boîte qui reçoit l'eau exsudée.

7 7, rouleaux en bois soutenant le flôtre *montant*.

4, rouleau en bois destiné à tendre le flôtre *montant* et agissant de bas en haut au moyen de la vis 5.

6 6, barres en fer soutenant le rouleau de tension et les accessoires.

Le flôtre montant est uniquement destiné à conduire le papier à travers la seconde pression ; il est facile de concevoir que, sur une si grande étendue, on ne pourrait presser sans ce flôtre.

8, 8, 8, rouleaux ordinairement en bois, mais qu'il est bien plus convenable de faire en fonte creuse, car si près des sécheurs ils se tourmentent trop. Ils sont destinés à soutenir le premier flôtre sécheur qui conduit le papier sur les deux cylindres f et g et le font passer sous la presse 9 ; sans ce flôtre et sans le pressage, le papier séché resterait toujours godé.

f, g, cylindre creux en fonte ; la vapeur y arrive par un des tourillons au moyen de stuffenboks, et sort par l'autre tourillon. L'entrée de la vapeur se voit en détail dans les *figures* 7 et 8 de la pl. lxxx.

9, cylindre en fonte qu'un levier armé de poids (dont l'attache est placée sous forme de coussinet sur l'arbre du cylindre) presse fortement sur le sécheur g.

11, 11, cylindre en fonte creux soutenant le second flôtre sécheur qui conduit le papier d'abord sous la pression du gros sécheur h, et ensuite sur la surface de ce dernier.

10, cylindre en fonte sur lequel le sécheur h peut à volonté, appuyer de tout son poids au moyen de vis qui soulèvent ou abaissent à volonté les coussinets de ce sécheur. (Détails *figure* 6 de la planche lxxx.)

12, cylindres en bois qui servent à tendre plus ou moins un côté du flôtre pour le faire marcher droit.

11', rouleau de tension.

13, dévidoirs sur lesquels s'enroule le papier.

14, rouleaux en cuivre, creux sur lesquels le papier libre peut passer d'un sécheur à l'autre.

PLANCHE LXXX.

Fabrication du papier. Fig. 1, plan de la machine à papier.

Les mêmes lettres indiquent les mêmes objets que dans la planche précédente.

15, arbre moteur, mu par la roue hydraulique et faisant directement mouvoir la presse d.

16, poulie placée sur l'arbre moteur, et transmettant le mouvement à la presse c au moyen de l'arbre 17.

18, poulie placée sur l'arbre 17 et donnant le mouvement à la danaïde qui ramène l'eau écoulée de la toile, à l'épurateur.

20, poulie placée sur l'arbre moteur et communiquant le mouvement, au moyen de l'arbre 21, à la presse cylindrique 10, qui fait marcher le grand cylindre sécheur h.

22, autre poulie qui transmet le mouvement, par l'intermédiaire de l'arbre 23, à un pignon placé sur cet arbre et à 2 roues d'engrenage 24 et 25, placées sur l'axe des cylindres chauffeurs fg.

26, poulie placée sur l'arbre moteur et communiquant le mouvement, au moyen de l'arbre 27, à la pression e.

Fig. 2, détails de la grande cuve-matière, qui fournit la pâte à papier à la machine.

a, a, agitateur.

b, b, cône en fonte donnant passage à l'arbre de l'agitateur.

c, arbre en fer faisant mouvoir l'agitateur *a.*

d, vase toujours rempli d'eau au moyen d'un robinet et d'où part un tuyau qui lave le pourtour de la cuve.

Fig. 3 et 4, détails de la danaïde destinée à ramener l'eau qui traverse la toile métallique, dans la cuve *b.* Cette eau servant à délayer la pâte.

e, canal en bois qui amène l'eau collée de la caisse *k* dans la danaïde.

f, canal qui reconduit cette eau dans la cuve *b.*

Fig. 5, détails de la pompe à air destinée à aspirer une partie de l'eau qui se trouve dans le papier.

g, g, tuyau communiquant avec la boîte *s,* placée sous une portion de la toile métallique (voy. fig. 1 et 2, planche précédente).

h, h, soupape pour l'écoulement de l'air aspiré.

Fig. 6, détails du moyen employé pour soulever le grand cylindre sécheur h de dessus la presse 10 (voy. fig. 1 et 2, planche précédente.).

PLANCHE LXXXI.

Extraction de la fécule. *Fig.* 1, coupe suivant la ligne x, x, figure 2 et figure 3.

Fig. 2, élévation coupe suivant la ligne y, y, des figures 1 et 3.

Fig. 3, plan général de l'atelier d'extraction de la fécule.

a, manège destiné à faire mouvoir la râpe e, les brosses du tamis cylindrique g, g, et une pompe p alimentant d'eau le réservoir n, qui lui-même la distribue dans toutes les parties de la fabrique.

b, arbre en fer donnant le mouvement à la pompe à eau, au moyen de la poulie o. o, et de la courroie de renvoi o', o'.

c, arbre en fer prenant le mouvement sur l'arbre du manège, et le transmettant au moyen de différents engrenages aux poulies d et d'; la première de ces poulies, d'un grand diamètre, est destinée à donner la vitesse de rotation (huit à neuf cents tours par minute) à la râpe e, la seconde fait marcher les engrenages x, et par suite les brosses du tamis cylindrique g.

d, poulie d'un grand diamètre communiquant le mouvement à une poulie d'un petit diamètre placée sur l'arbre de la râpe.

e, râpe (*voyez* les détails planche LXXXII)

f, canal en bois alimentant la râpe de pommes de terre; les pommes de terre y sont jetées du dehors de l'atelier.

g, tamis cylindrique de Saint-Etienne. (Voir ses détails planche LXXXII.)

h, canal par où s'écoule la pulpe épuisée.

i, autre canal recevant la fécule délayée dans l'eau.

j, rigole en bois placée au dessous d'un grand nombre de cuves k, dans lesquelles, au moyen d'une ouverture pratiquée sur le côté, elle déverse la fécule en suspension dans l'eau, qu'elle reçoit du canal i.

Les ouvertures l, l, se bouchent quand une cuve est pleine au moyen d'une planchette en bois; une autre planchette m, mise en travers de la rigole, permet de faire aller le liquide à volonté dans une cuve ou dans l'autre.

k, cuves en bois recevant la fécule délayée dans l'eau, elle s'y dépose, et on l'enlève pour la porter aux cuves de lavage.

n, cuves de lavage de la fécule.

p, puits alimentant d'eau la fabrique, au moyen d'une pompe mue par la courroie o', o'.

q, q, tuyau amenant l'eau dans le grand réservoir n.

PLANCHE LXXXII.

Extraction de la fécule ; râpe et tamis cylindrique. *Fig.* 1, coupe de la râpe et du tamis.

a, a, canal amenant les pommes de terre bien lavées, soit à bras, soit au moyen d'un laveur mécanique, au dessus de la râpe.

b, b, râpe composée d'un cylindre en bois, sur le pourtour duquel sont implantées des lames de scie à dents très courtes. On n'emploie plus maintenant cette disposition de cylindre. (*V.* Extraction de la fécule, volume 6.)

c, trémie en bois dans laquelle tombe la pulpe de pomme de terre que l'on peut à volonté faire tomber dans le tamis cylindrique au moyen d'une trappe d.

e, tamis cylindrique de M. Saint-Etienne.

f, tuyau terminé en arrosoir, amenant l'eau nécessaire à l'extraction de la fécule.

g, g, diaphragme en toile métallique à mailles serrées, sur lequel la pulpe soumise à l'action de brosses i, i, douées d'une grande vitesse, abandonne la fécule et est rejetée par une porte latérale dans le canal *n*. La fécule, mise en liberté, tombe sur une seconde toile métallique à mailles bien plus rapprochées ; elle s'y tamise, et il ne reste plus sur la toile que quelques débris de cellules qui sont aussi rejetés par une porte latérale dans le canal *n*. Le tamisage de la fécule se fait aussi à travers les parois du cylindre, qui sont formées de toiles métalliques, comme les diaphragmes ; la fécule se réunit dans un canal en bois *m*, et elle est reçue dans des cuviers *o*, *o*, où elle se dépose et où l'on opère son lavage.

p, engrenage conique placé sur un arbre moteur, et donnant le mouvement à l'arbre vertical *q*, *q*, auquel sont adaptées les brosses *i*, *i*.

Fig. 2, vue de face de la râpe et du tamis cylindrique.

Dans cette figure les mêmes lettres indiquent les mêmes objets que dans la figure précédente.

r, enveloppe extérieure du tamis cylindrique.

s, Portes pour l'écoulement de la pulpe épuisée.

Fig. 3, détails du tamis cylindrique.

PLANCHE LXXXIII.

Extraction de la fécule ; Tamis incliné. Fig. 1, élévation générale du tamis.

Fig. 2, coupe longitudinale du tamis suivant x x du plan fig. 3.

Fig. 3, plan général du tamis incliné.

a, *a*, madriers en bois formant les deux côtés du plan incliné. Ils sont reliés : 1° au moyen de madriers transversaux *i*, *i* ; 2° au moyen des boulons *p*, *p*.

b, *b*, poulies entaillées sur leur couronne de huit crans, dans lesquels viennent s'engager les barreaux d'une chaîne sans fin *b*, *b* ; l'arbre des poulies placées à la partie inférieure du plan incliné reçoit le mouvement au moyen d'un renvoi du manège ou de la machine à vapeur.

c, *c*, chaîne sans fin de Vaucanson. Elle s'enroule sur deux poulies placées à la partie supérieure et inférieure du plan incliné.

d, *d*, châssis couverts d'une toile métallique, formant le plan incliné sur lequel la chaîne de Vaucanson entraîne la pulpe de pomme de terre. Ces châssis sont au nombre de huit pour chaque tamis.

e, *e*, fond en bois parallèle au châssis métallique ; il reçoit les eaux chargées de fécule qui traversent ces tamis.

f, *f*, coulisses en bois sur lesquelles glissent les bords de la chaîne de Vaucanson.

g, *g*, traverses en bois supportant les coulisses *f*, et soutenues elles-mêmes par les montants *h*.

h, *h*, montants en bois supportant les traverses *g*, et maintenues par des jambes de force.

i, *i*, madriers traversant la bâche placée sous le tamis, et la divisant en huit compartiments ; le liquide chargé de fécule qui traverse le premier châssis, est ramené sur le troisième châssis au moyen d'un tuyau placé latéralement, qui le prend à la partie déclive du compartiment et le porte à la partie la plus élevée du 3°. Un second tuyau va du 2° au 4° compartiment, puis du 3° au 5°, etc. Le liquide enfin, arrivé au dernier compartiment inférieur, se rend par le canal *r* dans les cuves de dépôt. Ces tuyaux n'ont pas été placés de peur de jeter de la confusion dans la figure.

k, *k*, planches encaissant les bords des châssis métalliques.

l, *l*, canal en bois dans lequel tombe la pulpe épurée après avoir parcouru tout le tamis incliné.

m, caisse formée en madriers, dans laquelle la pulpe se rend directement au sortir de la râpe. La pulpe se répand sur le plan incliné *n*, et de là est entraînée sur les châssis métalliques par la chaîne de Vaucanson.

o, plancher du premier étage.

q, tuyau injectant en minces filets sur les châssis l'eau nécessaire à l'extraction de la fécule.

Fig. 4, 5 et 6, détails des poulies qui font mouvoir les chaînes de Vaucanson.

s, *s*, poulies.

t, *t*, barreaux de la chaîne.

PLANCHE LXXXIV.

Extraction de la fécule. *Fig.* 1, vue de bas en haut du tamis incliné, et suivant la ligne x x des figures 1, 2 et 3 de la planche précédente.

Fig. 2, coupe transversale du tamis incliné, suivant la ligne Y Y, perpendiculaire au fond *e* dn tamis incliné, figure 1, 2 et 3 de la planche précédente.

Dans ces deux figures les mêmes lettres indiquent les mêmes objets que dans les figures 1, 2, 3 de la planche précédente.

Fig. 3, détail d'un des châssis en toile de fil de laiton qui garnissent le tamis incliné, et qui sont indiqués par la lettre *d* dans les figures 2 et 3 de la planche précédente, et 1 et 2 de la même planche.

Fig. 4 et 5, détails de la chaîne sans fin *b*, *b* (*voir* les détails du tamis incliné), qui sert à entraîner la pulpe de pomme de terre sur les châssis *d*, *d*, jusqu'à la partie supérieure du tamis incliné.

Fig. 6, disposition employée dans une grande féculerie des cuves destinées à recevoir l'eau chargée de fécule sortant du tamis incliné ; c'est dans ces cuves de 3 à 4 mètres de diamètre que se dépose la fécule et que s'opèrent les différents lavages qui ont pour but d'enlever les substances étrangères.

PLANCHE LXXXV.

Extraction de la fécule. *Fig.* 1 et 2, détails du séchoir à air libre ; la figure 1 indique la coupe transversale de la pièce où s'opère la dessiccation ; la figure 2 en est la coupe longitudinale.

Fig. 3, partie du séchoir à une échelle plus grande.

Dans ces trois figures les mêmes objets sont indiqués par les mêmes lettres.

a, *a*, Montants verticaux soutenant les pièces de bois transversales *b*, *b*.

b, *b*, pièces transversales soutenues par les montants *a*, *a*, et supportant elles-mêmes toutes les tringles en bois *c*, *c*.

c, *c*, tringles en bois formant des espèces de tablards à claires voies destinés à soutenir les pains de fécule soumis à la dessiccation ; cette disposition permet à l'air ambiant de circuler librement.

d, *d*, pains de fécule posés sur les tringles.

v, fenêtres placées de chaque côté sur la pièce ; elles sont destinées à former un courant d'air nécessaire à la rapide dessiccation des pains ; le courant peut à volonté être augmenté ou diminué au moyen de jalousies.

Fig. 4, rouleau servant à écraser les grabauts formés par les pains de fécule desséchés et brisés.

Fig. 5, vue de face et coupe transversale d'une partie d'un séchoir à air chaud destiné à terminer la dessiccation de la fécule.

Fig. 6, coupe en long de l'étuve, suivant x, x, figure 5.

Dans ces deux figures les mêmes lettres indiquent les mêmes objets.

e, portes servant à retirer un à un les sept tiroirs placés dans la hauteur de l'étuve.

f, *f*, tiroirs sur lesquels on place la fécule à dessécher.

g, *g*, tasseaux sur lesquels glissent les tiroirs.

h, tuyau en fonte doublé de terre à briques, amenant l'air chaud produit dans un calorifère.

i, cheminées d'appel par où s'échappe l'air saturé d'humidité.

j, orifices pratiqués de distance en distance sur le tuyau d'air chaud, et dont l'ouverture se règle à volonté du dehors au moyen de tirettes.

14

La *fig.* 7 donne les détails des tiroirs employés pour la dessiccation de la fécule.

Fig. 8, 9 et 10, détails d'un bluttoir destiné à réduire la fécule en poudre très fine.

La *fig.* 8 est l'élévation du bluttoir, la *fig.* 9 représente la coupe verticale par l'axe, la *fig.* 10 le plan.

a, a, entonnoir percé d'un grand nombre d'orifices, dans lequel est placée la fécule à tamiser.

b, b, premier fond percé de trous ou garni d'une toile métallique à travers laquelle la fécule est forcée de passer au moyen des brosses *d, d.* Ce bluttoir est semblable au tamis cylindrique de Saint-Etienne.

c, c, second fond percé d'orifices plus petits que ceux du premier fond, afin que la fécule éprouve un second tamisage plus parfait que le premier.

e, espace placé au dessous des tamis et qui reçoit la fécule tamisée à travers les fonds et les parois du bluttoir.

f, arbre recevant le mouvement d'un engrenage et sur lequel sont placées les brosses *d.*

g, ouvertures munies d'un bout de sac par lequel s'échappe la fécule tamisée.

PLANCHE LXXXVI.

Fabrication du pain. Fig. 1, coupe longitudinale d'une boulangerie perfectionnée, suivant x x du plan général *fig.* 3.

Fig. 2, coupe transversale de la boulangerie, suivant Y Y du plan général.

Fig. 3, plan général d'une boulangerie pris suivant la ligne z z de la coupe longitudinale, *fig.* 1.

Dans ces trois figures les mêmes lettres indiquent les mêmes objets.

a, greniers.

b, fours aérothermes, dont on verra les détails plus loin. (*V.* pl. LXXXVII.)

c, pétrin mécanique.

d, machine à monter les pains cuits dans un magasin supérieur.

e, espace commun à deux fours et sur lequel débouchent les foyers.

f, moteur du pétrin : chez MM. Mouchot frères, il se compose d'une roue mue par des chiens.

Fig. 4, coupe longitudinale du four aérotherme xx, dans cette figure les mêmes lettres indiquent les mêmes objets que dans la planche LXXXVII.

Fig. 5, vue de face de la chaudière placée au dessus du four aérotherme et dans laquelle de l'eau est chauffée.

Fig. 6, coupe de la chaudière ci-dessus.

PLANCHE LXXXVII.

Four aérotherme. Fig. 1, vue de face du four.

Fig. 2, coupe transversale du four suivant la ligne v v des *fig.* 3, 4, 5 et 6, même planche.

Fig. 3, coupe horizontale du four suivant la ligne x x de la *fig.* 2, même planche, et *fig.* 4, planche LXXXVI.

Fig. 4, coupe horizontale du four suivant la ligne z z de la *fig.* 2, même planche, et *fig.* 4, planche LXXXVI.

Fig. 5, coupe horizontale suivant u u de la *fig.* 2, même planche, et de la *fig.* 4, pl. LXXXVI.

Fig. 6, coupe horizontale suivant T T de la *fig.* 2, même planche, et de la *fig.* 4, pl. LXXXVI.

Dans ces six figures les mêmes lettres indiquent les mêmes objets.

A, A, foyer sur lequel on peut brûler du coke et même de la houille.

B, B, espace vide et voûté réservé autour du foyer, et dans lequel l'air s'échauffe, sans toucher aux produits de la combustion.

C, C, carneaux dans lesquels les produits de la combustion se rendent en sortant du foyer; les orifices *e, e* établissent la communication; ces carneaux qui ne peuvent se voir dans la *fig.* 2, à cause de la voûte *g* qui surmonte le foyer, sont indiqués dans la *fig.* 4, planche LXXXVI.

D, cheminée où se réunit la fumée après avoir circulé dans les carneaux C, C.

E, espace libre placé immédiatement au dessus des carneaux C, C, et au dessous de la sole F, F du four. Par cette disposition, l'air déjà échauffé qui arrive du réservoir B par les conduits C, C, profite encore de la chaleur des produits de la combustion qui circulent dans les carneaux inférieurs C, C.

L'air, après s'être de nouveau échauffé dans l'espace E, E, monte par les conduits *d, d,* et se rend dans le four F, F.

F, F, four sur la sole duquel sont placés les pains à cuire; ce four, au lieu d'être échauffé comme les fours ordinaires, avec du bois léger que l'on brûle sur la sole, est continuellement entretenu à une température convenable, au moyen d'air chaud arrivant d'une part par le conduit *a,* qui va le prendre directement dans le réservoir B; d'autre part par les conduits *d, d,* qui le puisent dans l'espace E, E.

La sole est encore chauffée par contact avec l'air chaud contenu dans l'espace E, E, placé immédiatement au dessous.

L'air chaud saturé d'humidité sort du four par le conduit *b, b,* et retourne directement dans le réservoir B, B.

G, G, espace fermé, au dessus du four, empêchant la déperdition de chaleur.

a, a, conduit fournissant l'air échauffé dans l'espace B, B, au four F, F,

b, b, conduit ramenant l'air refroidi du four F, dans l'espace B, B.

c, c, conduits faisant communiquer l'espace B, B, avec l'espace E, E, placé immédiatement au dessous de la sole du four.

d, d, conduits amenant l'air chaud de l'espace E, E, dans le four F, F.

e, e, orifices établissant la communication entre le foyer et les carneaux C, C.

g, g, voûte qui surmonte le foyer.

h, h, piliers supportant les voûtes du réservoir B, B.

i, i, cloisons supportant la sole du four, et disposées de manière à ce que l'air qui arrive par les conduites *c, c,* se répande uniformément sous cette ole.

PLANCHE LXXXVIII.

Pétrin mécanique. — *Fig.* 1, vue du pétrin suivant la ligne x x de la figure 2.

Fig. 2, élévation de face du pétrin mécanique.

Fig. 3, vue de côté du pétrin, suivant la ligne Y Y de la figure 2.

Fig. 4, vue suivant la ligne z z des figures 5 et 7 en regardant du côté du volant.

Fig. 5, coupe longitudinale, passant par l'axe du pétrin mécanique.

Fig. 6, coupe transversale du pétrin mécanique.

Fig. 7, plan d'une partie du pétrin.

Dans ces sept figures les mêmes lettres indiquent les mêmes objets.

P, P, pétrin proprement dit, composé d'un cylindre en bois fortement assemblé, divisé en trois cases dans lesquelles sont placés la pâte ou le levain. Des barres de bois *o, o,* sont disposées dans l'intérieur des compartiments, de manière à diviser la pâte lorsque le cylindre tourne; une partie D, du cylindre peut s'ouvrir à charnière sur l'autre, ce qui permet ainsi d'introduire la farine et de sortir la pâte.

A, B, et c, compartiments du pétrin dont deux sont destinés à recevoir et à pétrir la farine, et dont l'autre sert à préparer le levain.

D, partie du cylindre s'ouvrant à charnière sur l'autre et formant ainsi couvercle.

a, a, poulie recevant le mouvement du moteur et le transmettant au pétrin par l'intermédiaire du pignon b, et de l'engrenage c, placé sur l'axe du pétrin.

b, b, pignon placé sur l'axe de la poulie a.

c, c, roue placée sur l'axe du pétrin et lui communiquant le mouvement qui lui est transmis par le pignon b.

d, d, volant destiné à régulariser l'action du moteur.

e, caisse en bois enveloppant les engrenages.

f, tourillons du pétrin.

g, frein pouvant agir sur le volant d, au moyen du levier h, dont on voit le détail figure 8.

h, levier du frein.

i, support du volant.

j, encliquetage destiné à indiquer le nombre de tours que fait le pétrin.

l, leviers destinés à obtenir la fermeture serrée du couvercle D.

m, deuxième fermeture à clavette du couvercle.

n, support du pétrin.

o, traverses en bois pouvant facilement s'enlever lorsque le cylindre est ouvert, elles sont destinées à diviser la pâte quand le pétrin marche.

Fig. 8, détails du levier h.

Fig. 9, détails de la charnière sur laquelle tourne le couvercle du pétrin.

PLANCHE LXXXIX.

Boulangerie aérotherme. Détails de la roue motrice du pétrin mécanique.

Fig. 1 , ensemble du moteur et du pétrin mécanique.

Fig. 2 , plan de l'ensemble ci-dessus.

Fig. 3 et 4 , détails de la roue mue par des chiens.

Fig. 5 , rondelle en fonte sur laquelle viennent s'assembler les bras de la roue.

Fig. 6 , section par le centre de la rondelle ci-dessus.

Fig. 7 et 8 , détails de la roue.

A , roue en bois dans l'intérieur de laquelle des chiens marchent continuellement et la font tourner.

B , courroie s'enroulant sur la roue et transmettant le mouvement au pétrin mécanique.

Dans le pétrin, les mêmes lettres indiquent les mêmes objets que dans la planche LXXXVIII.

PLANCHE XC.

Fabrique de sucre de betteraves de M. Hallette Hyolle , à Bouchain. Fig. 1 , plan de l'usine.

A , magasin aux betteraves sales.

b , râpe.

c , table pivotante pour faire les sacs.

d , d , pompes des presses hydrauliques.

e , e , e , presses hydrauliques.

f, f, chaudières de défécation.

g , escalier conduisant à la défécation.

h , machine de la force de six chevaux servant de moteur aux presses et à la râpe.

i , bassines de concentration à double spirale.

j , bassines de cuite également à double spirale.

l, l, rafraîchissoirs.

m, m, filtres dont on se sert après la concentration.

n, générateur de trente-trois chevaux.

o, chaudière de huit chevaux pour le service de la machine.

p, récipient recevant les eaux condensées.

q, retour d'eau.

r, r, tuyaux de conduite de vapeur, aux bassines de concentration de cuite et de défécation.

s, s, tuyaux conducteurs des eaux condensées.

t, tuyaux pour alimenter les chaudières.

v, pompe alimentaire.

x, tuyau de conduite de vapeur au retour d'eau.

y, tuyau de conduite de vapeur à la machine.

z, tuyaux du manomètre.

Fig. 2, communication du mouvement à la râpe et aux pompes des presses hydrauliques.

PANCHE XCI.

Fabrique de sucre de M. Hallette Hyolle, à Bouchain.

Dans cette planche les mêmes lettres indiquent les mêmes objets que dans la précédente planche.

Fig. 1. Elévation-coupe avec arrachement montrant une partie de la façade.

a', a', bacs qui reçoivent le jus après la défécation, d'où il passe dans les filets *b', b'* avant d'aller à la concentration.

Pour les autres lettres voir la planche précédente.

Fig. 2, coupe suivant 1, 2 du plan général de la planche précédente.

Fig. 3, coupe transversale des fourneaux.

Fig. 4, coupe longitudinale des fourneaux et de la chambre de la machine.

Fig. 5, chaudière fournissant la vapeur à la machine.

PLANCHE XCII.

Fabrique de sucre de M. Lecoq de Saint-Omer construite par M. Hallette Fig. 1, plan général de la fabrique.

Fig. 2, coupe, élévation, et façade de la fabrique suivant la ligne brisée x, y, z, du plan, figure 1.

Fig. 3, coupe transversale de l'usine et des fourneaux suivant la ligne brisée 1, 2, 3, 4, 5, 6, du plan, figure 1.

Fig. 4, coupe longitudinale du fourneau et de la cheminée suivant la ligne v v, de la figure 1.

Dans ces quatre figures les mêmes lettres indiquent les mêmes objets.

A, emplacement du manège.

B, magasin aux betteraves sales.

c, laveur mécanique pour les betteraves.

D, trappe par laquelle on élève les betteraves lavées pour les porter au coupe-racine E.

E, coupe-racine placé sur le plan du premier étage.

F, F, appareils de macération.

g, bac à eau.

h, chaudières de défécation. Au-dessous de ces chaudières sont les bacs des filtres, le jus sortant de la défécation passe dans ces bacs et de là dans les filtres, puis à la concentration.

J, escalier conduisant à la défécation.

i, i, douze bassines à double spirale, dont dix à concentration, et deux de cuite.

l, rafraîchissoirs.

m, m, filtres Dumont,

n, n, générateurs de trente-huit chevaux.

o, o, ligne pointée indiquant les tuyaux de conduite de vapeur.

x, x, lignes noires indiquant les tuyaux conduisant les eaux condensées, au récipient.

P, P, deux retours d'eau pour la condensation.

Q, récipient auquel viennent aboutir les tuyaux des eaux condensées.

T, chambre du chauffeur.

R, cabinet de surveillance.

S, purgerie de huit travées.

PLANCHE XCIII.

Laveur mécanique de betteraves. Fig. 1, vue longitudinale du laveur.

Fig. 2, vue par bout du laveur.

Fig. 3, coupe longitudinale du laveur.

Fig. 4, coupe transversale du laveur.

Dans ces quatre figures les mêmes lettres indiquent les mêmes objets.

a, hotte où sont jetées les betteraves à laver.

b, grand cylindre à claire voie, formé de lattes rapprochées. Ce cylindre est un peu incliné, afin que les betteraves puissent en se lavant arriver à l'extrémité opposée à celle par laquelle elles sont entrées.

c, caisse en bois contenant l'eau nécessaire au lavage, et dans laquelle plonge le cylindre laveur bb.

d, plan incliné sur lequel tombent les betteraves en sortant du cylindre-laveur.

e, arbre en fer communiquant le mouvement au cylindre.

f, poulie motrice.

g, planches en bois retenant l'eau projetée par le mouvement du cylindre.

h, bras en fer soutenant le cylindre b.

i, partie du cylindre formée en hélice, servant à rejeter au dehors les betteraves lavées.

PLANCHE XCIV.

Coupe-racines suivant le système de Hallette et Cie. Fig. 1, élévation vue par devant.

Fig. 2, coupe suivant CD de la *Fig.* 4.

Fig. 3, élévation, vue par derrière.

Fig. 4, plan.

Fig. 5, décharge.

Fig. 6, plan du plateau porte-lames.

Fig. 7, coupe suivant AB.

Fig. 8, plateau porte-lames, avec l'arbre qui lui donne le mouvement.

PLANCHE XCV.

Fabrication du sucre ; Presse hydraulique. Fig. 1, élévation de la presse hydraulique et de sa pompe.

Fig. 2, plan coupe de la presse hydraulique et de sa pompe.

A, A, presse hydraulique proprement dite.

B, B, pompe de la presse hydraulique.

a, a, grand piston de la presse.

b, b, petit piston,   id.

c, c, plateau supportant les sacs de pulpe de betteraves.

d, d, sacs de pulpe de betteraves alternés avec des claies d'osier.

e, e, chapiteau de la presse.

f, f, colonnes soutenant le chapiteau et résistant à la poussée exercée sur ce chapiteau.

g, tuyau amenant l'eau de la pompe dans le grand piston.

h, h, pistons de la pompe.

i, levier faisant agir les pistons *h, h.*

j, j, bâche de la pompe.

Fig. 3, vue de dessus du plateau et d'un sac de pulpe.

Fig. 4, vue intérieure du corps de pompe de la presse hydraulique.

Fig. 5, plan de ce corps de pompe.

h, piston.

i, tuyau aspirant l'eau dans la bâche.

j, soupape qui se soulève lorsqu'on lève le piston, et se referme dans le cas contraire.

m, soupape de communication avec le grand piston de la presse.

n, soupape de sûreté.

o, orifice sur lequel s'adapte le tuyau *g.*

PLANCHE XCVI.

Presse Pecqueur pour l'extraction du jus de la pulpe de betterave. Fig. 1, élévation longitudinale de la presse.

Fig. 2, vue par bout du côté de la ligne xx de la presse.

Fig. 3, coupe longitudinale de la presse.

Fig. 4, coupe transversale suivant AB.

a, hotte en cuivre que l'on maintient toujours pne   de pulpe de betterave.

b, cylindre creux en fonte dans lequel se meut un piston *h,* refoulant à chaque coup un litre de pulpe dans une hotte en fonte, *d d.*

c, soupape qui au moyen de deux forts ressorts *i i* tend toujours à fermer l'extrémité du cylindre creux contenant le piston *b* ; en sorte que, à chaque coup de piston, la pulpe refoulée, se fraie le passage, et ne peut pas revenir dans le cylindre creux, la soupape fermant immédiatement l'issue.

d, hotte en fonte où est comprimée la pulpe refoulée par le piston *b.*

e, cylindres très épais, en cuivre, percés de trous, et recouverts d'une toile métallique d'un grain serré ; c'est entre ces deux cylindres que la pulpe est obligée de passer avant de sortir de la hotte *d* ; dans ce trajet elle éprouve une nouvelle et forte pression qui enlève une partie du jus qu'elle contenait encore.

f, cloison en tôle qui oblige la pulpe à passer du côté où on veut la recevoir, au sortir de l'appareil.

g, soupape de sûreté qui donne passage au jus, lorsque la pression devient trop considérable.

h, h, tuyau pour l'écoulement du jus exprimé de la pulpe.

i, i, ressorts tendant toujours à refermer la soupape *c.*

j, bielle qui transmet le mouvement au piston *b.*

k, galet sur lequel s'appuie le piston *b,* lorsqu'il sort du cylindre creux.

l, manivelle qui donne le mouvement de va et vient à la tige *j,* et par suite au piston *b* ; elle est placée sur l'arbre de la poulie *m, m.*

m, m, poulie qui donne le mouvement à tout l'appareil et le reçoit, au moyen d'une courroie, de l'arbre de souche de la machine à vapeur.

n, roue conique placée sur l'arbre de poulie *m, m.* Elle transmet le mouvement à une seconde roue *o,* et par suite à l'arbre *p.*

q, pignon placé sur l'arbre *p,* et destiné à donner le mouvement aux cylindres *e, e,* au moyen de la rone d'engrenage.

r, r, r, roue d'engrenage placée sur l'arbre *t,* d'un des deux cylindres.

u, u, bâti en bois supportant la presse.

PLANCHE XCVII.

Fabrication du sucre de betterave. Fig. 1, nouvelle chaudière de défécation, avec fond extérieur en fonte, de M. Hallette.

a, a, fond en cuivre.

b, b, double fond en fonte.

c, c, robinet de vidange à trois eaux, qui permet de retirer le liquide à différentes hauteurs.

Fig. 2, bassine de cuite à double spirale.

Fig. 5, plan de la bassine de cuite.

Fig. 4, vue de face de la bassine de cuite. Dans les figures 2, 3, 4, les mêmes objets sont indiqués par les mêmes lettres.

d, d, conduite de vapeur.

e, e, tube conduisant la vapeur dans le serpentin.

f, f, robinet pour vider la chaudière.

Fig. g, cheminée en bois conduisant au dehors la vapeur d'eau.

h, obstacle qui force la vapeur à redescendre et aide à la condensation.

s, double serpentin de vapeur.

PLANCHE XCVIII.

Différents filtres. Fig. 1, filtre Taylor. Coupe, élévation.

Fig. 2, détails d'un des sacs contenus dans le filtre.

a, a, sacs à travers lesquels passe le jus contenu dans l'espace *z.*

x, x, tubulure conique en cuivre, sur laquelle les sacs sont fixés au moyen d'un anneau. L'élargissement du tube à la partie inférieure rend solide ce moyen d'attache.

y, y, porte pour l'entrée et la sortie des sacs.

b, robinet pour la sortie du sirop filtré.

Fig. 3, coupe par le milieu d'un autre genre de filtre destiné à éclaircir le jus ; la partie filtrante se compose de deux treillages rapprochés par des vis de pression, et entre lesquels on place une substance poreuse, du coton, par exemple.

Fig. 4, plan du même filtre.

Fig. 5, Filtre Taylor modifié en ce sens, que le jus, au lieu de filtrer du dedans au dehors, filtre du dehors au dedans ; on verra l'avantage de ce procédé dans la description du raffinage.

Fig. 6, plan du filtre Taylor modifié.

Fig. 8, filtre Dumont.

g, g, grille inférieure.

i, grille supérieure.

h, robinet d'écoulement.

Fig. 9, détails de la tubulure sur laquelle s'adaptent les sacs *a.*

Fig. 10, plan du filtre ci-dessus.

Dans ce système de filtre, le jus trouble arrive dans un espace libre z, et entre dans tous les sacs a : la figure 9 donne plus en grand la tubulure vissée sur le fond de l'espace z, et sur laquelle s'adapte l'extrémité des sacs, que l'on maintient au moyen d'un anneau y, la tubulure étant conique, le serrage augmente quand l'effort qui tend à arracher les sacs, devient plus considérable.

PLANCHE XCIX.

Appareil Roth pour la concentration des sirops. *Fig.* 1 , condenseur.

Fig. 2, chaudière de cuite.

Fig. 3, coupe suivant x, x.

Fig. 4, sonde pour l'essai du sirop.

A, tuyau de vapeur.

B, grand vase en tôle, servant de condenseur.

c, chaudière de cuite avec double fond, le tout en cuivre.

b, tuyau d'embranchement amenant la vapeur dans le double fond y, y.

c, tuyau chauffant le serpentin, e.

d, tuyau amenant la vapeur dans le corps de la chaudière et servant à faire le vide.

e, serpentin en cuivre chauffé à la vapeur, et évaporant le sirop qui l'entoure de toutes parts.

f, tuyau par lequel le sirop aspiré se rend du réservoir r dans la chaudière c.

g, robinet pour l'écoulement du sirop cuit.

h, retour d'eau de la vapeur condensée dans le double fond.

h', retour d'eau de la vapeur condensée dans le serpentin , e.

i, i, tuyau de communication entre la chaudière c et le condenseur B.

j, j, tuyau par lequel l'eau froide aspirée se rend du réservoir l, dans le condenseur B.

l, réservoir d'eau froide.

m, m, diaphragmes destinés à multiplier les contacts entre l'eau du condenseur et la vapeur arrivant de la chaudière c.

n, robinet destiné à donner issue à l'air contenu dans l'appareil, lorsqu'on fait le vide au moyen de la vapeur; et à le laisser rentrer quand on veut vider le sirop.

o, manomètre indiquant la pression qui existe dans le condenseur B.

p, niveau accusant la hauteur de l'eau dans le condenseur.

q, robinet pour la vidange de l'eau du condenseur.

r, réservoir de sirop.

PLANCHE C.

Appareil à triple effet pour la cuite des sirops. *Fig.* 1. Elévation générale de l'appareil.

Fig. 2, plan des chaudières de cuite.

Fig. 3, plan du serpentin condenseur.

Dans ces trois figures les mêmes lettres indiquent les mêmes objets.

A, générateur de vapeur.

B, chaudière d'évaporation à serpentin, exactement fermée.

c, chaudière de cuite dans le vide.

D, serpentin destiné à maintenir le vide dans la chaudière c, en condensant la vapeur produite par l'évaporation.

E, cylindre destiné à maintenir le vide pendant qu'on vide l'eau de condensation , et à le reproduire lorsqu'il n'existe plus.

16

F, réservoir à sirop.

G, réservoir à jus non évaporé.

a, tube amenant la vapeur dans le serpentin de la chaudière B.

b, b, serpentin chauffant la chaudière B.

c, c, tube conduisant la vapeur formée par l'évaporation du sirop, de la chaudière B dans le serpentin de la chaudière C.

d, d, embranchement de vapeur destiné à compléter la quantité de vapeur nécessaire à la cuite.

e, e, tube conduisant la vapeur provenant de l'évaporation de la chaudière C, dans le serpentin condenseur DD.

g, g, tuyau par lequel le sirop aspiré se rend du réservoir F dans la chaudière C.

h, h, tuyau servant à vider le sirop évaporé dans la chaudière B.

i, i, tube alimentant la chaudière B, avec le jus qui a servi à la condensation des vapeurs contenues dans le serpentin D D.

j, j, rigole en cuivre recevant le jus qui a passé sur la surface du serpentin B.

l, tube de communication entre le serpentin D et le réservoir E.

m, robinet pour la vidange du réservoir E.

n, gouttière distribuant le jus en filets menus sur toute la surface du serpentin.

o, tube alimentant la gouttière n.

PLANCHES CI ET CII.

Chaudière à insufflation d'air chaud, de Brame et Chevalier. La planche CI donne la coupe élévation de l'appareil, la planche CII le plan général du même appareil ; dans les deux planches, les mêmes lettres indiquent les mêmes objets. *Fig.* 1, machine soufflante

Fig. 2, chaudières de cuite.

A, cylindre en fonte renfermant un grand nombre de tubes à travers esquels passent la vapeur ou la fumée qui doit chauffer l'air ambiant.

B, B, chaudière de cuite supposée sans grilles.

D, D, chaudière de cuite avec grilles.

a, a, cylindre de la machine à vapeur oscillante.

b, b, volants destinés à régulariser le mouvement.

c, c, cylindres pour l'aspiration et l'insufflation de l'air froid.

x, x, arbre moteur de la machine soufflante.

u, u, supports de l'arbre x, x.

d, d, tuyau conduisant l'air refoulé des cylindres c, c, de la machine soufflante, dans le grand cylindre chauffeur A. Cet air froid entoure les tubes e, e, s'échauffe à leur contact et sort par les tuyaux f, f à la partie supérieure du cylindre.

e, e, grand nombre de petits tubes à travers lesquels passent la vapeur ou la fumée qui doivent élever la température de l'air venant de la machine soufflante.

f, f, tuyaux conduisant l'air chaud dans le double fond des chaudières de cuite.

g, g, tuyau distribuant uniformément, au moyen de trois embranchements, l'air chaud dans le double fond.

h, h, double fond en cuivre percé d'une infinité de très petits trous donnant passage à l'air chaud foulé par la machine soufflante. L'air chaud est donc forcé de traverser la couche de sirop placée sur le double fond.

i, robinet pour l'écoulement du sirop cuit ou évaporé.

l, tube de retour de la vapeur qui a traversé la grille.

m, tube amenant la vapeur du générateur dans la grille; il se bifurque de manière à alimenter les deux portions de la grille.

n, tubes établissant la communication entre le tuyau *m* et la grille.

o, tiges en fer supportant la grille et suspendues elles-mêmes à des traverses.

p, grille double formée de tubes très rapprochés et chauffés à la vapeur.

Fig. 3, planche cɪ, est la vue de face du tuyau qui joint le tube horizontal supérieur avec le tube horizontal inférieur *gg*; il est construit de telle façon que lorsque la chaudière s'incline, le tube *g g* puisse également s'incliner.

q, levier servant à incliner la chaudière du côté du robinet *i*, lorsqu'on veut la vider.

PLANCHE CIII.

Fabrication du sucre, égout des sucres. Fig. 1, vue longitudinale du système d'égout des sucres.

Fig. 2, coupe longitudinale du système d'égout des sucres.

Fig. 4, coupe transversale.

Fig. 3, élévation par bout.

Fig. 5, plan de la caisse à égoutter les sirops.

a, a, formes à sucre.

b, b, pièces de bois destinées à soutenir les formes sur le bord des caisses à égout.

c, c, plancher de la pièce où sont situées les caisses à égoutter.

d, d, tuyau conduisant le sirop recueilli dans les caisses à une rigole générale *e*.

f, f, planches percées d'ouvertures destinées à recevoir les formes à sucre.

g, g, tuyaux conduisant à un réservoir particulier les sirops qu'ils reçoivent des rigoles *e, e*.

Fig. 6, détails des planches destinées à recevoir les formes.

PLANCHE CIV.

Fabrication du sucre de canne; moulin à écraser les cannes. Fig. 1, élévation du moulin en supposant les trois engrenages moteurs des cylindres enlevés.

Fig. 2, vue suivant la ligne z z du moulin.

A, cylindre supérieur en fonte, portant des cannelures destinées à engager les cannes entre les cylindres.

B, premier cylindre inférieur; c'est entre le cylindre *a* et le cylindre *b* que passent d'abord les cannes.

c, deuxième cylindre inférieur.

D, plan incliné en tôle amenant les cannes entre les deux premiers cylindres.

E, plan incliné, également en tôle, sur lequel tombe la bagasse.

F, engrenage placé sur l'arbre du cylindre *a*, et communiquant le mouvement imprimé à l'arbre aux engrenages *g* et *h* placés sur l'arbre des cylindres *c* et *b*.

G, H, engrenages moteurs des deux cylindres inférieurs.

ɪ ɪ, bâche placée sous le moulin, et destinée à recevoir le jus qui s'écoule des cannes.

a, arbre du cylindre A; c'est à cet arbre qu'est imprimé le mouvement qu'il transmet aux deux cylindres inférieurs.

b et *c*, arbres des cylindres B et c.

d, d, coussinets de l'arbre *a*.

e et *f*, coussinets des cylindres B et c.

g, g, chapeau des coussinets de l'arbre *a*.

h, h, vis et écrou servant à serrer le chapeau *g, g*, sur le coussinet *d*.

i, ouverture percée dans le chapeau *g*, *g*, et dans le coussinet *d*, et qui permet de graisser le tourillon de l'arbre *a*.

j et *j'*, fortes oreilles en fonte faisant corps avec le bâti; elles sont écartées l'une de l'autre au moyen du manchon creux *m*; un fort boulon en fer serré d'un côté par l'écrou *l*, et de l'autre par une clvaette *k* en fer, sert au contraire à les relier et à donner une grande solidité à tout l'appareil.

k, *k*, clavettes en fer qui retiennent le boulon reliant les oreilles *j j'*.

l, écrou du boulon.

m, manchon d'écartement entre les deux oreilles *j* et *j'*.

n, colonettes soutenant le plan incliné D.

o, vis de fondation du moulin.

p, colonne soutenant le plan incliné L.

q, fortes solives en bois sur lesquelles repose le moulin.

r, clavettes servant à soutenir la lame de fer qui conduit la bagasse du cylindre B au cylindre R

s, lame en fer servant de guide à la bagasse.

t, ouverture par où s'écoule le jus de cannes.

PLANCHE CV.

Fabrication du sucre de canne. Moulin à écraser les cannes. Fig. 1, coupe suivant xx, de la *Fig.* 2, planche précédente.

Fig. 2, vue de face du système d'engrenage donnant le mouvement aux trois cylindres A, B et C.

Fig. 3, vue du côté de la roue d'engrenage F.

Fig. 4, coupe de la roue d'engrenage F.

Fig. 6, coupe d'une des roues G et H.

Fig. 5, coupe d'un des deux bâtis du moulin par un plan vertical passant par l'axe du cylindre A.

Fig. 7, coupe du bâti suivant la ligne Y, Y, de la *Fig.* 1, planche précédente.

Dans toutes ces figures les mêmes lettres indiquent les mêmes objets que dans la planche précédente.

PLANCHE CVI.

Raffinage du sucre. Coupe générale d'une raffinerie suivant x x du plan, planche CVII.

A, chaudières pour la fonte du sucre brut.

B, chaudières de clarification.

C, filtres Taylor.

D, filtres Dumont.

E, réservoir à clairce, où se rend le sirop filtré.

F, chaudière de cuite dans le vide.

G, rafraichissoirs.

H, H, greniers chauffés à la vapeur, et où se terminent les dernières préparations du sucre raffiné.

I, I, greniers semblables aux précédents, seulement ils servent à des sucres de première qualité.

K, étuve disposée comme les greniers, et où une haute température facilite l'écoulement des sirops des sucres de qualité inférieure.

L, calorifère fournissant l'air chaud nécessaire pour la dessiccation des pains de sucre raffinés.

M, cage de bâtiment, formant à chaque étage un emplacement dans lequel on place les galettes qui ont servi à terrer le sucre; cette cage sépare les deux étuves à courant d'air chaud, comme on le verra dans le plan, pl. CVII.

N, réservoir d'eau.

o, chaudière servant à préparer le noir avant de le placer dans les filtres.

p, emplacement d'une petite machine à vapeur, destinée à élever l'eau pure nécessaire à la fabrique, à faire le vide dans la chaudière de cuite, etc., etc.

q, magasin du sucre brut.

a, a, bâti en bois supportant les chaudières de fonte et de clarification.

b, escalier.

c, c, bâti en bois soutenant les filtres Taylor.

d, escalier conduisant à la hauteur des filtres Taylor.

e, e, bâti en bois soutenant le réservoir d'eau.

f, f, escalier conduisant de l'empli à l'atelier de clarification.

g, g, tuyaux en cuivre chauffés à la vapeur, servant à maintenir une certaine température dans les greniers.

h, h, caisses d'égouttage des formes.

i, i, formes posées sur les caisses d'égouttage.

PLANCHE CVII.

Raffinage du sucre. Fig. 1, coupe horizontale suivant y y de la coupe générale d'une raffinerie planche cvi.

Fig. 2, coupe horizontale suivant z z de la coupe générale d'une raffinerie planche cvi.

Dans ces deux figures les mêmes lettres indiquent les mêmes objets.

A , A magasin à sucre brut.

B, B, atelier de cuite du sucre clarifié et d'empli des formes.

c, emplacement de la machine à vapeur.

D, chaudières à vapeur d'à peu près 70 chevaux faisant marcher la machine, et servant à l'évaporation des sirops et au chauffage des greniers.

E, étuves à courant d'air chaud, d'à peu près 4 mètres de côté, et régnant dans toute la hauteur du bâtiment. Des planchers à claires voies, très rapprochés les uns des autres, reçoivent les pains à dessécher ; des portes doubles en tôle, placées au niveau de chaque étage du bâtiment, facilitent la manœuvre de ces pains. Ces étuves sont chauffées par des calorifères.

F, cage de l'escalier conduisant à tous les étages.

G, magasin à sucre raffiné.

H, atelier de préparation de la terre destinée au terrage des pains de sucre.

I, atelier de préparation des formes.

J, J, atelier de fonte et de clarification du sucre brut.

K, K et L, L, greniers où s'exécutent les dernières préparations du sucre, lorsqu'il a été mis en formes.

a, a, chaudières de fonte du sucre brut.

b, b, chaudières de clarification.

c, c, filtres Taylor.

d, escalier conduisant de l'atelier de clarification à l'empli.

e, réservoir fournissant directement le sirop à la chaudière de cuite.

f, chaudière de cuite.

g, g, rafraîchissoirs.

h, h, bacs pour le lavage des formes.

i, i cases où le sucre en pain, raffiné, est empilé.

PLANCHE CVIII.

Raffinage du sucre. Dans cette planche on a réuni sans interruption tous les appareils disséminés dans les planches CVI et CVII.

A, chaudière pour la fonte du sucre brut, elle est à double fond chauffé à la vapeur.

B, chaudière de clarification, semblable à la précédente.

C, filtre Taylor modifié. Dans ce filtre, le sirop au lieu de se filtrer de dedans au dehors des sacs, arrive dans l'espace qui entoure ces derniers, filtre de dehors au dedans, sort dans un double fond formé par la grille *i i*, par une ouverture pratiquée au fond des sacs.

D, filtre Dumont ordinaire.

E, réservoir à clairce.

F, chaudière de cuite à double fond et serpentin intérieur.

G, rafraîchissoir à double fond dans lequel on peut faire à volonté arriver un jet de vapeur.

H, H, greniers.

a, a, bâti en bois supportant les chaudières A et B.

b, tuyau amenant la vapeur des générateurs et la fournissant aux chaudières A et B au moyen des tubes *d* et *f*.

e, robinet de vidange de la chaudière A.

g, g, robinet de vidange de la chaudière B, et tuyau conduisant le sirop clarifié, dans les filtres Taylor.

h, h, sacs du filtre Taylor.

i, i grille en bois formant double fond dans le filtre Taylor.

l, robinet d'écoulement conduisant le jus dans la rigole *m* et de là dans les filtres Dumont.

o, robinet d'écoulement du filtre Dumont.

p, robinet pour l'alimentation du réservoir *q* qui fournit directement le jus à la chaudière de cuite, au moyen du tuyau d'aspiration *r*.

s, robinet de vidange de la chaudière de cuite.

t, rigole en plan incliné conduisant la cuite dans le rafraîchissoir G.

PLANCHE CIX.

Fabrication de la bière. Fig. 1, coupe générale de l'usine, suivant la ligne x x, de la figure 2, même planche; et des figures 1, 2 et 3 de la planche suivante.

Fig. 2, coupe horizontale de l'usine suivant la ligne Y Y, de la figure 1, et les figures 1 et 2, de la planche suivante.

A, germoir (voir la planche suivante).

B, touraille.

a, foyer alimenté avec du coke ou de la houille ne donnant pas de fumée.

b, toit en maçonnerie qui recouvre la grille et empêche les radicelles d'y tomber.

c, c, ouvertures par où s'échappent les produits de la combustion.

d, d, toile métallique sur laquelle le grain est placé en couche mince; les produits de la combustion traversent cette toile et l'orge humide qui la recouvre et dessèchent ce dernier.

e, e, cheminée donnant issue aux produits de la combustion et à la vapeur d'eau qu'ils entraînent.

f, porte pour l'introduction du grain.

g, porte pour la sortie du grain touraillé.

c, moulin à meules horizontales, servant à concasser le grain touraillé ; il est mu par un manège placé au dessous.

d, cuves matières, ou cuves à malt, elles ont un double fond percé de trous sur lequel on place l'orge concassé ; un canal en bois *h* placé sur le bord de la cuve, permet aux liquides venant des chaudières d'arriver directement dans le double fond.

e, chaudières en cuivre dont on voit la coupe planche suivante (*fig.* 2). Elles sont chauffées à feu nu, et servent à faire infuser le houblon dans la dissolution d'orge.

g, bacs à repos, où le liquide en sortant des chaudières vient déposer le houblon qu'il tient en suspension. Ces bacs sont divisés en plusieurs compartiments séparés par un grillage en bois qui retient le houblon ; le liquide, après les avoir tous traversés, arrive à un dernier compartiment *i* où, avant de sortir du bac, il est obligé de se filtrer à travers des tamis d'une maille serrée.

f, réfrigérant remplaçant les immenses bacs à bords peu élevés, employés autrefois pour abaisser la température de la bière et la mettre dans les conditions favorables à la fermentation. (Voir les détails du réfrigérant, planche cxi.)

h, cuves guilloires, voir la planche suivante.

i, caves où se termine la préparation de la bière.

j, j, manège. Il fait mouvoir la pompe alimentant d'eau la fabrique, le moulin à concasser le grain et les pompes destinées à remonter les différents jus d'orge, etc.

k, puits fournissant d'eau la fabrique.

l, réservoir d'eau, alimenté par l'eau du puits.

m, pompes destinées à monter les jus d'orge.

n, cheminées des fournaux e e, etc.

o, escalier conduisant à un plancher placé un peu au dessous du niveau des chaudières e.

p, arbre de souche faisant mouvoir les deux pompes *m, m*.

q, tuyau partant du réservoir d'eau et pouvant alimenter les chaudières e.

PLANCHE CX.

Fabrication de la bière. Fig. 1, coupe suivant n n de la figure 3, même planche, et des figures 1 et 2 planche précédente.

Fig. 2, coupe élévation suivant z z de la fig. 3, même planche, et des figures 1 et 2 de la planche précédente.

Fig. 3, coupe horizontale de l'usine par un plan passant à la hauteur des grilles des chaudières de cuite.

Dans ces trois figures les mêmes lettres indiquent les mêmes objets que dans la planche précédente.

e, chaudière de cuite.

r, grille.

s, carneaux par où se dégagent les produits de la combustion.

n, cheminée.

a, caves où se fait la germination de l'orge. A l'une des extrémités de ce germoir est la cuve mouilloire, dans laquelle on mouille les grains avant de les étendre sur le sol du germoir ; la disposition n'a pas permis d'indiquer cette cuve dans le dessin.

h, cuves guilloires où s'opère la fermentation de la bière ; quand elle est terminée on soutire le liquide dans des barils *t, t, t* placés sur des tréteaux en bois ; au-dessous de ces barils sont des vases *u, u* où se réunit la mousse épaisse qui ne tarde pas à se produire et à sortir du baril.

Réfrigérant Nichols à l'usage des brasseurs. Fig. 1, élévation du réfrigérant.

Fig. 2, coupe longitudinale de la partie de l'appareil du côté de l'entrée de l'eau servant à rafraîchir.

Fig. 3, coupe longitudinale de la partie milieu de l'appareil.

Fig. 4, coupe longitudinale de la partie de l'appareil du côté de l'entrée de la bière.

Fig. 5, coupe transversale suivant la ligne x x de la figure 4.

Fig. 6, diaphragme G, couvert d'une toile métallique, vu séparément.

Fig. 7, portion du tuyau cannelé.

Fig. 8, brides servant à assembler les tuyaux.

Fig. 9, assemblage des tuyaux vu en plan et séparément.

Fig. 10, disque placé dans l'intérieur du tuyau central et servant à le consolider.

Dans toutes ces figures les mêmes lettres indiquent les mêmes objets.

A, tube intérieur servant à diminuer, par l'espace qu'il occupe, un trop grand volume d'eau ; il est garni à l'intérieur de disques percés de deux trous, dont on voit la disposition figures 5 et 10, et à l'extérieur de rayons appuyant sur le bord des disques, et garnis de cercles sur lesquels porte le tuyau cannelé : c'est entre ces deux tuyaux que passe l'eau destinée à rafraîchir.

B, tube cannelé dans lequel est fixé le tube central A.

C, tube extérieur enveloppant le précédent. La bière passe entre ce tube et le tube B, dans des cannelures de 6 millimètres de profondeur. Il est recouvert d'une chemise en toile continuellement mouillée par l'eau injectée d'un tube E, percé d'une infinité de trous.

F, robinets s'ajustant à l'intérieur aux tuyaux qui vident l'eau.

G, grille en toile métallique placée dans le tube extérieur, et destinée à empêcher que le passage de la bière se trouve obstrué. Cette grille se démonte pour nettoyer la partie conique du tuyau E.

H, auge garnie de supports I, dans laquelle se place le réfrigérant ; chaque support correspond à un cercle et à un disque du tube intérieur.

K, auge recevant les eaux d'arrosage du tuyau E.

L, tuyau d'évacuation de ces eaux.

M, tuyau pour l'entrée de l'eau dans l'appareil.

N, tuyau qui conduit la bière dans le tube C.

O, tuyau conduisant dans un réservoir l'eau qui a servi à refroidir.

P, tuyau alimentant le tube d'arrosage E.

Q, tuyaux d'évacuation de l'air pour l'eau.

R, tuyau d'évacuation de l'air pour la bière.

S, tuyau conduisant la bière refroidie dans la cuve guilloire.

T, tube établissant la communication entre le tube A et l'air extérieur, et servant à retirer l'eau de ce tube en cas de réparation.

U, brides destinées à réunir les diverses parties de l'appareil.

V, tuyaux d'assemblage des diverses parties de l'appareil.

X, embranchement du tuyau d'arrosage pour faciliter le démontage.

a, croisillons qui soutiennent le tube cannelé.

b, disques placés dans l'intérieur du tube A, et percés de deux trous.

c, cannelures du tuyau B de 6 millimètres de profondeur. Elles sont disposées de manière à se trouver opposées l'une à l'autre de 75 en 75 centimètres, en laissant entre elles de petits intervalles non cannelés.

La longueur totale du réfrigérant est de 13 mètres.

Distillation des eaux-de-vie ; détails de l'appareil continu de M. Cellier-Blumenthal, amélioré par M. Ch. Derosne. Fig. 1, vue générale de l'appareil continu.

Fig. 2, 3 et 4, détails du condenseur chauffe-vin : la figure 2 le représente vu par bout, la figure 3 coupé suivant l'axe dans sa longueur, et la figure 4 coupé transversalement suivant la ligne xx de la figure 3.

Fig. 5, détail du vase niveau G (*voir* la figure 1), fournissant la vinasse au réfrigérant au moyen du robinet *v*. Dans ce vase G le niveau est constamment maintenu à la même hauteur au moyen d'un robinet flotteur.

Fig. 6, détail de la colonne de distillation c.

Fig. 7, appareil placé dans l'intérieur de la colonne c et destiné à multiplier les contacts de la vinasse avec les vapeurs alcooliques qui se dégagent. — Comme on le voit dans la figure, cet appareil se compose de dix couples de calottes mobiles présentant alternativement leur concavité en haut et en bas, et portant, sur leur surface, des fils de cuivre soudés et disposés en rayons pour transmettre le liquide goutte à goutte d'une calotte supérieure à l'inférieure.

Fig. 8 et 9, détails de la colonne de rectification.—La figure 8 représente cette colonne coupée suivant l'axe; la figure 9 en est l'élévation. L'intérieur de cette colonne est occupé par six tambours superposés, et qui sont tellement disposés que les vapeurs alcooliques sont forcées de traverser une légère couche de liquide en passant successivement dans chacun des six compartiments.' —Les vapeurs condensées retournent dans le vase c, et celles qui ne le sont pas s'échappent par l'orifice supérieur I.

Fig. 10, détail du réfrigérant F.—Ce réfrigérant, destiné à condenser l'alcool rectifié qui reste encore en vapeurs, est formé comme on le voit d'un serpentin plongeant dans un vase dans lequel arrive la vinasse froide.

Fig. 11, détail d'un des tambours de la colonne D, figure 2.

Fig. 12, détails d'un couple des calottes placées dans la colonne de distillation.

Dans toutes ces figures les mêmes lettres indiquent les mêmes objets.

A et B, chaudières encaissées dans la maçonnerie et recevant directement l'action du feu; c'est dans la chaudière A que la vinasse finit de s'épuiser.

c, colonne de distillation.

D, colonne de rectification.

E, condensateur chauffe–vin.

F, réfrigérant.

G, vase fournissant la vinasse au réfrigérant F, et s'alimentant lui-même au moyen d'un robinet flotteur placé sur le vase H.

H, réservoir à vinasse.

I, tube de communication conduisant les vapeurs alcooliques de la colonne de rectification D, dans le serpentin du chauffe–vin.

a, robinet de vidange de la chaudière A. Quand l'opération est en marche, la vinasse épuisée s'écoule continuellement par ce robinet.

b, tube en verre indiquant le niveau dans la chaudière A.

c, soupape de sûreté.

d, robinet servant à faire écouler la vinasse de la chaudière B dans le fond de la chaudière A.

e, tuyau conduisant les vapeurs alcooliques, formées dans la chaudière A, au fond de la chaudière B; ces vapeurs, en traversant le liquide de B, l'échauffent en se condensant en partie.

f, niveau indicateur de la chaudière A.

18

g et *g'*, niveaux indicateurs.

h, tuyau amenant la vinasse de la partie inférieure du chauffe-vin E (*voir* figure 3), sur le couple le plus élevé de la colonne de distillation (*voir* figure 7).

i, robinet servant à vider le chauffe-vin E à la fin d'une opération.

l et *l'*, tubes s'ajustant sur le chauffe-vin ; ils descendent, le premier jusqu'au dernier compartiment du rectificateur, d'où il se relève jusqu'au cinquième ; le second tube descend jusqu'au troisième compartiment pour se relever au dessus du deuxième ; au point de courbure chacun est muni d'un robinet *j* et *k*, destinés à prendre à volonté le titre du liquide ramené dans le rectificateur.

m, *n* et *o*, tubes communiquant d'un côté avec le tube incliné *p*, de l'autre avec le tube *l*. Ces trois communications ont pour but de permettre d'obtenir l'eau-de-vie à un degré plus ou moins élevé (*voir* la figure 3). Ainsi, si on veut obtenir un degré très fort, les vapeurs alcooliques qui se condensent dans le serpentin s sont entièrement reconduites dans le rectificateur D, et pour que cela arrive on n'a qu'à ouvrir les robinets *n* et *o* ; de l'eau-de-vie moins forte s'obtiendra en fermant le robinet *o*, et moins encore en fermant le robinet *n* ; car, dans ce cas, les vapeurs alcooliques condensées dans le serpentin s s'écouleront dans le serpentin du réfrigérant F, et se mêleront avec les vapeurs plus riches condensées dans ce même réfrigérant.

p, p, tube général recevant les vapeurs condensées dans chacun des circuits du serpentin s.

q, q, regards placés à la partie supérieure du chauffe-vin.

r, tube conduisant les vapeurs alcooliques non condensées dans le serpentin s du chauffe-vin, et si on le veut aussi, celles qui y ont été condensées, dans le serpentin du réfrigérant F.

s, tube amenant la vinasse du réservoir G dans la partie inférieure du réfrigérant F,

t, tube conduisant la vinasse de la partie supérieure du réfrigérant F à la partie supérieure du chauffe-vin E.

u, entonnoir.

v, robinet alimentant de vinasse le tube *t*.

x, tube de sortie de l'eau-de-vie fabriquée ; elle se rend, comme on le voit dans la figure, dans une éprouvette dans laquelle un aéromètre constamment plongé indique les degrés.

PLANCHE CXIII.

Distillation des eaux-de-vie. Plans généraux d'une distillerie (appareil Laugier) de mélasses.
Fig. 1, plan général de la distillerie.

Fig. 2, coupe longitudinale de la distillerie suivant x x, du plan figure 1.

Fig. 3, coupe transversale de la distillerie suivant Y Y, des figures 1 et 2.

Fig. 4, coupe transversale suivant z z, des figures 1 et 2.

Dans ces quatre figures les mêmes lettres indiquent les mêmes objets.

A, magasin des matières premières ou mélasses.

B atelier de fermentation.

C, espace réservé pour une chaudière à vapeur destinée à chauffer les cuves de fermentation en hiver surtout, et à faire marcher une petite machine à vapeur qui doit élever l'eau nécessaire à l'usine et les mélasses fermentées.

D, atelier de distillation.

E, cave pour les produits fabriqués.

a, cuves de fermentation.

b, tuyaux conduisant le liquide fermenté des cuves *a*, dans les réservoirs c.

c, réservoirs où les liquides fermentés se rendent, et d'où ils sont pompés pour être élevés dans les cuves *e*.

d, tube conduisant la vinasse pompée dans la cuve *e*.

e, réservoir à vinasse.

f, tuyau conduisant la vinasse du réservoir *e* aux appareils distillatoires.

g, réfrigérant ou condenseur.

g', rectificateur.

h et *i*, chaudières recevant l'action du feu.

j, tube conduisant l'eau-de-vie du condenseur dans les cuves de réception.

l, cuves destinées à contenir les eaux-de-vie fabriquées.

PLANCHE CXIV.

Fig. 1, vue générale de l'appareil Laugier, les chaudières supposées sur leurs fourneaux.

Fig. 2, plan général de l'appareil.

Fig. 3, détails du rectificateur chauffe-vin.

Fig. 4, détails du serpentin condensateur.

Dans ces figures, les mêmes lettres indiquent les mêmes objets.

A et B, chaudières recevant directement l'action du feu ; elles sont destinées, comme dans l'appareil Cellier-Blumenthal, à échauffer les vinasses.

c, cylindre contenant le rectificateur et faisant l'office de chauffe-vin. (*Voir* les détails figure 3.)

D, cylindre condensateur. (*Voir* les détails figure 4.)

a, robinet communiquant à la cuve de vin.

b, tube plongeur muni d'un entonnoir par lequel arrive continuellement le vin dans le condensateur D.

c, trop-plein du cylindre D communiquant par un tube plongeur dans le cylindre c.

d, tube-niveau plongeur alimentant de vin chaud les chaudières.

e, tube amenant les vapeurs de la première chaudière A dans la seconde chaudière B, dans laquelle il plonge.

f, tube conduisant les vapeurs alcooliques de la chaudière B dans les cercles du rectificateur.

g, tube ramenant dans la chaudière B les vapeurs condensées dans les cercles du rectificateur.

h, tube conduisant les vapeurs non condensées dans le serpentin du condensateur.

i, tube servant à l'expulsion de l'air quand le vin arrive dans le vase *c ;* il communique avec le tube *h*, afin de ne pas perdre d'alcool.

j, Prolongement du tube D, communiquant au tube *h*, afin qu'il soit en contact avec l'air extérieur.

l, robinet par où s'écoule l'alcool condensé dans le serpentin.

m, niveaux indiquant la hauteur du liquide dans les chaudières A et B.

n, tube muni d'un robinet, alimentant la chaudière A.

o, robinet pour la vidange de la vinasse épuisée.

PLANCHE CXV.

Huilerie ; meules à écraser les graines. Fig. 1, élévation.

Fig. 2, section verticale faite suivant un plan parallèle aux meules et passant entre elles.

A, A, meules montées sur un essieu commun B, qui passe dans une entaille *a* pratiquée dans l'arbre vertical c.

B, essieu des deux meules.

c, arbre vertical donnant le mouvement à l'essieu B, et, par suite, aux deux meules.

D, meule fixe sur laquelle se meuvent les deux meules verticales, et où sont placées les graines à écraser.

ᴇ, massif de maçonnerie soutenant la meule ᴅ.

ꜰ, rebord circulaire en bois entourant la meule ᴅ. Cette bordure est encastrée dans la meule fixe, et n'en laisse à nu que la partie exposée à l'action des meules verticales.

ɢ, vanne pratiquée dans la bordure circulaire et qu'on ouvre pour laisser écouler la graine écrasée; sous cette partie de la bordure se trouve enlevé un segment de la meule dormante, de sorte que la graine tombe dans un bassin de la forme du segment.

ʜ, ɪ, racloirs à frottement sur la meule dormante, qui servent à ramener sous les meules verticales la graine qui s'écarte; ʜ est en tôle, ɪ est en bois.

ᴊ, ramasseur mobile qu'on abaisse ou qu'on soulève au moyen du levier ᴋ, et qui sert à ramener la graine vers la vanne ɢ, par où elle tombe.

ʟ, roue d'angle recevant le mouvement de la roue placée sur l'arbre ᴍ, et le communiquant à l'arbre vertical ᴄ.

ɴ, voussoir en fonte supportant les coussinets des arbres ᴄ et ᴍ.

ᴏ, pont en fonte soutenant la pièce *d* qui, elle-même, soutient la crapaudine de l'arbre vertical ᴄ.

ᴘ et ǫ, traverses en fonte maintenant les tiges des racloirs ʜ et ɪ.

a, entaille oblongue dans laquelle passe l'essieu ʙ des meules, et qui leur permet de monter ou de descendre suivant qu'elles rencontrent des obstacles.

b, collier soutenant l'arbre ᴄ

c, crapaudine dans laquelle tourne le tourillon de l'arbre ᴄ.

d, pièce en fonte soutenant la crapaudine *c*.

e, vis destinées à soulever ou à abaisser le pont ᴏ, suivant que l'on veut ou non, engrener l'arbre vertical ᴄ.

f, plaques en fer contre lesquelles viennent butter les vis.

g, cale en bois qui empêche la flexion du pont ᴏ, et soulage les vis *e* dont l'effet n'est que momentané.

h, cordes pour faire mouvoir la cale *g*.

i, taquet fixé sur le montant des racloirs ʜ, ɪ, et destiné à recevoir le levier ᴋ lorsqu'on l'abaisse pour soulever le racloir ᴊ ; le ponctué indique cette dernière position.

j, boîte circulaire qui empêche la graine de tomber par l'œil de la meule dormante ᴅ.

k, *k*, tiges soutenant le racloir ᴊ. Elles sont mobiles dans les traverses ᴘ et ǫ.

l, *l*, rondelles d'écartement qui empêchent les meules de se rapprocher de l'arbre vertical ᴄ.

m, *m*, têtes fixées à clavettes sur le bout de l'essieu, et empêchant les meules verticales de s'écarter.

PLANCHE CXVI.

Huilerie, cylindres écraseurs et chauffoirs. *Fig*. 1, coupe horizontale du moulin à écraser, suivant l'axe des meules verticales.

Les détails sont indiqués par les mêmes lettres que dans la planche précédente.

Fig. 2, détails de la traverse qui supporte les tiges des racloirs, etc.

Fig. 3, détail du ramasseur mobile.

Fig. 4, racloir en tôle.

Fig. 5, œil pratiqué dans l'arbre *e* pour laisser passer l'essieu ʙ ʙ.

Chauffoirs à la vapeur. *Fig*. 6, élévation du chauffoir.

Fig. 7, coupe par l'axe.

Fig. 8, plan du chauffoir.

Fig. 9, coupe horizontale du chauffoir.

Fig. 10, plan de la plaque qui supporte le chauffoir.

a, espace où sont placées les graines.

b, b, double fond dans lequel arrive la vapeur.

c, robinet de vapeur.

d, retour d'eau.

e, ouverture pour retirer les graines.

f, porte double fermant l'ouverture *e*.

Fig. 11, détail de la porte *f*.

Fig. 12, forme de l'agitateur qui se meut dans l'espace *a*.

PLANCHE CXVII.

Huilerie. Presse à coins de Maudsley. Fig. 1, presse à coins de Maudsley ; élévation de face.

Fig. 2, coupe suivant x x de la fig. 7.

Fig. 7, coupe horizontale suivant y y de la fig. 2.

Fig. 8, vue de l'un des bacs en supposant la devanture enlevée.

A, montants du bâti.

B, traverses horizontales servant de guides aux maillets c, D.

c et D, maillets.

E, leviers soulevant les maillets au moyen des mentonnets *a, a.*

F, arbre portant les leviers.

G, bacs ou bassins dans lesquels on place l'étendelle et le sac plein de graine qu'on veut exposer à la pression.

a, a, mentonnets sur lesquels agit la pression des leviers E, E.

b, b, galets qui rendent plus doux le frottement du levier E sur le mentonnet *a.*

c, c, leviers qu'on meut au moyen des cordes *d, d,* passant sur les poulies *f, f,* et qui, venant se placer sous les chevilles *e, e,* empêchent le maillet de redescendre, et tiennent le mentonnet hors de la portée du galet *b.*

g, i, fourneaux, ou pièces de fonte, entre lesquels on place l'étendelle *h* ; le fourneau *g* est appuyé contre la paroi du bac ; le fourneau *i* se rapproche de *g* pendant la pression.

k, l, n, cales nommées *wards,* interposées entre la clef *m,* servant à dépresser les fourneaux et le coin *o* qui reçoit l'action du maillet.

p, ressort en bois qui sert à maintenir la clef de desserrement *m* à une certaine distance du fond du bac.

h h, étendelles.

Chauffoirs. Fig. 3, élévation, vue du côté du foyer, d'un chauffoir à feu nu, construit par Maudsley.

Fig. 4, plan suivant la ligne u u de la *fig.* 3.

Fig. 5, Élévation et coupe faite parallèlement à la ligne v v, *fig.* 4.

Fig. 6, plan du fourneau pris au dessus de la grille du foyer.

A, foyer fermé à la partie supérieure par la plaque en fonte B.

c, *payelle* reposant sur la plaque B, et dans laquelle on met la graine ; elle est maintenue par les goujons *a, a.*

D, entonnoirs dans lesquels, en tirant la caisse c par l'anse *b,* on fait tomber la graine que l'on reçoit dans un sac suspendu aux crochets *c.*

E, agitateur destiné à empêcher la graine de brûler. Il est attaché, à charnière, à la boîte coulante F, qui tourne avec l'arbre G sur lequel elle peut glisser.

H, roue d'angle donnant le mouvement à l'arbre G et le recevant de la roue I.

19

k, levier servant à soulever l'agitateur E.

e, arrêt qui retient le levier K lorsqu'il est arrivé à la hauteur convenable.

PLANCHE CXVIII.

Fabrique de bougie stéarique. Fig. 1, plan général d'une fabrique de bougie stéarique.

Fig. 2, coupe générale de la fabrique suivant A B des figures 1, 2, 3 et 4.

Fig. 3, coupe transversale suivant C D des figures 1 et 2.

Fig. 4, coupe horizontale à la hauteur du premier étage suivant E F, de la fig. 2.

Dans les 4 figures les mêmes lettres indiquent les mêmes objets.

a, magasin de matières premières.

b, b, cuves de saponification, où se fait la combinaison des acides gras contenus dans le suif, avec la chaux.

c, c, cuves pour la décomposition, par l'acide sulfurique, des savons formés précédemment.

d, d, cuves de lavage où sont enlevées, 1° avec de l'acide sulfurique très étendu, 2°. avec de l'eau pure, les dernières traces de chaux et d'acide sulfurique que retiendraient les savons.

e, couteau mécanique destiné à découper les pains d'acide gras, obtenus par un moulage préalable.

f, table sur laquelle sont préparés les acides avant d'être soumis à la pression.

g, g, presses hydrauliques verticales, qui extraient à froid la plus grande partie de l'acide oléique.

h, h, nouvelles tables sur lesquelles, après la pression à froid, on remanie les acides gras avant de les passer à la presse horizontale.

i, i, presses horizontales agissant à chaud.

j, j, cuves munies d'un serpentin, injectant de la vapeur, où les acides refondus sont soumis à plusieurs lavages.

k, atelier où sont moulées les bougies ; il se compose d'une chaudière doublée d'argent (voir les détails planche cxix, fig. 11) et d'appareils nécessaires pour le moulage (voir les détails planche cxx, figures 11 et 12).

l, terrasse de blanchiment, où l'on expose les bougies à l'action simultanée de l'air et de la lumière.

m, générateurs de vapeur.

n, machine à vapeur destinée 1° à élever l'eau nécessaire à la fabrique ; 2° à mettre en mouvement, au moyen d'un arbre, l'agitateur des cuves de saponification (voir les détails de cette cuve planche cxix) et le couteau mécanique e ; 3° à mettre en mouvement les pompes des presses hydrauliques, etc.

o, arbre prenant le mouvement de la machine à vapeur et le transmettant à l'agitateur des cuves de saponification et au couteau mécanique.

p, cave où se rend au sortir des presses l'acide oléique qui y dépose en grande partie les acides solides qu'il entraîne toujours.

q, q, caniveaux où s'écoulent les eaux chargées de glycérine et les eaux de lavage provenant, les premières, des cuves à saponification, les secondes, des cuves de lavage, etc.

r, trou à combustible.

PLANCHE CXIX.

Fig. 1, vue extérieure et intérieure de la cuve à saponification.

Fig. 2, plan de la même cuve.

a, arbre en fer, portant plusieurs bras *b* armés de dents ; il reçoit le mouvement d'un engrenage communiquant avec la machine à vapeur.

La chaudière de saponification, solidement cerclée, est chauffée à la vapeur au moyen d'un serpentin placé au fond.

Fig. 10, détails de l'agitateur de la cuve à saponification.

Fig. 3, élévation du couteau à découper les pains d'acides gras.

Fig. 4, coupe longitudinale du même couteau.

Fig. 5, coupe transversale suivant A B des figures 3, 4 et 6, dudit couteau mécanique.

Fig. 6, plan du couteau.

Pour les figures 3, 4, 5, 6, les mêmes lettres désignent les mêmes objets.

c, pain d'acides gras ; il se meut sur une toile sans fin *i*, recevant un mouvement régulier et proportionnel à la vitesse du mouvement du couteau, en sorte que, quelle que soit cette vitesse, les découpures ont toujours la même épaisseur ; la suite de l'explication indiquera comment on obtient ce mouvement.

d, volant sur un des bras duquel est placé le couteau découpeur *e* ; il reçoit le mouvement d'une poulie fixe *k*, placée sur son arbre, une seconde poulie, folle, permet d'arrêter à volonté le couteau.

e, couteau découpeur.

f, vis sans fin placée sur l'arbre du volant et donnant le mouvement à l'engrenage *g*, et par suite à *g'*, ce dernier *g'* porte sur son axe un rouleau sur lequel s'enroule la toile sans fin *i*. Ces deux engrenages *g* et *g'* sont calculés de telle manière qu'à chaque tour du volant *d*, et par suite de la vis sans fin *f*, le pain *c* s'avance de l'épaisseur à donner aux coupures ; il est évident que quelle que soit la vitesse du volant, cette épaisseur sera toujours la même.

g, *g'*, engrenages dont le jeu est indiqué en *f*.

h, *h*, rouleaux donnant le mouvement à la toile sans fin ; l'un des deux le reçoit lui-même de l'engrenage *g'*.

i, toile sans fin.

j, bâti destiné à soutenir le pain qui, sans cela ferait fléchir la toile sans fin.

k, poulie donnant le mouvement à l'appareil.

l, bâti en bois supportant le couteau.

Fig. 7, rouleau donnant le mouvement à la toile sans fin du couteau mécanique.

Fig. 8, coupe en C D du bras du volant figure 5.

Fig. 9, support destiné à conduire le pain depuis l'endroit où il quitte la toile sans fin jusqu'au couteau.

PLANCHE CXX.

Fig. 1, coupe longitudinale de la presse horizontale de la fabrique de bougies.

Fig. 2, coupe horizontale de la même presse.

Fig. 3, vue par l'avant   id   id.

Fig. 4, coupe suivant A B des figures 1 et 2.

Fig. 5, vue par l'arrière de la presse.

Fig. 6, coupe suivant C, D, des figures 1 et 2.

Fig. 7, coupe suivant E, F, de la figure 1.

Fig. 8, assemblage du tube amenant l'eau, de la pompe, sur le piston de la presse.

Dans toutes ces figures les mêmes lettres indiquent les mêmes objets.

a, cylindre de la presse placé horizontalement pour la facilité du travail.

b, piston de la presse.

i, i, acides gras enveloppés , recevant la pression.

d, d, plaques en fonte chauffées préalablement, et placées entre deux pains d'acide afin de leur communiquer leur chaleur.

e, e, plaque en fonte d'une grande solidité, reliée à clavettes au cylindre *a* au moyen de barres de fer *f*. C'est cette plaque qui résiste à l a poussée du piston.

f, f, barrés de fer reliant la plaque *e* au piston *a*.

g, g, tiges en fer destinées à ramener , au moyen d'un contrepoids, le piston *b*.

h, h, poulies sur lesquelles se meuvent les chaînes qui supportent le contrepoids.

i, i, caniveau en tôle qui reçoit l'acide oléique exprimé.

Fig. 9, détails de l'appareil de moulage.

Fig. 10, plan du même appareil.

m, moules en étain; ils sont placés dans un espace vide *n*, maintenu à une douce température au moyen d'un bain d'eau *o*, qui l'entoure de toutes parts.

p, tuyau de vapeur destiné à chauffer le bain d'eau.

Fig. 13, détail d'un moule.

Fig. 11 et 12, détails du bâti en bois sur lequel sont exposées les bougies afin de les blanchir.

PLANCHE CXXI.

Détails de la chaudière à vapeur de la fabrique de bougie stéarique. Fig. 1 , coupe longitudinale de la chaudière suivant A B de la figure 2.

Fig. 2, plan et coupe horizontale des deux chaudières.

Fig. 3, vue de face et coupe transversale suivant C D de la figure 1.

Fig. 4, détails des bouilleurs.

PLANCHE CXXII.

Fabrication du savon. Fig. 1 , plan général de l'atelier de fabrication.

Fig 2 , coupe transversale de l'atelier suivant la ligne x x du plan général figure 1.

Fig. 3 , coupe horizontale de l'atelier, suivant la ligne z z de la coupe transversale figure 2.

Dans ces trois figures les mêmes objets sont indiqués par des lettres semblables.

A, chaudière pour la saponification des huiles; ces chaudières, telles qu'elles sont indiquées dans la planche, sont à parois de briques, le fond seul est formé d'une plaque de cuivre très épaisse qui reçoit l'action du feu. La surface de chauffe est donc excessivement minime comparativement à la surface totale des parois de la chaudière.

B, grands réservoirs contenant les lessives.

C, espace libre réservé au dessous du sol de l'atelier, d'abord pour entretenir le feu sous les chaudières, ensuite pour procéder aux épinages.

D, réservoirs pour les lessives.

E, barqueux en pierre comme tous les autres réservoirs, et destinés, comme on le verra dans la fabrication , à produire les lessives alcalines et les lessives alcalino-salées.

F, mises ou espaces encadrés, où le savon fabriqué est reçu , comme on le voit dans la figure 2. Ces mises sont au-dessous du niveau supérieur de la chaudière, ce qui permet d'y faire couler le savon, en plaçant un conduit en bois reposant du bout supérieur sur la chaudière et du bout inférieur sur la paroi de la mise. Un ouvrier puise alors le savon dans la chaudière et le verse dans le conduit.

G, cuviers en bois recevant les lessives qui s'écoulent de la chaudière, lorsqu'on procède à l'épinage.

a, foyer de la chaudière.

b, carneau par où s'échappent les produits de la combustion.

c, ouverture.

d, tubes d'épinage ; ils conduisent la lessive dans le cuvier de réception G.

PLANCHE CXXIII.

Fabrique de gaz à la résine. Fig. 1, coupe générale de l'usine suivant x, y du plan général.

Fig. 2, plan général de l'usine.

A, emplacement des cornues.

B, barillet.

a, tube conduisant le goudron du barillet au puits c.

t, circuits nombreux que le gaz fait avant d'arriver au gazomètre afin de condenser le goudron.

d, tube conduisant le gaz du gazomètre à la consommation.

c et D, puits à goudron.

G, gazomètre.

PLANCHE CXXIV.

Fabrication du gaz à la résine. Cornues de distillation. Fig. 1, élévation du fourneau.

Fig. 2, coupe transversale du fourneau, suivant A B de la figure 3.

Fig. 3, coupe longitudinale du fourneau.

c, cornue plus épaisse aux extrémités qu'au centre.

a, tuyau, facile à nettoyer au moyen des bouchons *a' a'*, et conduisant le gaz produit au barillet D.

D, barillet.

b, coke placé dans la cornue, et donnant une grande surface de chauffe.

d, petite capsule sur laquelle tombe la résine liquéfiée, avant de se répandre sur le coke.

e, e, vases contenant la résine entretenue liquide par sa proximité avec le fourneau.

f, f, aiguille en fer, terminée à la partie inférieure par une pointe cônique, et à la partie supérieure par une poulie *g* qui lui transmet un mouvement de rotation qu'elle-même reçoit par une courroie de la poulie *h* ; en outre de ce mouvement de rotation, l'aiguille en reçoit un autre de haut en bas, et de bas en haut, au moyen du balancier *i* qu'un excentrique, placé sur la joue de la poulie *h* fait tantôt abaisser, tantôt élever.

g, g, poulie transmettant le mouvement de rotation à l'aiguille.

h, h, poulie transmettant le mouvement de rotation et de va et vient aux aiguilles de deux cornues.

i, i, balancier dont une des extrémités, fourchue, embrasse librement l'aiguille *f*, au-dessous d'un taquet, et peut, par conséquent, en s'élevant ou en s'abaissant, abaisser et élever l'aiguille.

l, courroie donnant le mouvement à la poulie *h*, et le recevant de la poulie *m*.

n, courroie donnant le mouvement aux poulies *m, m, m*, et le recevant d'une poulie placée sur l'arbre de la manivelle *o*.

o, manivelle donnant le mouvement à tout le système.

F, foyer du fourneau.

p, carneaux.

q, porte du foyer.

r, obturateurs des cornues.

Fig. 4, détail de la poulie *h* et de l'excentrique y annexé.

20

Fig. 5, extrémité pointue de l'aiguille *f.*
Fig. 6, détail du balancier *i.*

PLANCHE CXXV.

Appareil pour la distillation des huiles essentielles provenant de la fabrication du gaz à la résine.
Fig. 1, appareil de concentration.

A, chaudière renfermant le liquide à évaporer.

B, cendrier, F, foyer.

c, cheminée où se dégagent les produits de la combustion et les gaz et vapeurs qui se forment dans la chaudière A.

a, couvercle de la chaudière A.

b, tube conduisant les vapeurs de la chaudière A dans la cheminée c.

c, partie du couvercle pouvant se lever à volonté pour le chargement de la chaudière.

Fig. 3, appareil de distillation.

Fig. 2, plan du vase J.

D, chaudière de distillation.

E, tube conduisant les vapeurs dans le serpentin.

G, serpentin où se condensent les vapeurs.

H, foyer.

I, canal conduisant la fumée dans la cheminée.

J, vase contenant l'eau destinée à condenser les vapeurs.

f, trou d'homme maintenu par les boulons et écrous *g*; il est destiné au chargement de la chaudière.

i, orifice conduisant la fumée dans les carneaux *d*.

j, robinet d'écoulement des vapeurs condensées.

l, robinet de vidange du vase J.

m, supports du serpentin.

PLANCHE CXXVI.

Préparation du gaz de Schiste ou gaz Selligue. Fig. 1 *et* 2, fourneau pour la distillation des schistes.

La figure première représente le fourneau coupé de manière à laisser voir trois cornues; la seconde représente le plan de l'appareil.

A, cornues de distillation placées verticalement pour la facilité du chargement et du déchargement ; elles sont au nombre de six dans chaque fourneau, et elles sont placées sur deux rangées de trois chaque.

B, tubes s'emmanchant sur la tête de la cornue et conduisant les gaz distillés dans le barillet.

c, barillet.

F, foyers placés de chaque côté du fourneau et dont la construction est identique à celle en usage dans les fourneaux pour la fabrication proprement dite du gaz. Nous renvoyons donc pour les détails du chauffage des six cornues à l'appareil à gaz.

v, voûte qui permet aux voitures de venir se placer immédiatement au-dessous des cornues, ce qui facilite ainsi le transport des résidus de la distillation.

Fig. 3, élévation, vue par bout d'un double fourneau à fabriquer le gaz par l'huile de schiste.

Fig. 4, coupe transversale du fourneau suivant xx du plan (voyez *fig.* 4, planche suivante).
Pour comprendre cet appareil à fabriquer le gaz Selligue, il est nécessaire de consulter aussi la

planche suivante ; les lettres de renvoi se rapportent en même temps aux deux planches. Chaque fourneau renferme, comme on le voit dans la planche 127, fig. 3 et 4, deux systèmes de chacun trois cornues ; chaque système est destiné dans son ensemble à former le gaz.

A et A', cylindres où se fait la décomposition de la vapeur d'eau ; ces deux cylindres sont remplis de coke.

A″, cylindre où se fait la décomposition de l'huile et la formation du gaz.

B, tube qui relie les deux cylindres où se fait la décomposition de l'eau ; la vapeur est donc forcée de traverser successivement les deux cylindres A et A'.

B', tube qui relie le second cylindre de décomposition de l'eau A' au cylindre A″ où se fait la décomposition de l'huile ; ce tube permet donc aux gaz provenant de la décomposition de la vapeur d'eau de se rendre dans ce cylindre A″.

C, tube de sortie du gaz fabriqué. Ce tube prend nécessairement sur l'extrémité inférieure du troisième cylindre A″.

D, tube conduisant le gaz fabriqué dans le barillet E. Dans la figure 1, planche suivante, on voit comment ces tubes sont disposés sur la façade du fourneau.

E, barillet général où viennent aboutir tous les tubes D.

F, foyers placés latéralement de chaque système de trois cornues. Ces trois cornues étant disposées de manière à ne pas laisser de jour entre elles, les produits de la combustion sont obligés de descendre le long des parois des cylindres par l'espace vide v, arrivés à la partie inférieure ils passent par les carneaux t formés par le diamètre rétréci des cylindres, puis s'élèvent en léchant de nouveau les parois des cylindres, et se dégagent enfin dans les cheminées GG placées au dessus du fourneau entre les deux rangées de cornues. Cette disposition ingénieuse permet d'utiliser la plus grande partie de la chaleur des produits de la combustion.

G, cheminées par où se dégagent les produits de la combustion ; ils se réunissent tous dans un seul tambour H, puis s'élèvent dans la cheminée commune I, qui elle-même conduit à la cheminée centrale de la fabrique.

H, tambour en tôle où débouchent les cheminées GG.

I, cheminée commune recevant la fumée d'un fourneau de six cylindres.

V, voûte qui permet de faire arriver des tombereaux immédiatement au-dessous des cornues, ce qui facilite les transports.

a, plaque de fonte soutenant les cylindres au moyen des collets b, que ceux-ci portent à leur partie inférieure.

c, vis fermant par pression l'ouverture inférieure des cornues.

d, tube en S fournissant l'eau aux tuyaux oo où elle se vaporise avant d'entrer dans le premier cylindre A ; ce tube est lui-même constamment alimenté au moyen d'un autre tube partant d'un réservoir.

e, tube en S placé directement sur le cylindre A″ et fournissant à ce dernier l'huile de schiste.

f, vase dans lequel plonge le tube C et qui est destiné à recevoir l'huile qui n'aurait pas été décomposée en traversant le cylindre A″.

g, robinet à deux eaux, pouvant intercepter à volonté la communication entre le barillet et les cornues de distillation, et pouvant aussi envoyer du gaz dans un tube d'essai h.

h, tube pour l'essai du gaz ; à la partie supérieure il est muni d'un siphon qui permet au gaz de sortir sans que l'air extérieur puisse rentrer lorsque le gaz est dirigé par les tubes F.

i, regards ordinairement fermés et qui permettent, au besoin, de visiter l'intérieur des tubes D.

j, siphon indiquant la pression dans le barillet et servant en même temps de trop plein aux parties liquides condensées.

l, cendrier des foyers.

m, porte des foyers pour l'introduction du combustible.

n, armatures en fer servant à consolider le fourneau.

o, cylindres disposés de manière à recevoir l'action de la chaleur, et dans lesquels l'eau se vaporise avant de passer dans le premier cylindre **a**.

p, couche de terre très réfractaire entourant les cylindres, du côté des foyers, et les préservant de l'action trop vive de la chaleur.

v, carneaux descendants.

u, carneaux ascendants.

PLANCHE CXXVII.

Fabrication du gaz de schiste. Fig 1, vue de face d'un des deux fourneaux accollés.

Fig. 2, coupe transversale perpendiculaire à la fig. 4, planche 126.

Fig. 3, coupe horizontale d'un des fourneaux suivant le plan zz des fig. 3 et 4, planche 126.

Fig. 4, plan horizontal d'un des fourneaux.

Dans ces quatre figures les mêmes lettres indiquent les mêmes objets que dans la planche précédente.

PLANCHE CXXVIII.

Tannerie. Fig. 1, coupe transversale d'un atelier de débourrage à la chaux.

Fig. 2, plan de l'atelier de débourrage à la chaux.

Dans ces deux figures, les mêmes lettres indiquent les mêmes objets.

a, réservoirs formés de madriers bien joints, ou de maçonnerie bien cimentée, contenant des laits de chaux à 5 états différents de saturation.—La peau, avant de pouvoir s'épiler, doit passer successivement dans les cinq bains.

b, cuves de lavage destinées à laver les peaux lorsqu'elles sortent des réservoirs à chaux.

c et *d*, outils qui servent à retirer et remuer les peaux dans les bains de chaux, et que l'on voit plus en détail dans les figures 10, 11 et 13.

Fig. 3, coupe transversale de l'atelier des chevalets, ou atelier destiné à priver la peau de son poil et de toutes les impuretés qui salissent sa surface.

Fig. 4, plan de l'atelier des chevalets.

e, *e*, chevalets sur lesquels on étend la peau pour lui enlever, au moyen de couteaux, le poil et les impuretés qui salissent sa surface.

f, *f*, Cuves dans lesquelles les peaux sont continuellement plongées dans l'eau propre, soit avant, pendant ou après le travail des chevalets.

g, *g*, chéneau en bois, fournissant l'eau propre à toutes les cuves *f*, *f*, etc.

Fig. 5 et 6, détails d'un chevalet.

Fig. 7, couteau qui sert à enlever le poil de la peau.

Fig. 8, Pierres destinées à donner, par le frottement, une dernière *façon* à la peau.

Fig. 9, détail d'une des cuves *f* de l'atelier des chevalets.

Fig. 10, 11 et 13, outils employés dans l'atelier de débourrage pour manier les peaux dans l'eau de chaux.

Fig. 12, petite maisonnette construite sur le bord de la rivière dans laquelle un ouvrier se place pour laver le poil des peaux.

PLANCHE CXXIX.

Hache-écorce pour la préparation du tan. Ce hache-écorce, marchant avec continuité, remplace avantageusement les pilons tranchants que l'on employait autrefois, et qui donnaient un travail moins suivi et des résultats moins satisfaisants; au reste, ce hache-écorce est semblable, sauf quelques détails de construction nécessités par une grande solidité, aux hache-pailles employés en agriculture et aux hache-chiffons employés dans les papeteries.

Fig. 1, coupe verticale suivant x x du plan fig. 3.

Fig. 2, élévation du *hache-écorce*, suivant la ligne y y du plan figure 3.

Fig. 3, plan du *hache-écorce*.

Dans ces trois figures, les mêmes objets sont indiqués par les mêmes lettres.

A et A', cylindres alimentaires qui amènent les écorces préalablement étendues sur la table a, contre quatre grandes lames d'acier B, B, tournant continuellement.

B, B, lames en acier destinées à couper les écorces sans cesse fournies par les cylindres alimentaires A et A' ; ces lames sont disposées en hélice sur deux cercles parallèles portés par l'arbre c.

c, arbre en fer, portant les lames B, et recevant le mouvement de la poulie D, qui elle-même est en communication avec le moteur.

D, poulie motrice du hache-écorce.

I, pignon placé sur l'arbre c, et transmettant le mouvement à l'engrenage J.

J, engrenage recevant le mouvement du pignon I, et le transmettant au cylindre cannelé A'.

E, roue d'engrenage placée sur l'arbre du cylindre A', et communiquant le mouvement au cylindre A au moyen d'une seconde roue placée sur l'arbre de ce dernier.

F, F, leviers appuyant sur l'arbre du cylindre cannelé A, et qui, tout en rapprochant autant que possible l'un de l'autre, les deux cylindres cannelés, au moyen du poids G, ne les empêche cependant pas de s'écarter lorsque la résistance devient trop forte.

G, poids appliqué à l'extrémité du levier F.

H, pièces destinées à empêcher les écorces de tomber sur les côtés des cylindres cannelés.

K, chapeau des cylindres cannelés servant en même temps à relier les deux bâtis du *hache-écorce*

a, table inclinée sur laquelle on étend les écorces à hacher.

b, b, entretoise en acier servant de contre-cisaille aux couteaux B.

Fig. 4, coupe par l'axe du tambour sur lequel sont montées les lames d'acier B.

Fig. 5, vue par bout du tambour ci-dessus.

Fig. 6, tête du bâti en fonte supportant les cylindres cannelés et le tambour à couteaux.

Fig. 7, détails du cylindre cannelé alimentaire A' (*voir* les fig. 1, 2 et 3).

Fig. 8, détails du chapeau K.

Fig. 9, détails du levier F.

Fig. 10, détails des pièces H.

Fig. 11, contre-cisaille b.

PLANCHE CXXX.

Distillation des os. Fig. 1, élévation d'un fourneau à trois cornues.

Fig. 2, coupe du fourneau suivant x, x, des *figures* 1, 3 et 4.

Fig. 3, coupe horizontale du fourneau suivant y, y, de la *fig.* 4.

Fig. 4, coupe du fourneau suivant z, z, *fig.* 2 et *fig.* 3.

a, a, cornues de distillation; elles sont fermées comme on le voit *fig.* 1, au moyen d'un obturateur maintenu par une traverse en fer qui s'engage dans des oreilles ménagées sur les rebords de la cornue.

b, b, foyer qu'une voûte empêche de rayonner directement sur les cornues.

c, c, carneaux dans lesquels s'engage la fumée au sortir du foyer. Elle y pénètre par les ouvertures *f*, elle passe ensuite dans les carneaux *d*, se rend dans le canal *e*, qui la conduit dans la cheminée *j*.

g , *g* , tubulures qui s'emmanchent sur l'extrémité la cornue ; elles conduisent les produits de la distillation dans le cylindre *h*, *h*, où les gaz les plus condensables se liquéfient. Du cylindre *h* les produits gazeux se rendent dans des tuyaux condenseurs *i*, *i*, entourés d'eau froide. — On voit la coupe d'un des condenseurs *fig*. 5. — *j*, cheminées.

k, soupape placée entre le condenseur *i* et le cylindre *h* ; elle sert à interrompre la communication lorsque l'opération est terminée.

PLANCHE CXXXI.

Sels ammoniacaux ; chaudières évaporatoires. Fig. 1, vue de face de deux chaudières d'évaporation.
Fig. 2, coupe suivant la ligne A B, des *figures* 4 et 5.
Fig. 3, plan d'une des chaudières.
Fig. 4, plan suivant la ligne C, D, de la *fig*. 5.
Fig. 5, coupe longitudinale du fourneau et de la chaudière suivant E F, *fig*. 2 et 4.
a, foyer.
b, *b*, chaudières.
c, carneaux dans lesquels circulent les produits de la combustion.

PLANCHE CXXXII.

Fabrication du sel ammoniac. Galère de distillation. **Fig.** 1, coupe longitudinale du fourneau de galère, suivant la ligne A B, des *figures* 2, 3, 4 et 5.
Fig. 2, vue de face du fourneau suivant la ligne C, D.
Fig. 3, coupe transversale du fourneau suivant la ligne E, F, des *fig*. 1 et 4.
Fig. 4, plan général du fourneau.
Fig. 5, Coupe transversale du fourneau suivant la ligne G, H, *fig*. 1.
a, foyer.
b canal par lequel les produits de la combustion, après avoir chauffé les pots *d*, *d*, se rendent sous les chaudières d'évaporation.

c, ouvreaux percés dans la voûte qui supporte les pots, et qui permettent de laisser passer les produits de la combustion sans que les pots soient directement exposés au rayonnement du combustible.

d, pots renfermant le sel ammoniac impur soumis à la sublimation. C'est contre la paroi supérieure du pot que se condense le sel sublimé.

e, *e*, plaque en fer percées d'ouvertures à travers lesquelles passent les pots.
Fig. 6, détail de la plaque *e*.
Fig. 7, détail d'un pot.

PLANCHE CXXXIII.

Fabrication du noir animal ; moulin à concasser le noir.
Fig. 1, élévation du moulin.
Fig. 2, vue par bout du moulin.
Fig. 3, coupe suivant la ligne X X, du plan figure 4.
Fig. 4, plan du moulin.
Dans ces quatre figures les mêmes lettres indiquent les mêmes objets.

A, cylindres ca nelés entre lesquels le noir est concassé à la grosseur voulue.

B, cylindre distributeur fournissant le noir aux cylindres A, après l'avoir grossièrement concassé contre les lames d'acier *h*.

C, trémie en bois contenant le noir à pulvériser.

D, plan incliné sur lequel coule le noir concassé; dans la plupart des fabriques le moulin est disposé de telle manière, que le noir concassé se rend directement au moyen du plan incliné D dans le bluttoir qui doit séparer le noir en grain du noir fin.

P, poulie motrice du moulin.

E, volant placé sur l'arbre d'un des cylindres A, et destiné à régulariser la marche du moulin.

F, bâti en bois supportant le système.

a, *a*, pignon placé sur l'arbre de la poulie P et d'un des cylindres A, il communique le mouvement à une roue d'engrenage plus grande *b*, placée sur l'arbre de l'autre cylindre cannelé; il résulte nécessairement de la différence de diamètre de ces deux roues *a* et *b*, une différence dans la vitesse de rotation des deux cylindres cannelés A. Cette inégalité est nécessaire pour le broyage.

b, *b*, roue d'engrenage donnant le mouvement à l'arbre *m*, et par suite à l'un des cylindres A, ou pignon *c*, et au volant E.

c, pignon placé sur l'arbre *m*, et engrenant avec la roue *d* placée sur l'axe du distributeur B.

d, roue d'engrenage transmettant le mouvement au distributeur B.

e, vis de rappel dont l'extrémité, fixée sur le support de l'arbre *m* (*voy.* figure 5), permet de régler à volonté l'écartement des deux cylindres broyeurs A.

f, vis de rappel destinée à régler la distance entre le volet mobile *g* et le distributeur B.

g, volet mobile portant à son extrémité une lame en acier sur laquelle vient s'exercer l'effort nécessaire au premier broyage du noir.

i, support du distributeur B.

j, contreforts en bois soutenant les parois *l*.

l, planches formant les deux côtés de la hotte du moulin.

m et *n*, arbres des cylindres cannelés A.

o, arbre du distributeur B.

Fig. 5, détails d'un des supports du cylindre distributeur B, et des cylindres cannelés A.

Fig. 6, détail du volant et de la communication du mouvement au distributeur B.

PLANCHE CXXXIV.

Revivification du noir animal. Fig. 1, élévation de côté du four à revivifier.

Fig. 2, coupe longitudinale suivant la ligne E, F, figures 4 et 5.

Fig. 3, vue de face du four

Fig. 4, coupe horizontale du four suivant la ligne C, D, des figures 1, 2, 3 et 6.

Fig. 5, coupe horizontale du four suivant la ligne A, B, des figures 2, 3, et 6.

Fig. 6, coupe transversale du four suivant la ligne G, H, des figures 1, 2, et 5.

Dans ces six figures les mêmes lettres indiquent les mêmes objets.

a, cendrier.

b, foyer où brûle le combustible qui doit chauffer le four.

s, *s*, four à revivifier sur la sole duquel est placé le noir animal.

f, carneau conduisant les produits de la combustion du foyer *f*, à la sole *s*.

h, *h*, conduits dans lesquels entre la fumée, après avoir traversé le four *f*; ces conduits verticaux communiquent avec deux galeries inférieures *e*, *e*, placées en-dessous de la sole *e*, ces galeries reçoivent la fumée au sortir du four, la font passer au-dessous et tout le long de la sole; de l'extrémité de ces galeries la fumée se rend dans le canal *k* au moyen de deux conduits verticaux *h*, *h*, qui y débouchent; le canal *k* lui-même se rend dans la cheminée *v*.

e', ouvertures, fermées pendant l'opération, et qui permettent de nettoyer les canaux *e*.

p, porte par où l'on introduit et l'on retire le noir animal à revivifier.

i, plaque en fer dont le poids est contrebalancé, afin de la rendre plus mobile; elle sert à fermer l'ouverture *p*, et elle est percée d'un trou qui permet de suivre l'opération.

d, pièces de bois destinées à donner une grande solidité au four.

PLANCHE CXXXV.

Plan général d'une blanchisserie.

A, magasin des pièces à blanchir.

B, atelier de flambage.

C, atelier de lessivage.

D, roues à laver les pièces, soit après le lessivage, soit après le passage au chlore et aux liqueurs acides.

E, atelier de savonnage. Lorsque les pièces ont été blanchies avec tout le soin possible, il reste toujours quelques taches qu'on est obligé d'enlever à la main avec du savon.

F, appareil de blanchiment : on en verra les détails planche CXXXVII.

G, atelier où se fait l'azurage des pièces blanchies.

H, atelier où l'on apprête les pièces blanchies.

I, emplacement des chaudières à vapeur destinées à faire marcher les cuves de lessivage et à chauffer les différents appareils de la blanchisserie.

J, magasin de soude et de chaux caustique destinées au lessivage des pièces.

K, bâtiment spécial où se préparent les dissolutions de chlorure de chaux employées pour le blanchiment

L, bassins de repos destinés à clarifier l'eau nécessaire au blanchiment; une vanne *n* permet de remplir à volonté les bassins, et une autre vanne *u* est destinée au contraire à les vider lorsqu'on veut les nettoyer.

O, rivière sur le bord de laquelle est située la blanchisserie; elle fait mouvoir la roue hydraulique, et elle fournit l'eau nécessaire à l'usine.

R, roue hydraulique transmettant le mouvement au moyen des arbres de couches *m*, *m*, *n*, *n*; 1° aux roues à laver, 2° aux appareils de blanchiment *e*, *e*; 3° aux pompes *p*, 4° aux cylindres d'azurage, 5° à la calandre *s*, 6° aux presses hydrauliques *r*, *r*; en un mot, à tous les appareils qui exigent de la force.

P, pompes de l'établissement : elles sont destinées à élever l'eau, qu'elles vont prendre dans les bassins de repos, dans le réservoir supérieur *Q*.

Q, réservoir d'eau placé dans un endroit assez élevé pour qu'il puisse alimenter toutes les parties de la blanchisserie.

a, *a*, cuves de lessivage.

b, *b*, cuves destinées à rendre caustique la soude destinée au blanchiment des pièces.

c, *c*, bassins construits en ciment; ils sont destinés au trempage des pièces.

d, *d*, chaudières destinées à chauffer la lessive des cuves de lessivage. (Voyez l'appareil de lessivage, planche suivante.)

e, *e*, *e*, bains de chlorure de chaux à différents degrés, et d'acide étendu, destinés au blanchiment des étoffes. La pièce arrive à une des extrémités de cette rangée de bains, et les parcourt successivement, en rencontrant des dissolutions de chlorure de chaux de moins en moins épuisées. Lorsque la pièce est arrivée à l'extrémité opposée, elle est parfaitement blanchie.

g, tube conduisant la vapeur aux différents appareils qu'elle est destinée à chauffer.

h, tuyau partant du réservoir *q*, et alimentant d'eau les différents appareils de la blanchisserie.

i, tuyau amenant l'eau des réservoirs L, aux pompes élévatoires *p*.

m, m, arbre de couche recevant directement le mouvement de la roue hydraulique.

n, arbre de couche prenant à angle droit son mouvement sur l'arbre *m.* Il est destiné à faire mouvoir les appareils de lavage et de blanchiment.

o, o, fourneaux, de chacun quatre touries, destinés à la production du chlore.

p, p, cuves munies d'un agitateur; elles servent à former la dissolution de chlorure de chaux.

q, q, tubes en plomb conduisant le chlore, de chacun des appareils producteurs, à la cuve *p*, contenant le lait de chaux.

r, r, presses hydrauliques destinées à donner l'apprêt aux pièces.

s, calandres ou cylindres en fonte parfaitement unis, entre lesquels on fait passer les pièces pour les lisser.

PLANCHE CXXXVI.

Blanchiment, appareil de lessivage de M. Duvoir.

Fig. 1, coupe générale de l'appareil de lessivage.

Fig. 2, plan du même appareil. Dans ces deux figures les mêmes lettres indiquent les mêmes objets.

A, bouilleurs où se chauffe la lessive.

B, cuviers où se fait le lessivage des étoffes.

C, couvercles mobiles se soulevant facilement au moyen de contrepoids.

D, tubes partant des bouilleurs, et conduisant la lessive à la partie la plus élevée des cuviers.

E, disques surmontant les tubes D, D; ils sont destinés à rabattre la lessive qui arrive des bouilleurs, lorsque l'appareil est en marche.

F, tubes ramenant la lessive qui a traversé les cuviers de haut en bas dans les bouilleurs.

Faux fond formé de grilles en bois sur lesquelles on place le linge.

a, a, flotteurs destinés à opérer le retour de la lessive dans le bouilleur, comme nous l'indiquerons plus loin.

b, b, leviers à contrepoids auxquels sont attachées les tiges des flotteurs. *c, c*, soupapes interceptant, à un certain moment, l'accès de l'air dans les bouilleurs A.

d, soupapes disposées sur le fond des cuviers B, B.

Voici comment marche cet appareil de lessivage : la vapeur étant formée dans le bouilleur, et ce dernier étant plein comme l'indique le bouilleur de gauche, elle presse sur le liquide et le fait monter par le tube ascendant D, qui le projette uniformément sur toute la surface du linge. Lorsque le bouilleur est à peu près vide, comme l'indique l'appareil de gauche, le flotteur *a* fait ouvrir la soupape *c*, et l'air rentre dans le bouilleur. Le liquide, pressant alors la soupape *d*, la fait ouvrir, et revient par le tube F dans le bouilleur. Aussitôt que ce dernier est de nouveau rempli, la soupape *d* se referme, et la lessive monte dans le tube D, et ainsi à suite.

Fig. 3, roue à laver, coupe perpendiculaire à l'axe.

Fig. 4, coupe suivant l'axe de la même roue à laver. Dans ces deux figures, les mêmes lettres indiquent les mêmes objets.

A, orifices par lesquels on introduit le linge à laver.

B, axe de la roue; il est traversé par un tube qui amène l'eau dans les quatre compartiments de la roue.

C, tube amenant l'eau dans les différents compartiments de la roue.

D, E, poulie motrice et poulie folle placées sur l'axe de la roue à laver.

22

Fig. 1, appareil à flamber les tissus ; coupe suivant la ligne xx du plan, *fig.* 2.

Fig. 2, plan général de l'appareil de flambage.

Dans ces deux figures les mêmes lettres indiquent les mêmes objets.

A, cylindre à claire voie sur lequel est enroulée la pièce que l'on doit flamber. Un cylindre semblable est placé sur le côté opposé, et sert au contraire à recevoir la pièce flambée ; on donne un mouvement rapide à ce dernier cylindre, afin que la pièce rase avec une grande vitesse le demi-cylindre en cuivre B, maintenu au rouge sombre pendant toute l'opération du flambage.

B, demi-cylindre en cuivre placé directement au dessus d'un foyer qui le maintient toujours à une haute température. C'est ce cylindre qui sert à flamber l'étoffe en brûlant le duvet au moment où elle le rase avec une grande rapidité.

C, foyer destiné à chauffer le demi-cylindre en cuivre.

D, rouleaux en bois sur lesquels glisse l'étoffe

E, cylindres en bois placés aux deux extrémités des leviers : ils servent à élever l'étoffe, de dessus le cylindre lorsque, par une cause quelconque, on veut arrêter instantanément le flambage.

Fig. 2, 3, 5, 6 et 7, détails d'un appareil de blanchiment employé dans une blanchisserie de Saint-Quentin.

Fig. 2, coupe perpendiculaire à l'axe des cylindres A, voyez le plan général (*pl.* cxxxv).

Fig. 3, vue par bout d'un des compartiments de l'appareil de blanchiment.

Fig. 5, coupe horizontale, suivant Y, Y, de la *fig.* 2.

Fig. 6, coupe horizontale, suivant z, z, de la *fig.* 2.

Fig. 7, plan horizontal d'une partie de l'appareil.

Dans toutes ces figures, les mêmes lettres indiquent les mêmes objets.

A, gros cylindre en bois destiné à faire marcher continuellement les pièces d'étoffe O, attachées les unes au bout des autres, et à renouveler par conséquent leurs surfaces dans le liquide contenu dans les auges H, H. Ce cylindre A reçoit le mouvement au moyen de la poulie E.

B, cylindre plus petit, également en bois ; il presse les pièces contre le cylindre A, et en exprime le liquide tout en les forçant de marcher par cette compression même. Ce rouleau B peut à volonté se rapprocher du gros cylindre au moyen d'un contrepoids qui appuie sur les axes.

C, martinets en bois mus par l'arbre à cames D ; ils frappent continuellement sur l'étoffe au fur et à mesure qu'elle passe sur la surface du gros rouleau moteur.

D, rouleau à cames donnant le mouvement aux martinets. Ce rouleau reçoit le mouvement de la poulie G.

E, poulie motrice du rouleau A.

F, poulie placée sur l'axe de l'arbre à cames, et transmettant le mouvement à la poulie E.

G, poulies, dont l'une est folle, et dont l'autre reçoit à volonté le mouvement de l'arbre moteur de l'usine. (Voyez plan général, planche cxxxv.)

H, auges construites en matériaux inattaquables par le chlore et par les acides ; elles renferment les dissolutions convenables pour le blanchiment des étoffes : les unes doivent contenir le chlorure de chaux étendu, les autres de l'eau acidifiée par l'acide sulfurique. L'étoffe doit passer successivement et tour à tour dans une dissolution chlorurée, puis dans une autre acidifiée.

I, bâtis en bois supportant le système de rouleaux et de cames.

O, étoffe : on coud plusieurs pièces les unes au bout des autres, puis les extrémités entre elles, de manière à ce que l'étoffe soit sans fin et qu'elle puisse faire le même chemin jusqu'à complet blanchiment ou lavage.

P, plancher en bois.

Cet appareil, tel que nous venons de le décrire, existe à Saint-Quentin dans une des blanchisseries les mieux montées de cette ville. On a essayé de blanchir les étoffes de toutes pièces en les faisant passer successivement et sans discontinuité dans des bains de chlore de plus en plus neufs, puis dans les bains acides; mais on a renoncé à cette pratique, parce que dans le passage d'un des systèmes de martinets *a*, au suivant, l'étoffe était toujours plus ou moins tiraillée et très souvent déchirée. On se contente maintenant de faire marcher l'étoffe pendant une demi-heure, par exemple, dans un des bains, puis d'en découdre les extrémités et de la porter au bain suivant, etc.

PLANCHE CXXXVIII.

Teinture.

Cuve de teinture chauffée à la vapeur.

Fig. 1, coupe longitudinale de la cuve, suivant x, x de la *fig.* 2.

Fig. 2, coupe transversale de la cuve, suivant Y, Y, *fig.* 1.

Fig. 3, vue par bout de la cuve de teinture, suivant la ligne z, z, *fig.* 1.

Dans ces trois figures, les mêmes lettres indiquent les mêmes objets.

A et B, compartiments ménagés dans la largeur de la cuve; ils sont séparés par des parois à claire-voie G et H, entre lesquelles se trouvent les tubes de vapeur. L'étoffe arrive en o, se replie sur le plancher à claire-voie E, passe en c, se rend dans le second compartiment A, puis va s'enrouler sur un dévidoire que le manque de place n'a pas permis d'indiquer. On comprend fort bien qu'en faisant tourner plus ou moins vite le devidoir ou rouleau moteur, on renouvelle plus ou moins souvent les surfaces de l'étoffe en contact avec le bain de teinture.

c, espace ménagé entre le plancher E et la paroi de la cuve; il est destiné au libre passage de l'étoffe.

D, autre tube pouvant être chauffé à la vapeur; l'étoffe glisse sur sa surface pour passer d'un compartiment à l'autre.

E, plancher en claire-voie sur lequel l'étoffe à teindre vient se replier.

F, parois en claire-voie qui divisent en plusieurs parties le compartiment B dans la longueur de la cuve. Ces parois sont destinées à séparer les différentes pièces que l'on tint dans la même cuve.

o, H, parois à claire-voies entre lesquelles se trouvent les tubes à vapeur.

I, I, serpentin à vapeur destiné à chauffer la cuve de teinture.

J, tube menant la vapeur dans le serpentin I.

K, robinet pouvant donner à volonté passage à la vapeur dans le cylindre D.

L, retour d'eau du serpentin de vapeur.

Calandre. Fig. 4, coupe perpendiculaire à l'axe des cylindres.

Fig. 5, coupe suivant l'axe d'un des cylindres A, B.

Fig. 6, coupe suivant l'axe d'un cylindre c, chauffé à la vapeur.

A, B, cylindres en bois, à axes en fer.

c, cylindre creux en fonte, chauffé à la vapeur.

D, levier pressant sur l'axe du cylindre A.

E, levier dont le grand bras est beaucoup plus grand que le petit; il est chargé à son extrémité de poids F, et il tend par conséquent à rendre plus énergique la pression du levier D sur l'axe du cylindre A.

F, poids chargeant l'extrémité du grand bras de levier E. On peut augmenter ce poids à volonté.

G, vis de rappel destinée à soulever le cylindre A de dessus le cylindre c.

H, roue d'engrenage donnant le mouvement au cylindre creux c.

ı, tube amenant la vapeur dans le cylindre creux c.

s, retour d'eau du cylindre c

PLANCHE CXXXIX.

Teinture.

Cuve à bouser. Fig. 1, cuve à bouser proprement dite.

Fig. 2, dévidoir sur lequel vient s'enrouler l'étoffe bousée et lavée.

A, A, bain d'eau renfermant la bouse que l'on peut à volonté chauffer à la vapeur au moyen du tube o.

B, rouleau sur lequel est enroulée l'étoffe à bouser.

c, c, c, rouleaux en bois, à axes en fer, sur lesquels se meut l'étoffe que l'on a indiquée par deux traits parallèles.

D, gros rouleau en bois faisant passer l'étoffe du premier compartiment de la cuve à bouser au second compartiment.

D', gros rouleau sur lequel se meut l'étoffe pour sortir du bain à bouser.

E, rouleaux placés au dessus du niveau de l'eau, dans la rivière ; ils servent à comprimer l'étoffe afin de la mieux laver, au sortir du bain à bouser.

F, levier pressant sur le tourillon du rouleau inférieur de la presse E.

G, poulie sur laquelle s'enroule la corde ı.

H, poids destiné à augmenter la pression du levier F, sur le tourillon du rouleau inférieur de la presse E.

K, dévidoir sur lequel s'enroule la pièce au sortir de la rivière.

L, bâtis en bois supportant tout le système au dessus d'un courant d'eau.

M, poulie à gorge creuse destinée à renvoyer aux cylindres D et D' le mouvement que l'on imprime au dévidoir.

N, corde transmettant le mouvement aux rouleaux D, D'.

Fig. 3, vue suivant l'axe d'une partie du dévidoir K.

P, manivelle servant à faire tourner le dévidoir, et par conséquent à faire marcher l'étoffe.

PLANCHE CXL.

Appareil propre à fixer les couleurs au moyen de la vapeur.

Fig. 1, coupe verticale, suivant l'axe, d'une cuve à fixer les couleurs.

Fig. 2, plan de la cuve, le couvercle étant supposé enlevé.

A, A, cuve en bois, solidement établie.

B, tuyau de vapeur.

c, pomme d'arrosoir percée d'une infinité de trous par lesquels s'échappe la vapeur.

D, faux fond empêchant la vapeur d'aller frapper de suite sur les pièces suspendues dans la cuve.

E, robinet par lequel on fait couler l'eau de condensation de la vapeur.

F, pièces teintes que l'on veut soumettre à l'action de la vapeur : elles sont suspendues par de petits crochets à un cadre en bois G.

G, cadre en bois formé de plusieurs rayons réunis au centre. Ces rayons portent en dessous de petits crochets auxquels on suspend l'étoffe que l'on veut plonger dans la cuve. Le cadre porte au centre un anneau H, qui permet de l'enlever à volonté au moyen d'une corde à crochet passant sur une poulie.

ı, couvercle fermant hermétiquement la cuve pendant l'opération : il est recouvert inférieurement d'une étoffe grossière qui empêche la condensation de la vapeur, et qui, par conséquent, ne permet pas à cette dernière de retomber en gouttelettes sur l'étoffe.

Impression sur étoffes. Table d'impression et son baquet à couleurs.

Fig. 3, plan du baquet à couleurs.

Fig. 4, coupe verticale du même baquet.

Dans ces deux figures les mêmes lettres indiquent les mêmes objets.

ᴀ, ᴀ, caisse carrée en bois renfermant une dissolution d'eau gommée, désignée dans les fabriques sous le nom de *fausse couleur*.

ʙ, cadre en bois sur lequel est tendue une toile cirée ordinaire, enduite de graisse ou de suif. On introduit ce cadre dans la caisse ᴀ, de manière que la toile se pose sur la dissolution gommeuse.

ᴄ, châssis en bois sur lequel est tendu un drap blanc : ce châssis, comme l'indique la figure, peut entrer facilement dans le cadre en bois. C'est sur le drap de ce châssis que l'on étend la couleur qui doit être imprimée. La dissolution gommeuse sert de matelas et permet aux planches gravées de prendre uniformément la couleur.

Chaque couleur doit avoir son châssis particulier, et il faut avoir soin de le laver après l'impression, et de le laisser sécher avant de s'en servir.

Fig. 5, détail du baquet à couleur ; les mêmes lettres indiquent les mêmes objets que dans les *fig.* 3 et 4.

Fig. 6, disposition générale, *perspective géométrique*, de la table d'impression et de son baquet à couleur.

ᴀ, baquet à couleurs. (Voyez les détails, *fig.* 3 et 4.)

ʙ, planchette sur laquelle se place la terrine contenant la couleur que l'on étend sur le châssis au moyen d'une brosse.

ᴅ, table d'impression ; elle est ordinairement formée d'un madrier en chêne ou en hêtre supporté par un bâti qui l'élève à peu près à 1ᵐ,30 du sol.

ᴇ, rouleau en bois sur lequel est enroulé la pièce à imprimer. Le plus souvent on se contente de placer simplement la pièce repliée sur elle-même à l'extrémité de la table.

ꜰ, rouleaux en bois destinés à soutenir l'étoffe imprimée, de manière à ce que les couleurs ne se réappliquent pas.

ɢ, étoffe imprimée.

PLANCHE CXLI.

Machine à imprimer à trois couleurs. Fig. 1, plan de la machine à imprimer. Dans cette figure les mêmes lettres indiquent les mêmes objets que dans la planche suivante.

Fig. 2, détail des leviers ɪ.

Fig. 3, détail des leviers ɪ'.

Fig. 4, détail du râcloir ʟ', planche suivante.

Fig. 5, détail du râcloir ʟ'', *fig.* 1, planche suivante.

a, coussinet du rouleau à imprimer ᴇ'.

b, coussinet du râcloir ʟ'.

c, coussinet du râcloir ᴏ.

d, point d'appui du levier.

e, coussinet des leviers ᴍ.

f, point d'articulation du levier, marqué en *h*, sur la planche précédente.

a', coussinet du rouleau ᴇ''.

b', coussinet du racloir ʟ''.

23

d', point d'appui du levier.

e', point d'articulation du levier marqué en *b* sur la *fig.* 1 de la planche suivante.

PLANCHE CXLII.

Machine à imprimer à trois couleurs. Fig. 1 , coupe verticale de la machine suivant la ligne x x, planche cxli.

A, A, partie supérieure du bâti en fonte supportant tout le système.

A', A", les deux montants extrêmes de chacune des pièces du bâti ; ils sont doubles jusqu'à une certaine hauteur.

B, cylindre presseur agissant sur les trois rouleaux imprimeurs E, E' et E".

B', arbre en fer du cylindre B.

c, longs leviers en fer portant à l'extrémité du petit bras un secteur *c* destiné à recevoir une courroie ; cette courroie à son extrémité est fixée à un anneau en fer qui entoure l'extrémité du cylindre B , en sorte que lorsqu'on vient à abaisser les leviers *c*, le cylindre B est soulevé.

D, D', D", cylindres formés de douves en bois fournissant la couleur au 1er, 2e et 3e rouleau imprimeur.

E, E', E", 1er, 2e et 3e rouleaux imprimeurs.

F, rouleau ou ensouple sur lequel la toile à imprimer est enroulée.

G, G', cylindres en bois guidant l'étoffe et le feutre sur lequel elle s'appuie.

H, H', H", auges en bois alimentant de couleur les cylindres imprimeurs D, D' et D".

I, I', leviers servant à presser les rouleaux gravés D' et D" contre le grand cylindre B ; pour cela les coussinets des rouleaux sont placés sur ces leviers dont le point d'appui est sur le boulon *a*.

J, J', leviers inférieurs des rouleaux E', E" ; ils transmettent la pression opérée sur leur grand bras par les poids *p* et *p'* aux leviers supérieurs I et I' au moyen de la tige *t*. Le point d'appui de ces leviers inférieurs est en *e* et *e'*, les points d'articulation sont en *d*, *d'* et *b*, *b'*.

K et K', double levier servant à presser le premier rouleau imprimeur E contre le cylindre B ; K est le levier inférieur qui porte à l'extrémité de son grand bras le poids *g* ; le petit bras de ce même levier est à angle droit et va se réunir au levier K au point *g*, qui est un axe de rotation ; *f* est le point fixe du levier inférieur ; le point fixe du levier supérieur K est en *h*. Il est évident, d'après cette construction, que le petit bras du levier supérieur *h* poussera la vis *v* qui sert d'intermédiaire à la pression, de gauche à droite, par conséquent le rouleau E sera pressé entre le grand cylindre B.

L, L', L", râcles servant à enlever le surplus de couleur aux rouleaux E, E' et E".

o et o', râcle de propreté du 2e et du 3e rouleau.

M et M', leviers servant à baisser ou à hausser les auges à couleur H' et H" ; la vis *j* sert à régler la hauteur convenable.

v, vis de pressoin du grand cylindre B.

a, axe en fer qui sert en même temps de boulon pour réunir les deux pièces du bâti et de point d'appui au système de leviers supérieurs du 2e et du 3e rouleau imprimeur.

a', *a*, boulons qui servent à relier les deux pièces du bâti.

b, *b'*, point d'articulation de la tige *t* avec les leviers supérieurs I et I'.

d et *d"*, articulation de la tige *t* avec les leviers J et J'.

e, *e'* points d'appui des leviers J, J'.

f, point d'appui du levier K'.

g, point de jonction et d'articulation entre le petit bras du levier K', et du grand bras du levier K.

h, point d'appui du levier K.

j et *j'* vis servant à régler la hauteur des auges H' et H".

l, trois traverses carrées en bois servant à donner à la toile la tension convenable.

m, règle divergente en fer servant à ouvrir les plis de la toile et à l'étendre transversalement.

PLANCHE CXLIII.

Fécule de pommes de terre.

Fig. a, b, fécule à l'état normal.

c, d, grains de fécule étoilés ou fendillés dans les tubercules venus lentement à maturité complète.

e, e, f, grains du même tubercule rompus en deux ou plusieurs fragments par la pression et dans l'eau : la matière interne reste solide.

i, j, fragments gonflés dans toutes leurs parties par une solution contenant 0,01 de soude.

g, h, grains entiers sous l'influence de la même réaction.

k, substance interne d'un tubercule de pommes de terre dégelé, vue à l'œil nu.

l, la même substance observée sous une forte loupe : au microscope, cette substance *k, l*, offre les autres figures suivantes :

m, cellule remplie de fécule, vue sans eau.

n, cellule déchirée et plissée, ayant perdu la plus grande partie de ses grains de fécule, vue à sec.

o, cellule intacte.

p, deux cellules adhérentes, dont une est vide.

q, agglomération de trois cellules ayant encore quelques points d'adhérence : deux sont entr'ou vertes.

PLANCHE CXLIV.

Formes et dimensions de l'amidon de diverses plantes.

Fig. 1, fécule du *canna gigantea; a, b, c, d*, grains à l'état normal; *f, g*, grains graduellement exfoliés par la végétation qui épuise les vieux rhizomes.

Fig. 2, fécule du *Maranta arundinacea; a, b, c*, grains à l'état normal; *f, g*, grains exfoliés comme ci-dessus; *g*, couche externe séparée d'un grain par pression.

Fig. 3, amidon des cotylédons des fèves; en *a, a', b, b', c* et *c'*, on voit un grain sous deux positions montrant la dépression médiane canaliculée; *d, d'*, grains rompus.

Fig. 4, fécule des tubercules d'*oxalis crenata*.

Fig. 5, grains détachés, et *fig.* 6, grains agglomérés de la moelle du *Cycas circinalis*.

Fig. 7, amidon de blé de *a* en *a', a''* un grain sous trois positions.

Fig. 8, même amidon où le hile est rendu apparent par la température de 220° (vu dans l'alcool).

Fig. 9, le même, attaqué par l'eau laissée après l'évaporation de l'alcool.

Fig 10, le même, gonflé, puis exfolié par l'eau.

Fig 11, fécule de sagou rosé du commerce.

Fig. 12, fécule d'une bulbe de jacinthe.

Fig. 13, la même, s'exfoliant dans une vieille écaille.

Fig. 14, fécule de batates.

Fig. 15, la même, chauffée à 200°.

Fig. 16, la même, commençant à s'hydrater.

Fig. 17, fécule d'*Orchis bifolia*.

Fig. 18, fécule d'*Orchis latifolia*.

Fig. 19, grains de fécule d'un tubercule de pommes de terre dont on a arrêté la végétation, et granules se formant aux dépens de gros grains qui se désagrègent; granules plus développés, dont plusieurs sont adhérents deux à deux, et d'autres *a a'* attaqués dans le hile par une solution à 0,005 de soude qui, gonflant seulement la substance amylacée intérieure, lui fait faire hernie au dehors.

Fig. 20, amidon de maïs : grains enchâssés et soudés dans les parties cornées du périsperme; *a, b*, grains isolés de la partie farineuse.

Fig. 21, fécule de *Cactus peruvianus.*

Fig. 22, amidon de sorgho rouge.

Fig. 23, amidon des graines d'*Aponogetum distachyum.*

Fig. 24, le même, gonflé par la solution de soude.

Fig. 25, amidon du *Cactus pereskia grandiflora.*

Fig. 26, fécule du *cactus Brasiliensis.*

Fig. 27, amidon du fruit du *Panicum Italicum.*

Fig. 28, fécule du *Cactus flagelliformis.*

Fig. 29, amidon de l'*Echinocactus erinaceus.*

Fig. 30, fécule du *Cactus opuntia tuna:*

Fig. 31, fécule du *Cactus curassavicus.*

Fig. 32, fécule du *cactus opuntia, ficus-indica.*

Fig. 33, amidon du millet (*panicum miliaceum*). On voit au dessous quatre grains gonflés par la solution de soude.

Fig. 34, fécule du *Cactus mamillaria discolor.*

Fig. 35, amidon de l'écorce de l'*Aylanthus glandulosa.*

Fig. 36, fécule du panais.

Fig. 37, fécule du *Cactus serpentinus.*

Fig. 38, fécule du *Cactus monstruosus.*

Fig. 39, amidon de la graine de betterave.

Fig. 40, amidon de la graine du *Chenopodium quinoa.*

Les dimensions de toutes les fécules de cette planche sont comparables, depuis celles du *canna gigantea*, ayant au maximum 185 millièmes de millimètre (comme les fécules les plus grosses des pommes de terre et de la racine du colombo) jusqu'à l'amidon de la graine du *Chenopodium quinoa*, ayant au plus 2 millièmes de millimètre.

PLANCHE CXLV.

Fécule du canna discolor, *et réaction de la diastase.*

Fig. 1, *a, a', a'', c, d*, grains chauffés à 160, 200 et 210° centésimaux, vus dans l'alcool.

ff, même fécule, se gonflant dans l'eau après avoir été chauffée à 160°, et montrant sur chaque grain le hile entr'ouvert.

g, même fécule, d'abord chauffée à 160°, puis plongée dans l'alcool. L'évaporation, en déposant un peu d'eau sur chaque grain, a fait dissoudre une partie de la couche externe.

h, grains de la fécule du *canna discolor*, d'abord chauffés à + 205°, s'exfoliant dans l'eau.

Fig, 2, *a, a'*, deux grains hydratés et gonflés dans l'eau à + 90°; *b, b'*, grains traités de même, puis bleuis par l'iode.

Dès que les grains hydratés et chauffés de + 70° à + 80° sont touchés par la diastase, ils se désagrègent, toutes leurs formes disparaissent, et alors, mis en contact avec l'iode, le liquide donne une coloration violette, puis vineuse, puis très faible, puis enfin presque nulle, après trois heures de réaction : c'est ce qu'indiquent les nuances *c, c', c'', c'''*.

PLANCHE CXLVI.

Différents états de la cellulose.

Fig. 1, *a*, cellulose formant les parois très épaisses des cellules du périsperme de Phytelephas coupé perpendiculairement à l'axe.

b, cavités cylindriques des cellules auxquelles aboutissent un grand nombre de petits conduits dirigés vers les cellules voisines.

a', cellulose imprégnée d'iode se désagrégeant sous l'influence de l'acide sulfurique, et prenant alors le caractère de la substance amylacée : la couleur bleue ou violette par l'effet de l'iode.

b', Parois des cavités altérées par les phénomènes ci-dessus décrits, laissant voir les matières azotées jaunies par l'iode.

Fig. 2, coupe du même périsperme (appelé vulgairement *ivoire végétal*) : les mêmes lettres indiquent les parties semblables.

Fig. 3, cellulose formant les parois minces des cellules de l'*OEschynomenœ paludosa.*

a, cellules à l'état normal.

a', cellulose se désagrégeant par l'acide sulfurique, et prenant la coloration bleue sous l'influence de l'iode.

a'', légères membranes azotées internes restant après la dissolution complète de la cellulose passée à l'état de dextrine.

b, agglomération de petits prismes d'oxalate de chaux.

Fig. 4, cellulose sous la forme de tubes longs, à parois épaisses constituant les fibres textiles du chanvre.

a, coupe de ces tubes, perpendiculaire à leur axe, montrant leur épaisseur.

a', tubes à l'état normal entourés de substance azotée.

a'', partie attaquée au moyen de l'acide sulfurique, donnant une coloration bleue par l'iode.

Fig. 5, *b*, *b'*, *b''*, parties semblables des fibres textiles du lin.

Fig. 6, *c*, *c'*, *c''*, poils textiles extraits des graines de coton ; leur faible épaisseur explique la résistance moindre des fils et tissus de coton.

Fig. 7, aubier du bois de chêne. Les fibres ligneuses y sont coupées perpendiculairement à leur axe. La cellulose qui constitue les parois de ces fibres est pénétrée de la substance ligneuse.

Fig. 8, cœur du même bois dans lequel l'épaisseur des fibres ligneuses est plus considérable par des couches superposées et imprégnées de plus grandes proportions de *ligneux*. La cellulose y est donc moins abondante, quoiqu'elle y forme, comme toujours, la substance plastique souple qui maintient les tissus.

Fig. 9, coupe d'une portion de fruit du blé, perpendiculaire à l'axe de ce fruit.

a, *a*, cellulose constituant les épaisses parois des cellules du tégument.

a', les mêmes cellules disloquées par l'action de l'acide sulfurique, et bleuies par l'iode.

b, *b'*, pellicule périphérique de cellulose imprégnée de substance azotée qui la rend plus résistante à l'acide, et lui fait prendre une coloration jaune orangée par l'iode.

c, *c'*, *c''*, *c'''*, cellules sous-épidermiques du périsperme, renfermant une matière grasse. Dans un réseau organique azoté, on voit en *c'''* le réseau désagrégé par l'acide sulfurique, et laissant apparaître la matière grasse en gouttelettes oléiformes.

PARIS. — IMPRIMERIE DE FÉLIX LOCQUIN,
16, rue N.-D. des Victoires, près la Bourse.

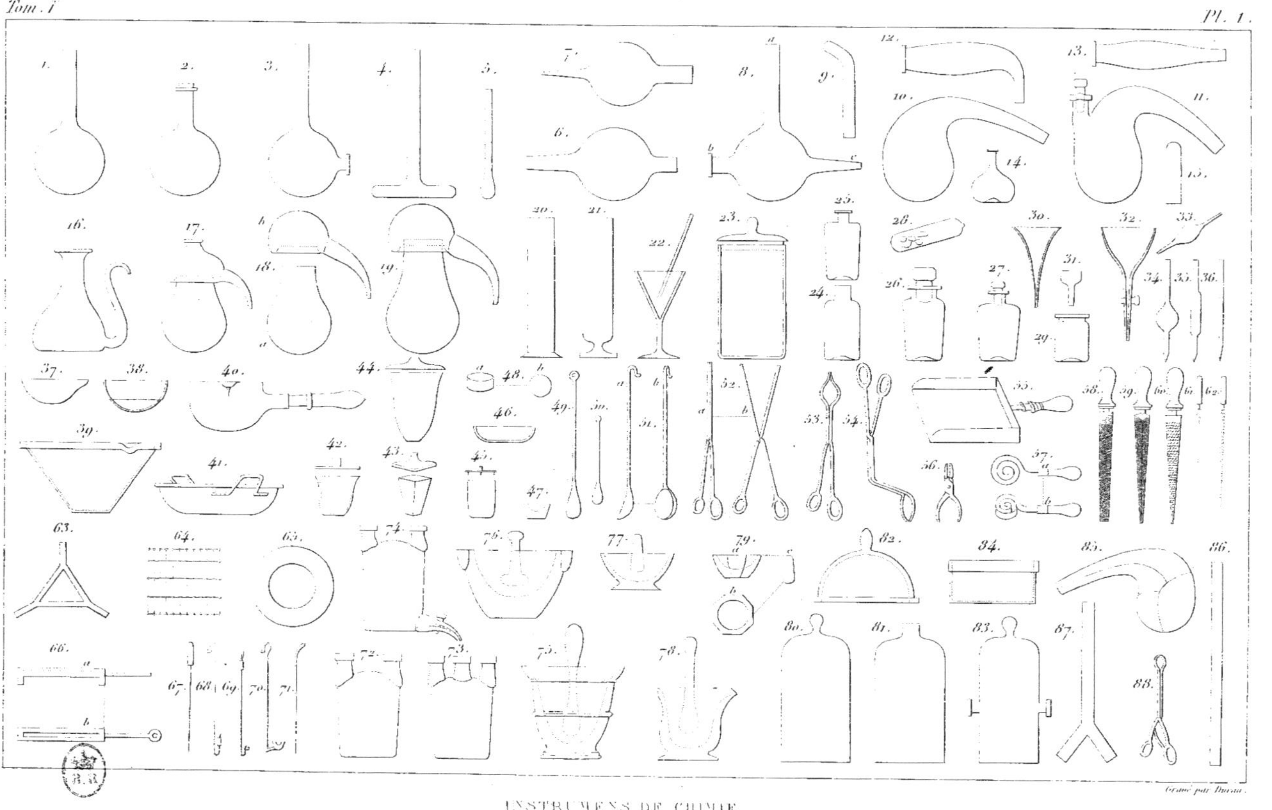

Tom. 1.
Pl. 1.
INSTRUMENS DE CHIMIE.

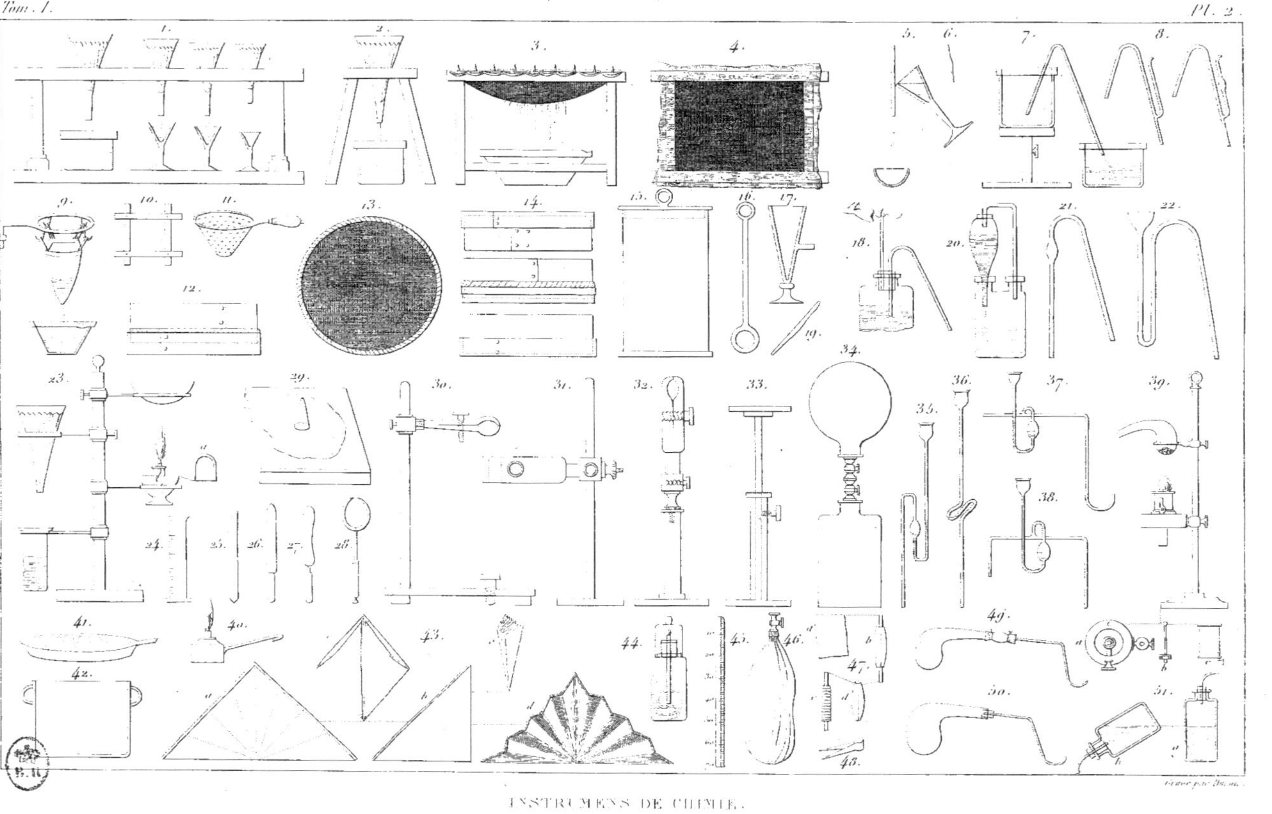

INSTRUMENS DE CHIMIE.

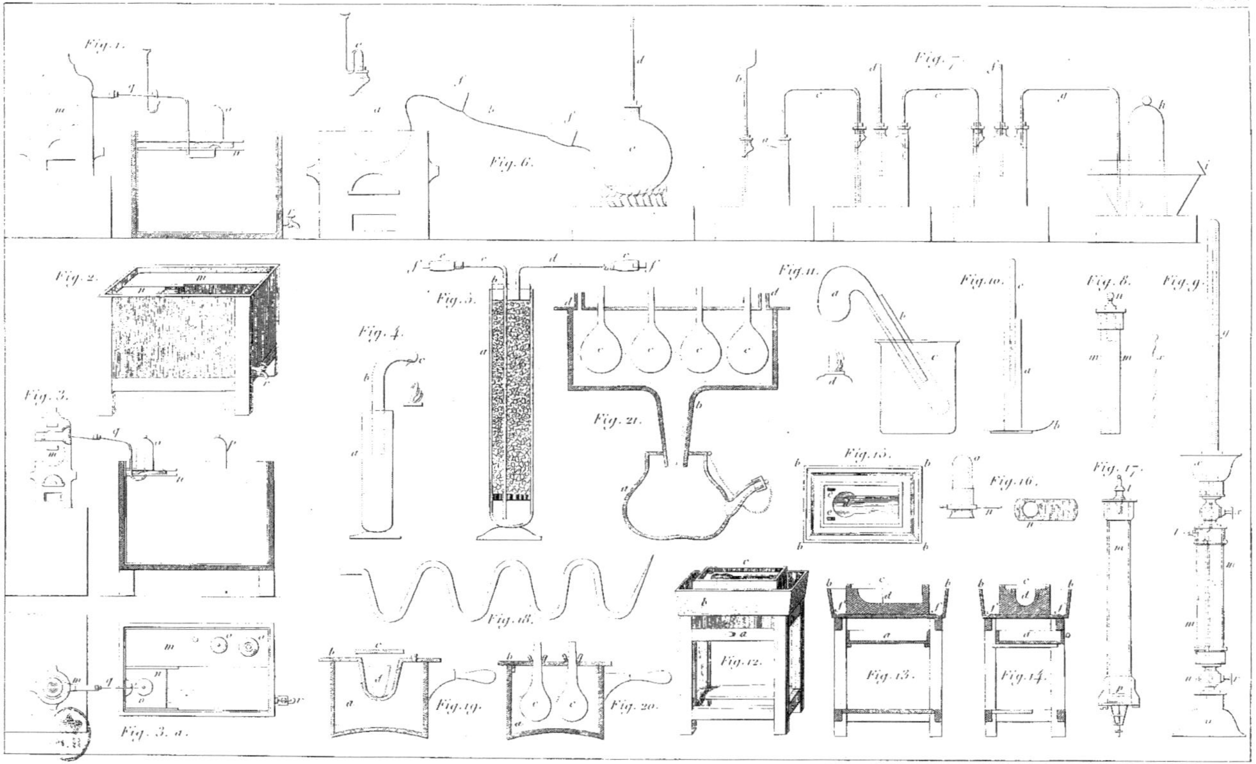

APPAREILS DE CHIMIE.

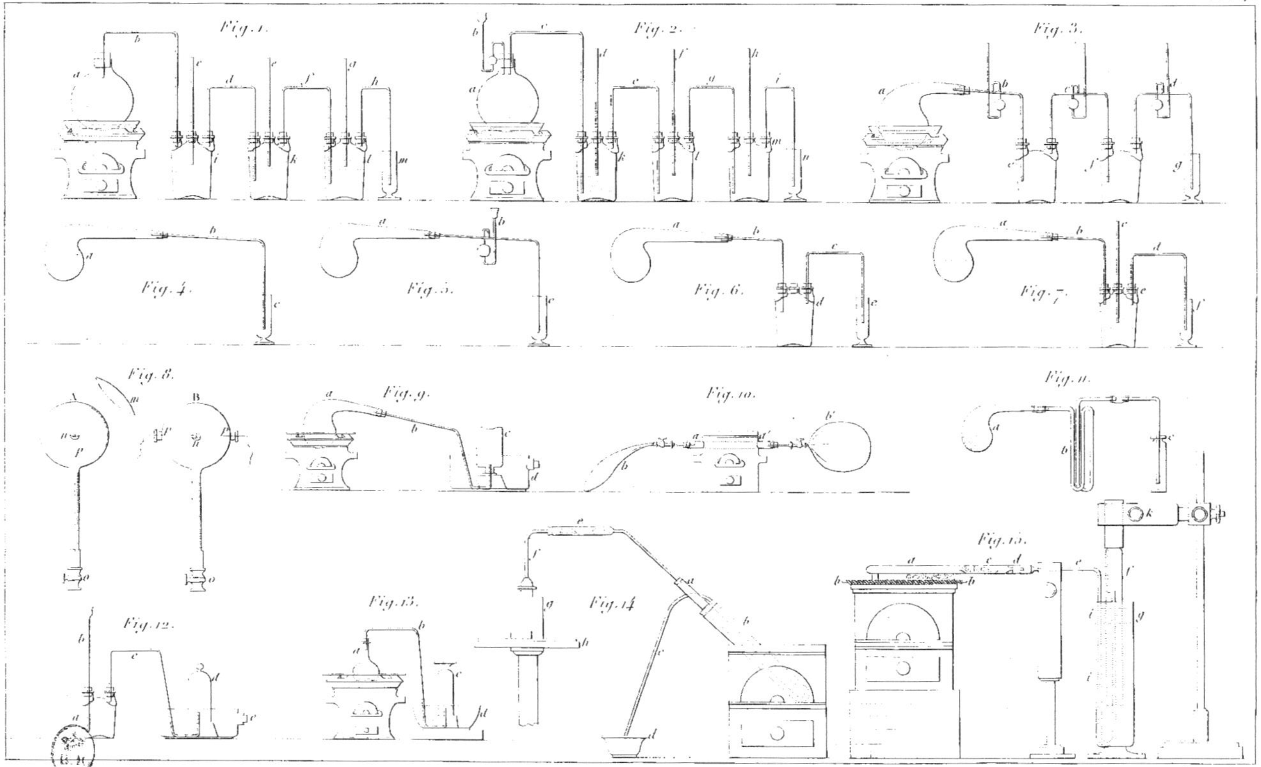

Fig. 1.

Fig. 2.

Fig. 3.

Fig. 4.

Fig. 5.

Fig. 6.

Fig. 7.

Fig. 8.

Fig. 9.

Fig. 10.

Fig. 11.

Fig. 12.

Fig. 13.

Fig. 14.

Fig. 15.

APPAREILS DE CHIMIE.

Gravé par Dorsau

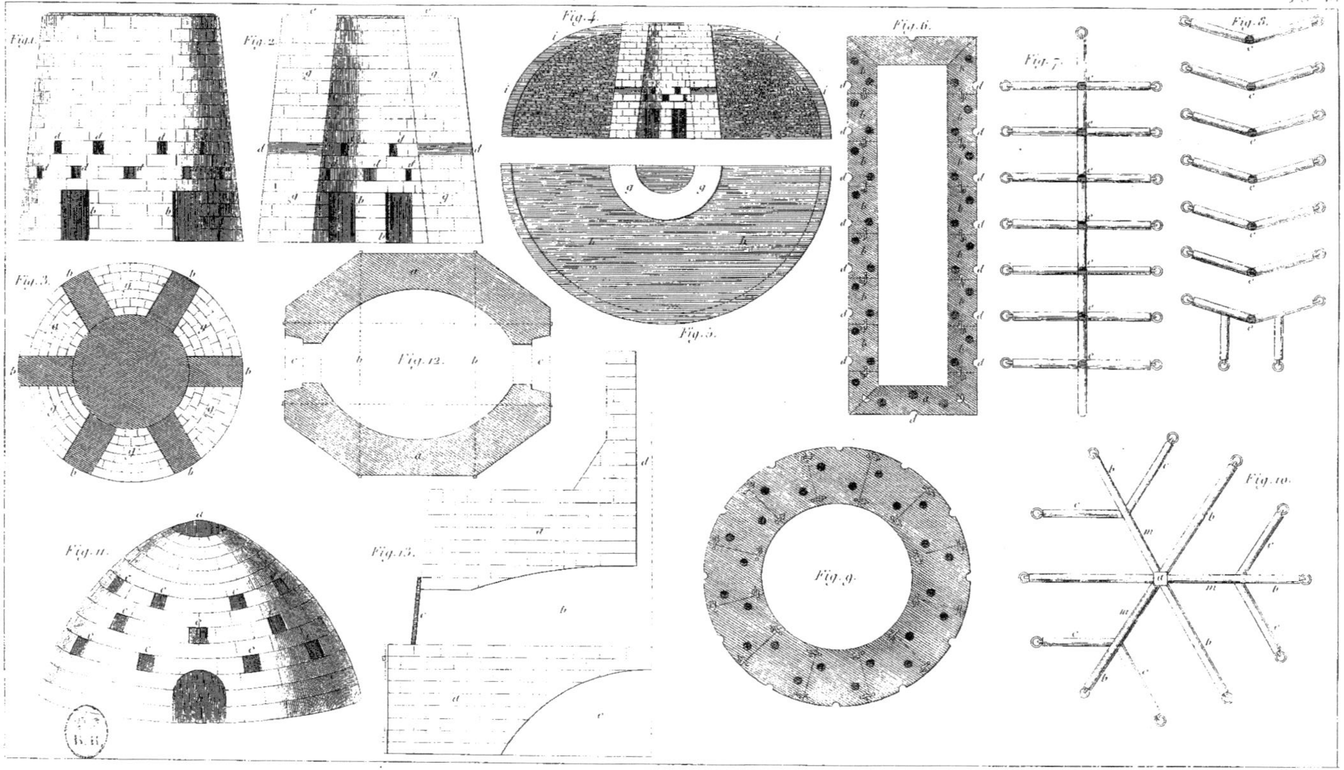

FABRICATION DU COKE.

HYDROGÈNE, CHLORE, SYPHON DE PLATINE.

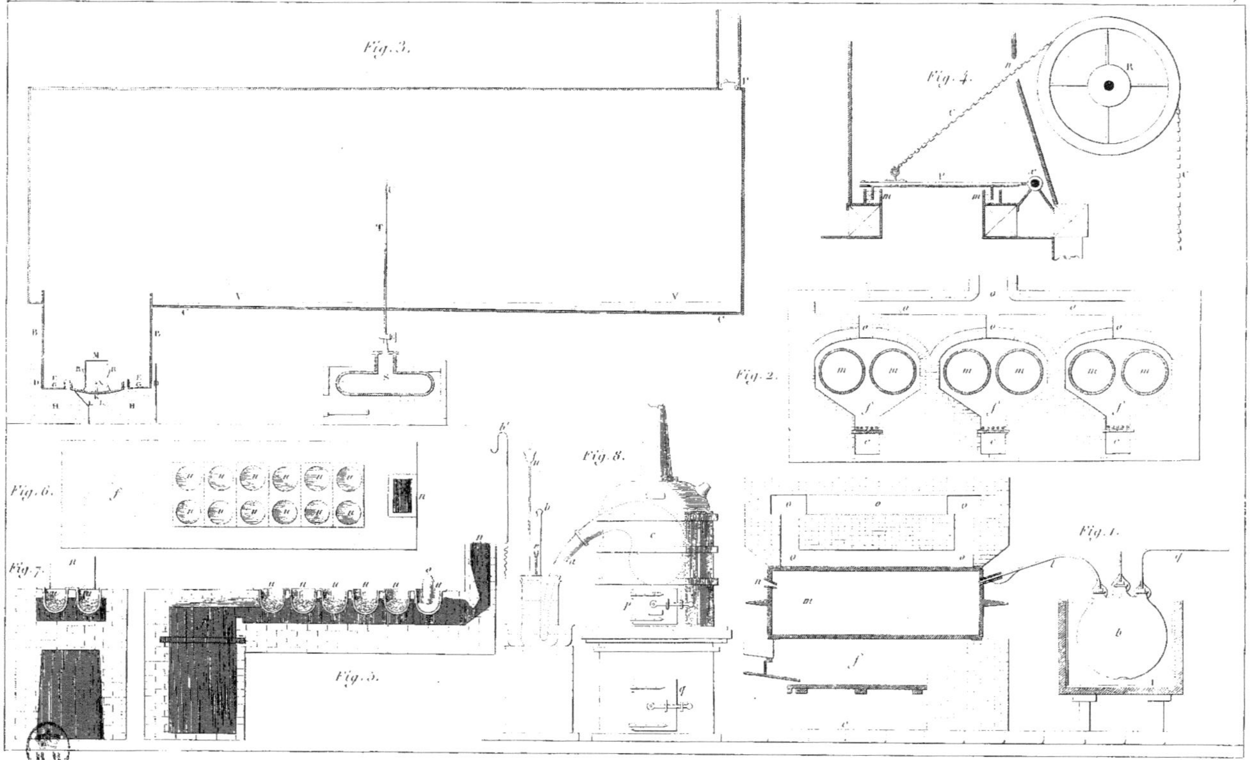

ACIDES NITRIQUE ET SULFURIQUE. PHOSPHORE.

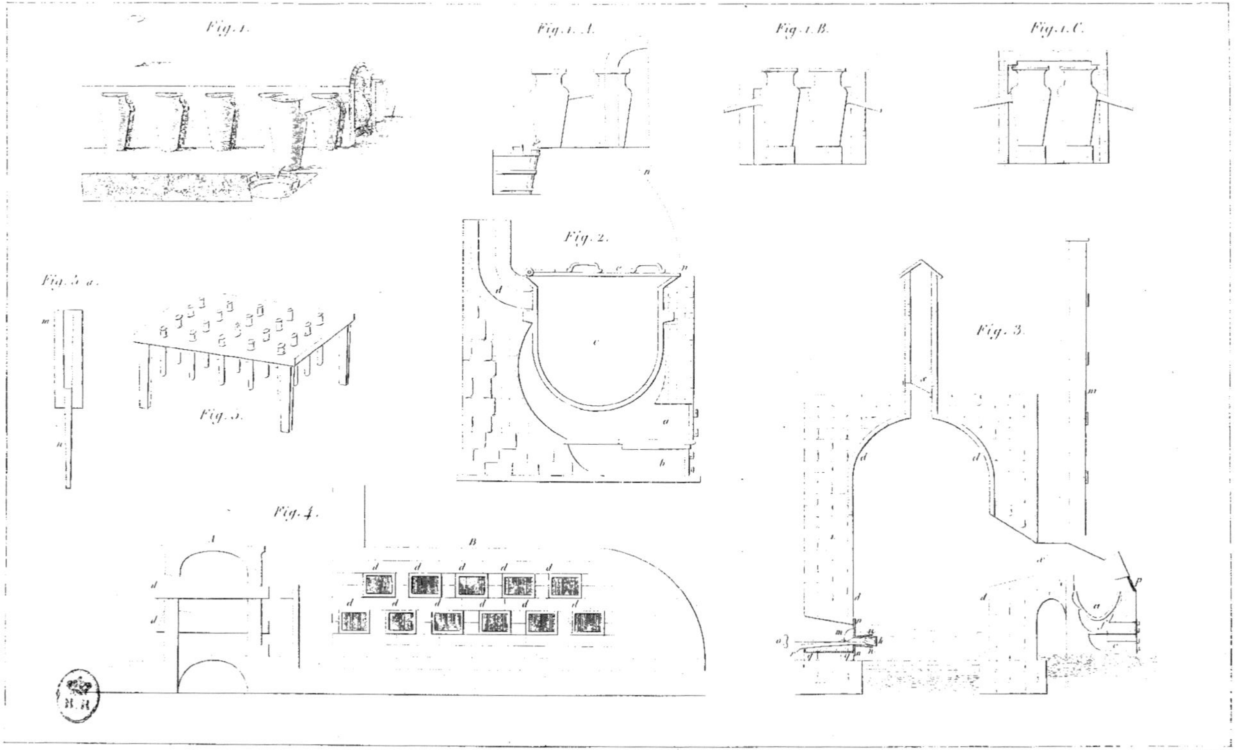

ENTRACTION ET PURIFICATION DU SOUFRE.

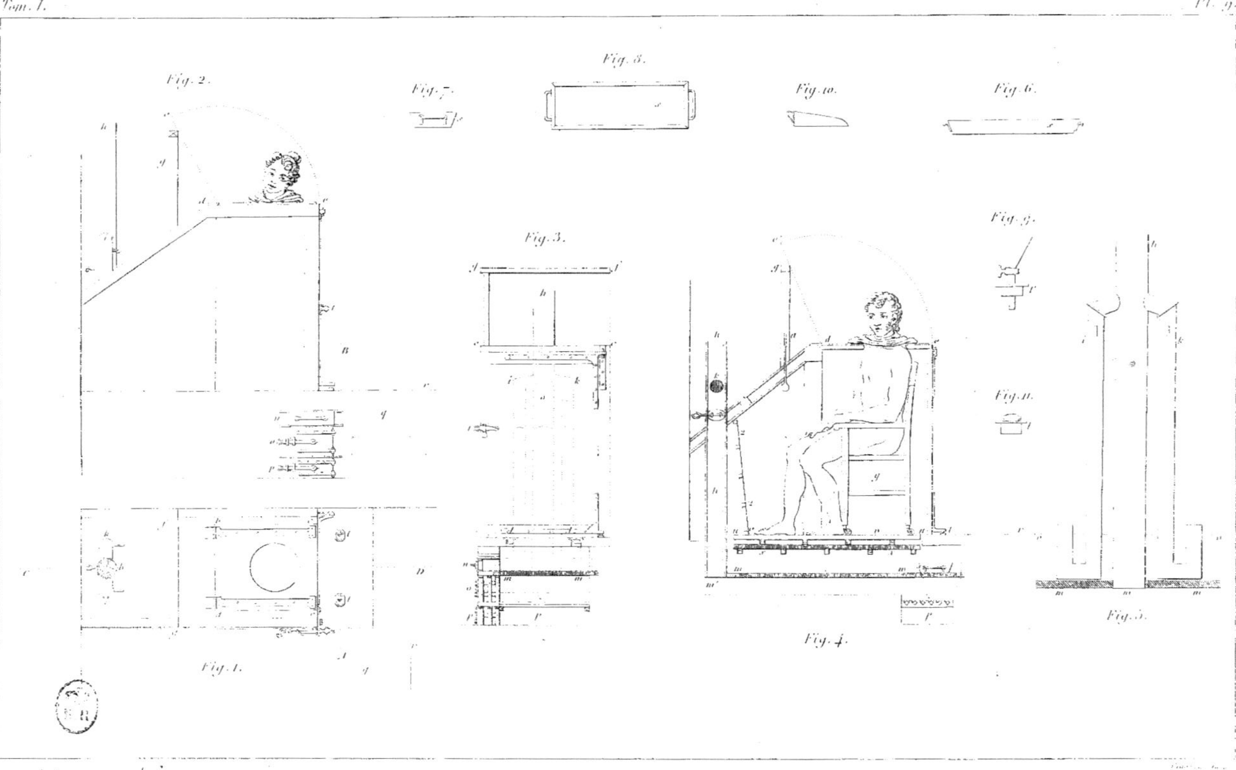

FUMIGATIONS D'ACIDE SULFUREUX — APPAREIL DE M. D'ARCET.

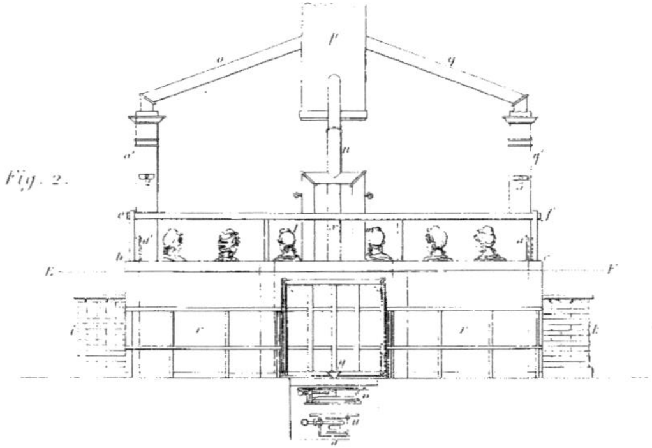

FUMIGATIONS D'ACIDE SULFUREUX — APPAREIL DE M. D'ARCET.

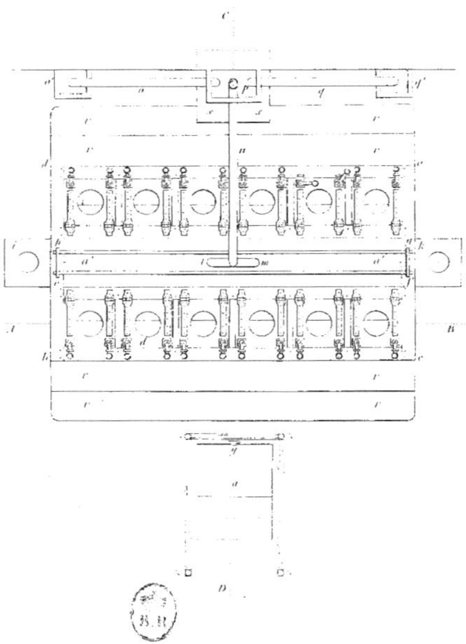

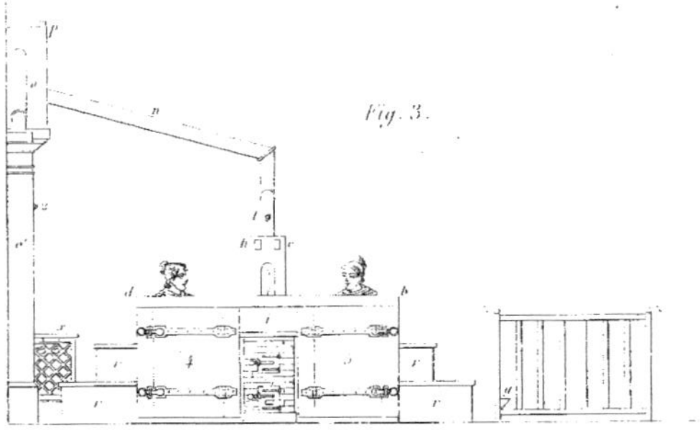

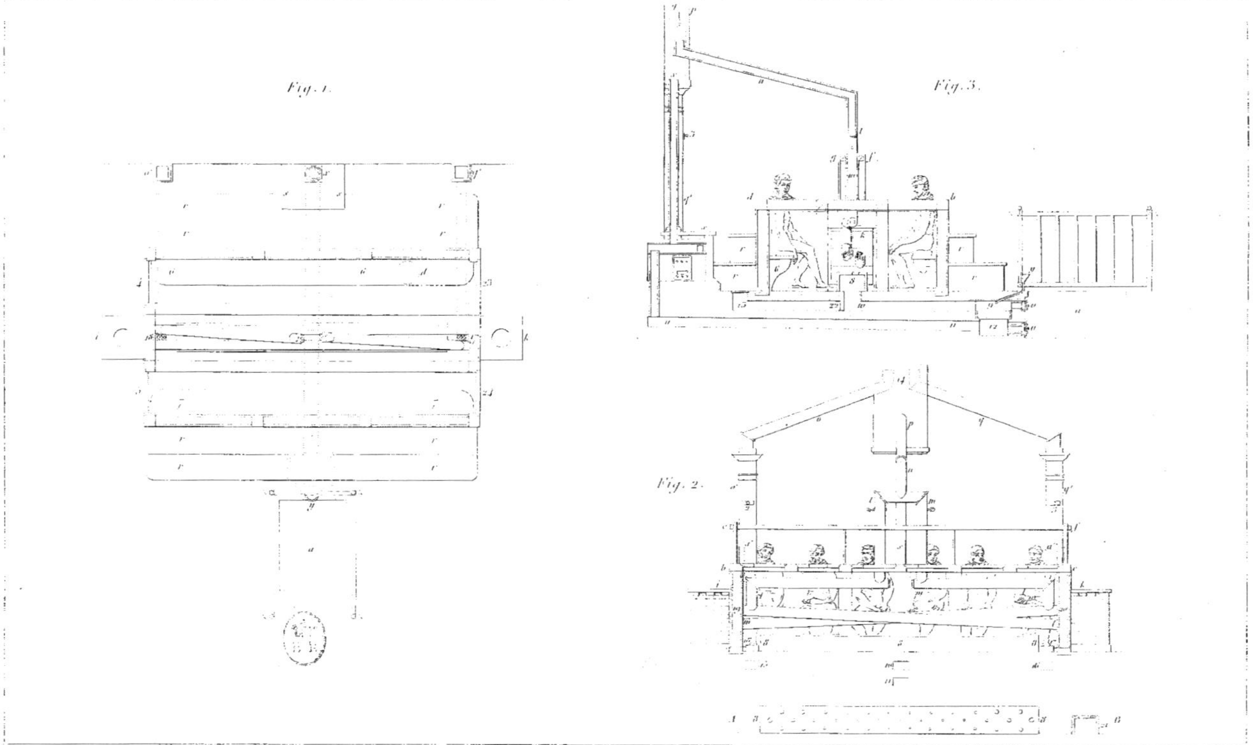

FUMIGATIONS D'ACIDE SULFUREUX — APPAREIL DE M. D'ARCET.

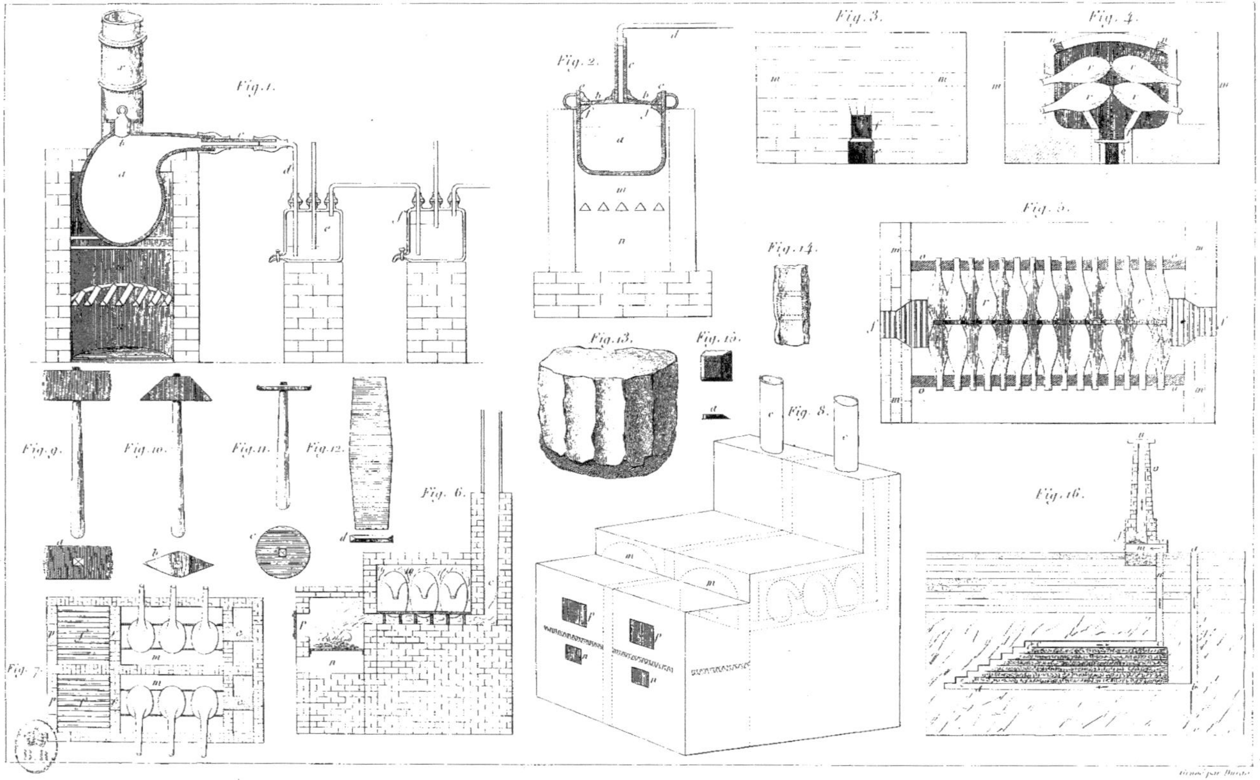

PHOSPHORE; AMMONIAQUE; PIERRES À FEU; AÉRAGE DES MINES.

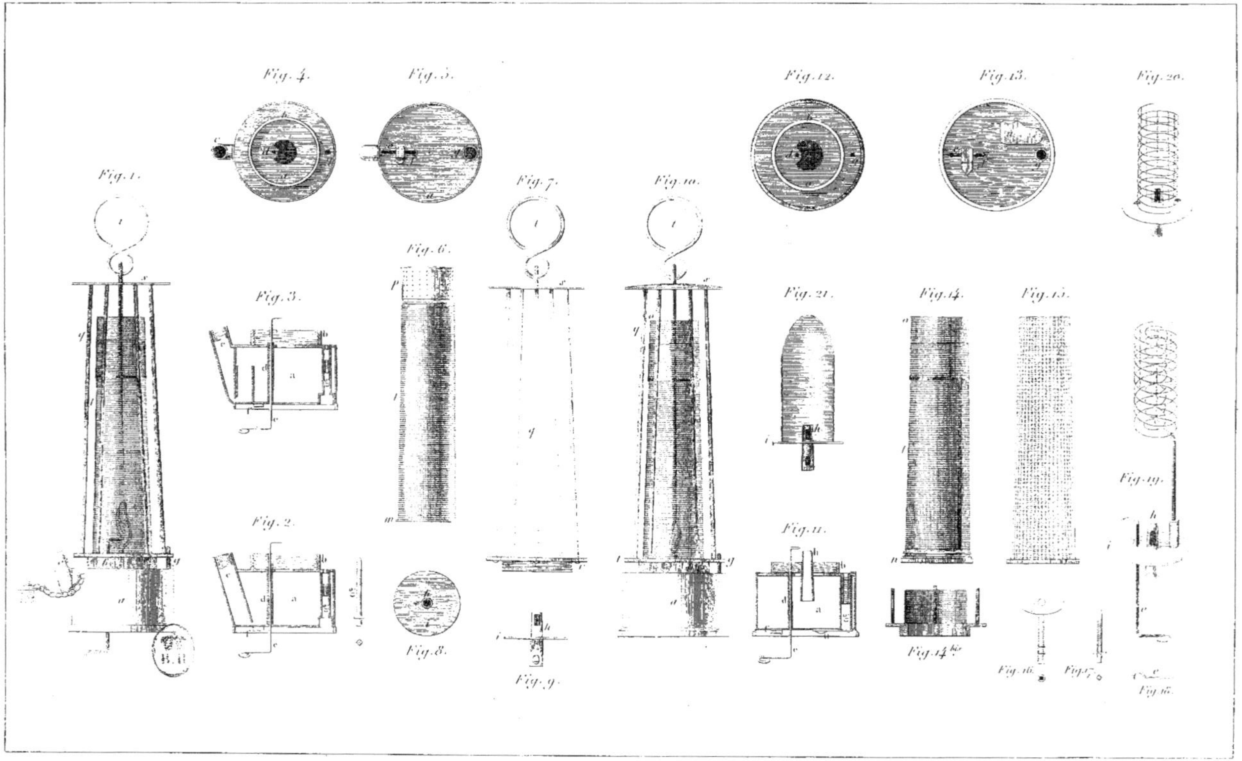

Tom. I.
Pl. 13.
Fig. 4.
Fig. 5.
Fig. 12.
Fig. 13.
Fig. 20.
Fig. 1.
Fig. 7.
Fig. 10.
Fig. 3.
Fig. 6.
Fig. 21.
Fig. 14.
Fig. 15.
Fig. 2.
Fig. 11.
Fig. 19.
Fig. 8.
Fig. 9.
Fig. 14 bis.
Fig. 16.
Fig. 17.
Fig. 18.
LAMPE DE SURETÉ.

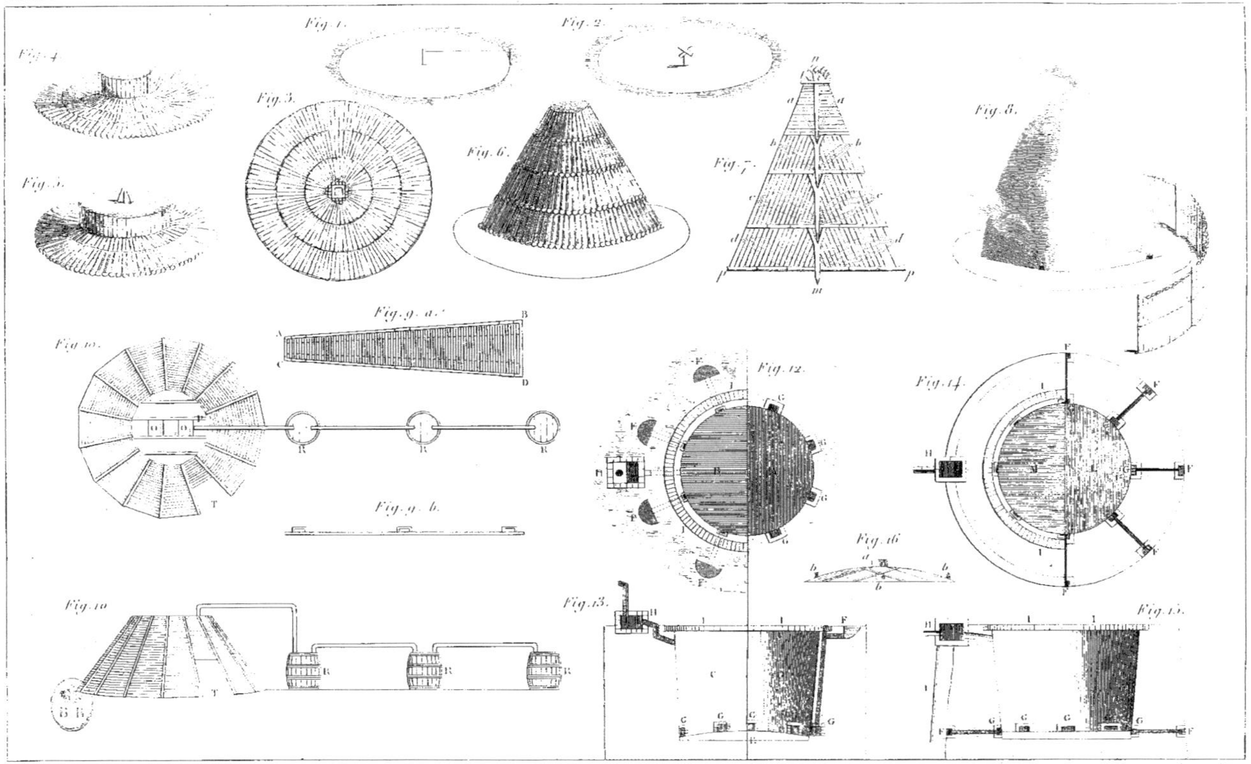

CHARBON DE BOIS.

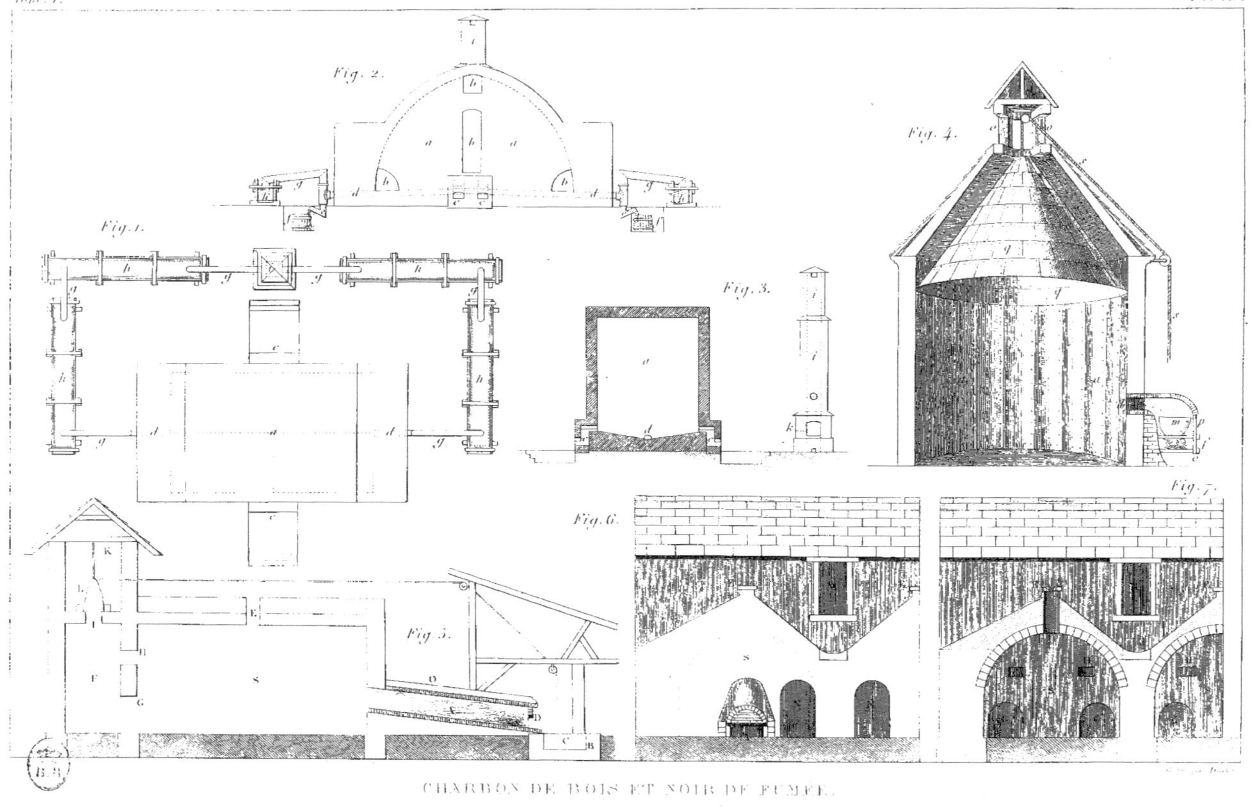

Tom. I.
Pl. 13.
Fig. 1.
Fig. 2.
Fig. 3.
Fig. 4.
Fig. 5.
Fig. 6.
Fig. 7.
CHARBON DE BOIS ET NOIR DE FUMÉE.

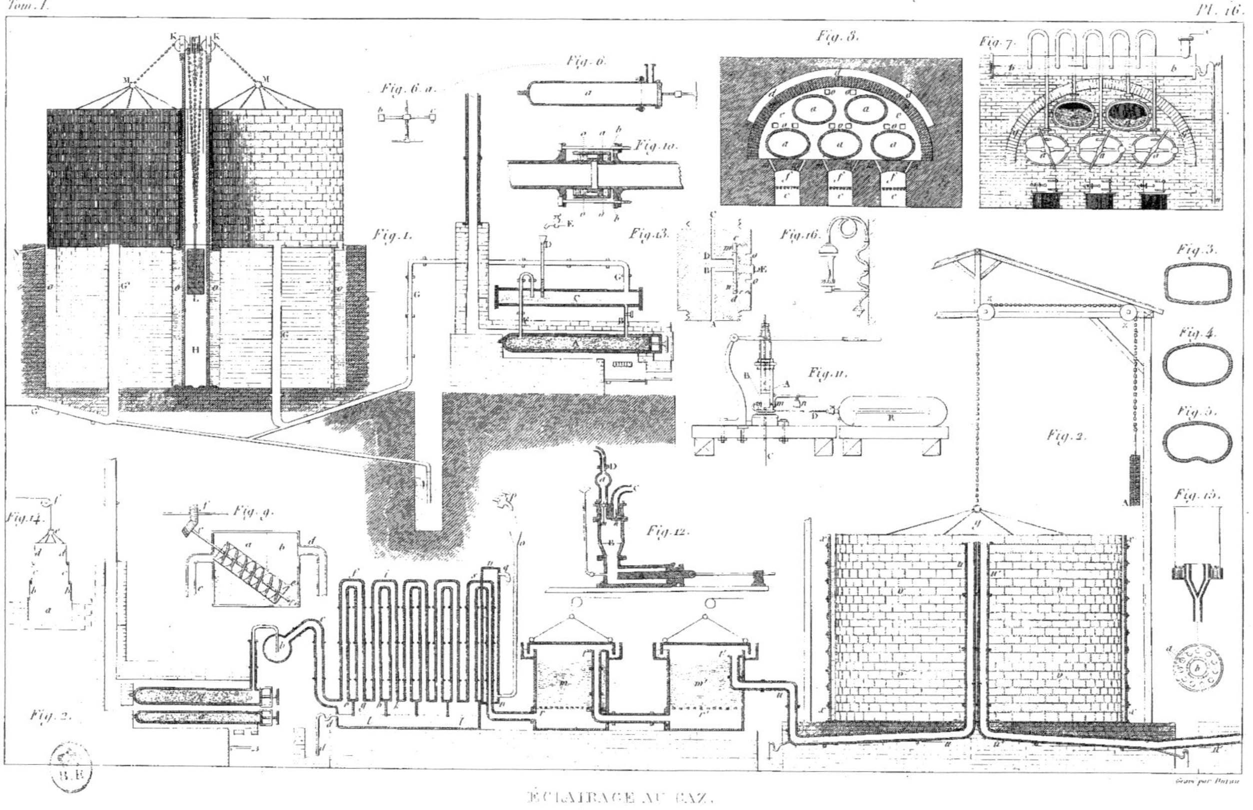

Tom. I.
Pl. 16.
Fig. 1.
Fig. 2.
Fig. 3.
Fig. 4.
Fig. 5.
Fig. 6.
Fig. 6.a.
Fig. 7.
Fig. 8.
Fig. 9.
Fig. 10.
Fig. 11.
Fig. 12.
Fig. 13.
Fig. 14.
Fig. 15.
Fig. 16.
ÉCLAIRAGE AU GAZ.

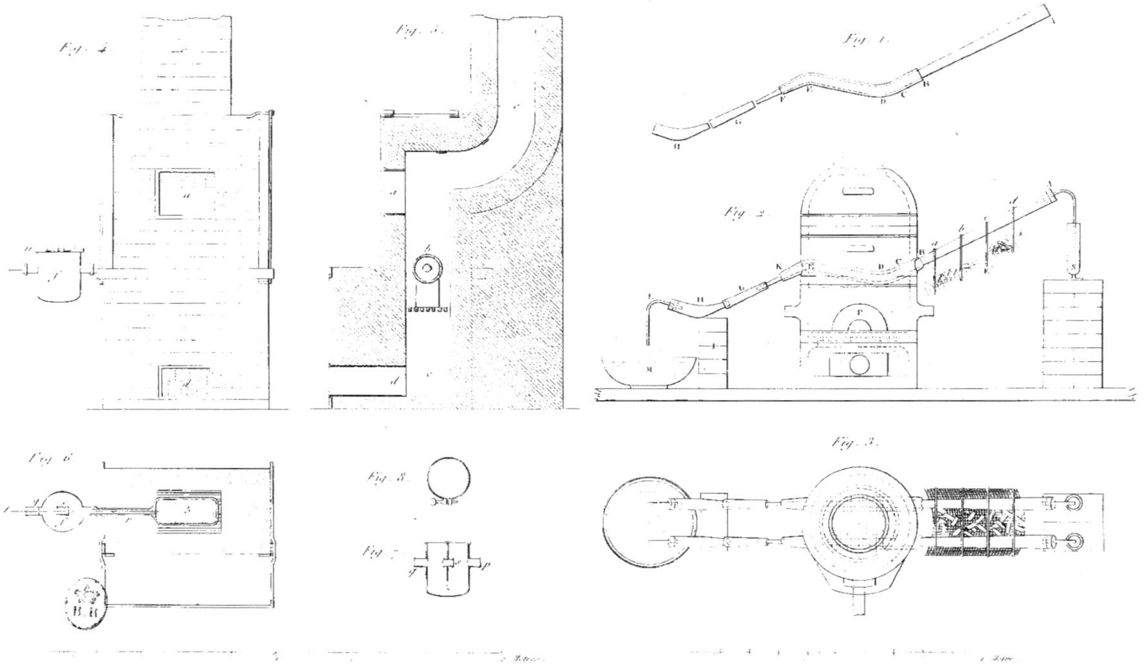

Fig. 4.   Fig. 5.   Fig. 1.

Fig. 2.

Fig. 6.   Fig. 8.   Fig. 3.

Fig. 7.

PRÉPARATION DU POTASSIUM.

Dessiné et gravé par L. Blanc.

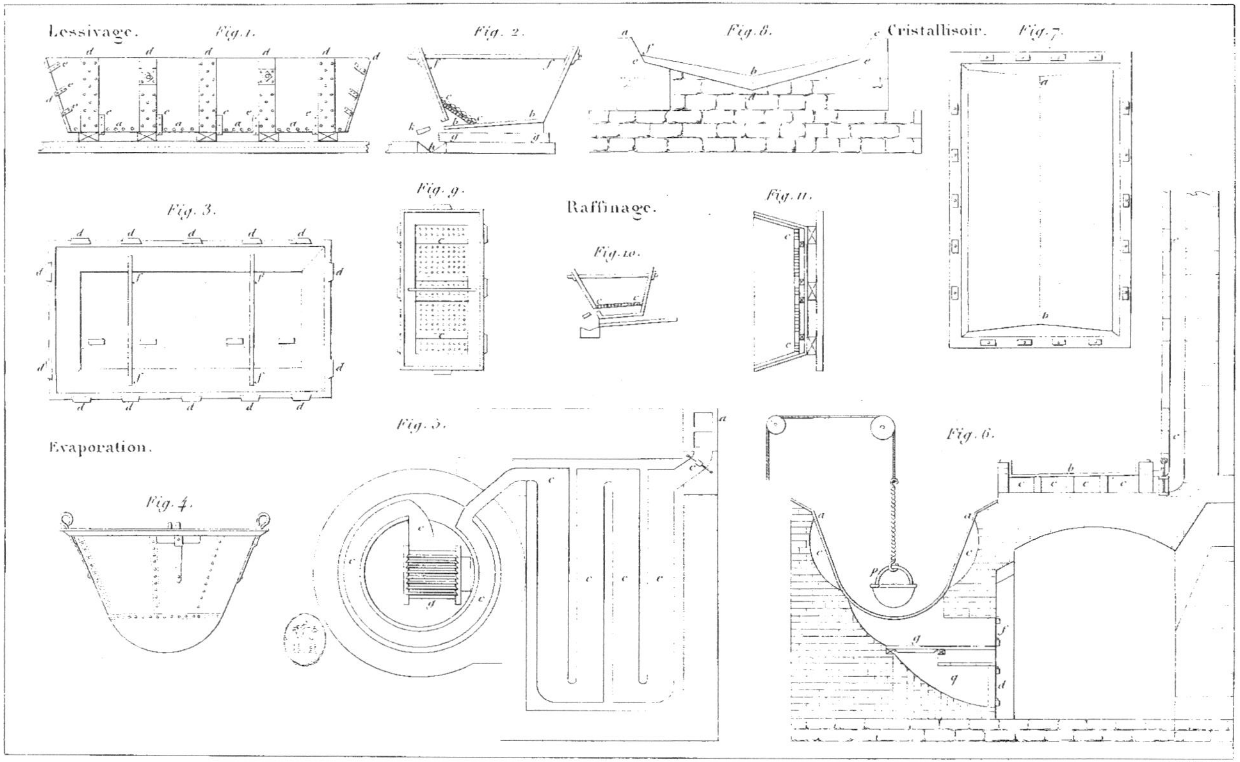

FABRICATION DU SALPÊTRE.

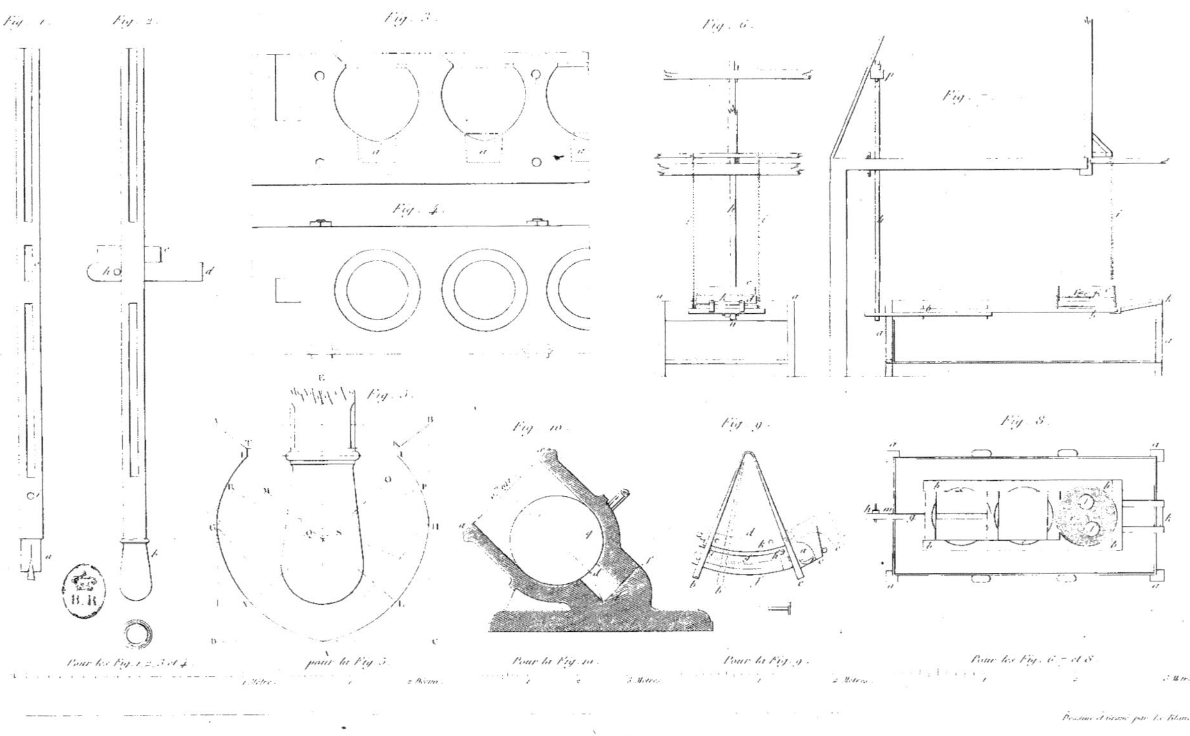

POUDRE À CANON.

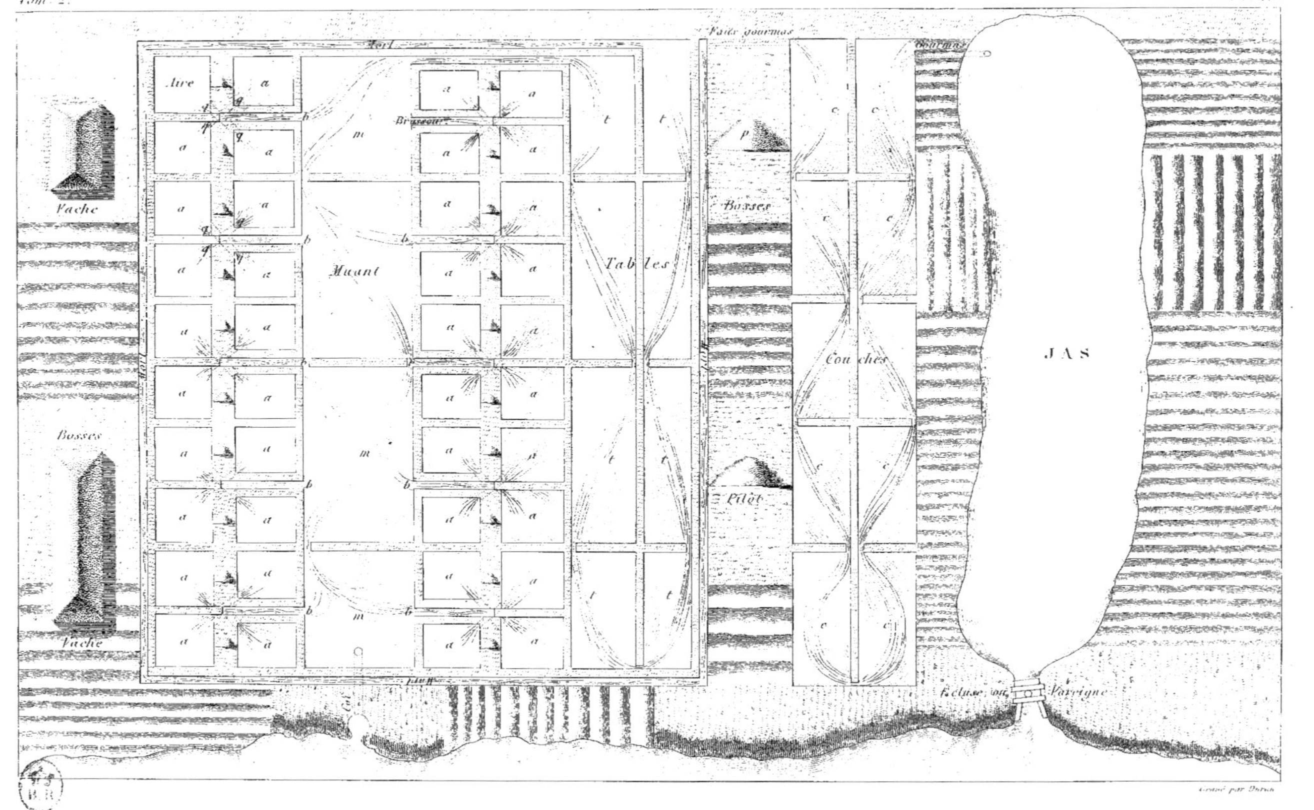

MARAIS SALANS.

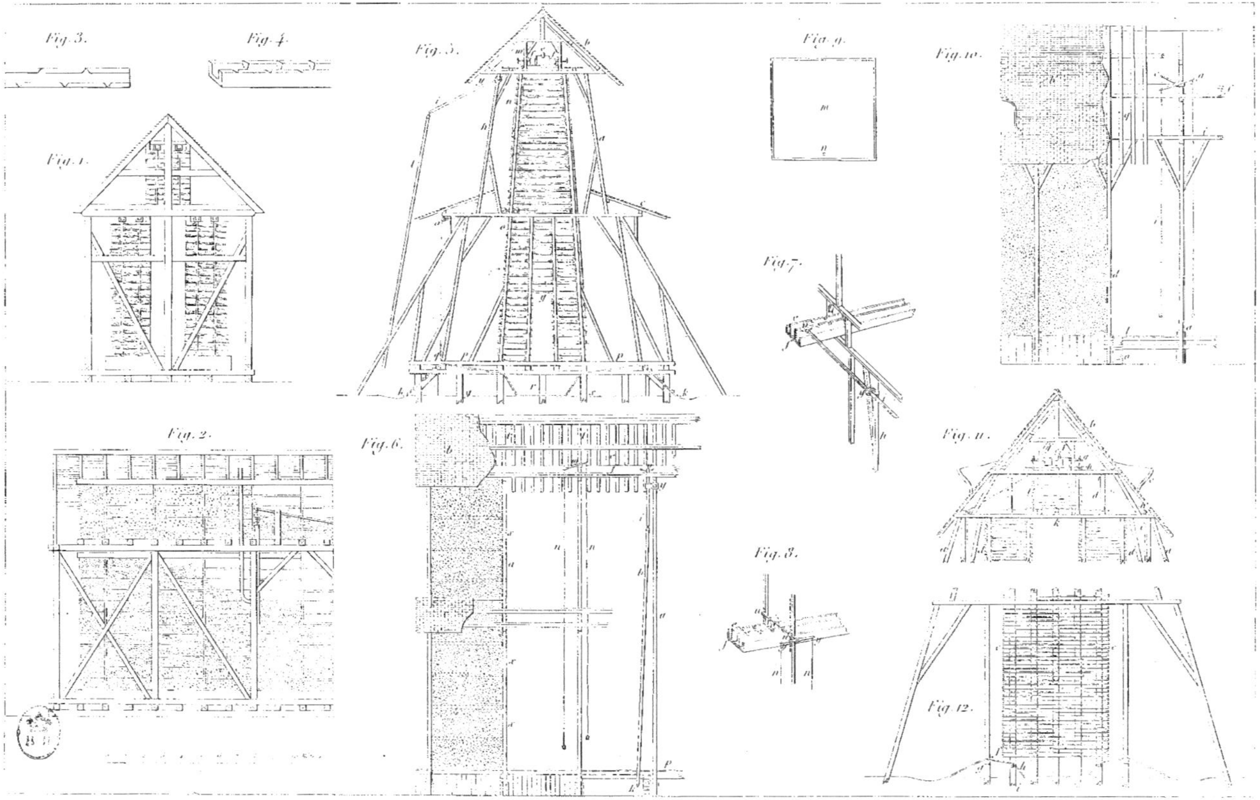

Fig. 3.

Fig. 4.

Fig. 5.

Fig. 9.

Fig. 10.

Fig. 1.

Fig. 7.

Fig. 2.

Fig. 6.

Fig. 11.

Fig. 8.

Fig. 12.

SALINES.

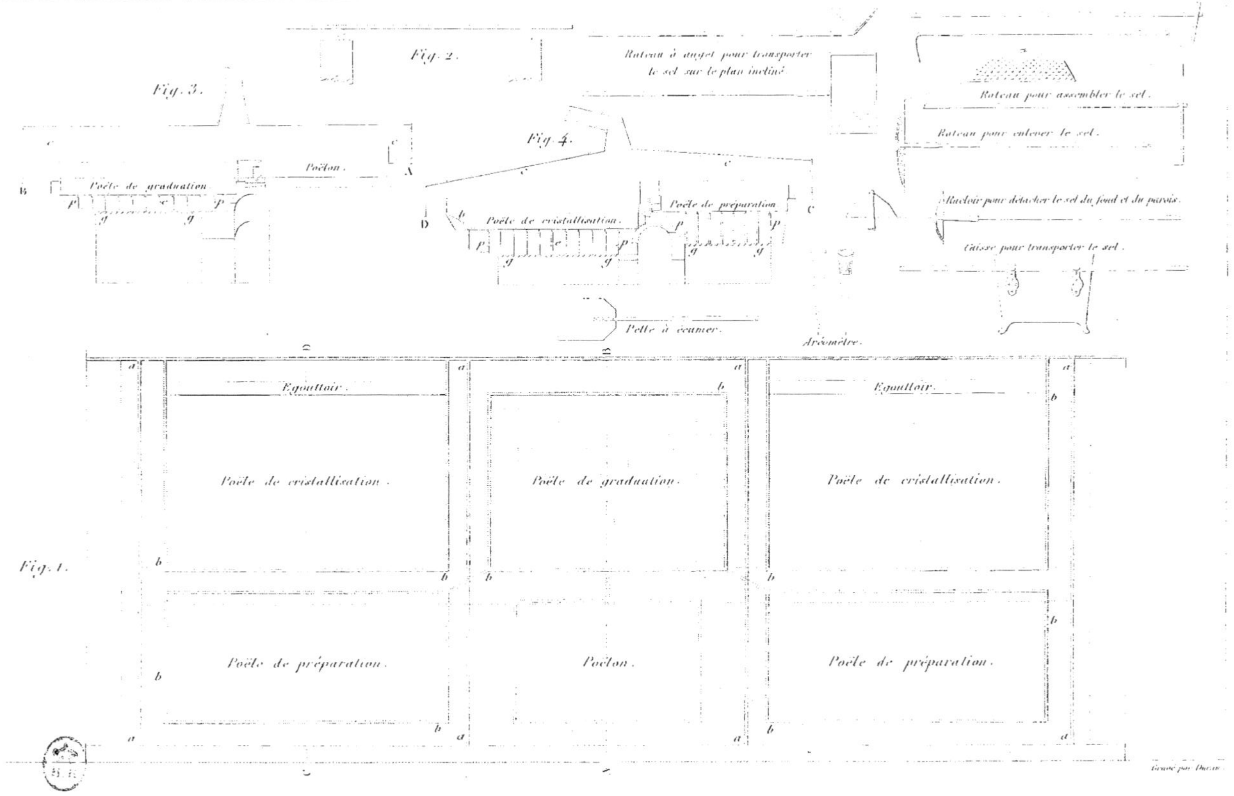

Fig. 3.
Fig. 2.
Fig. 4.
Fig. 1.
Rateau à auget pour transporter le sel sur le plan incliné.
Rateau pour assembler le sel.
Rateau pour enlever le sel.
Racloir pour détacher le sel du fond et du parois.
Caisse pour transporter le sel.
Poêle de graduation.
Poêlon.
Poêle de cristallisation.
Poêle de préparation.
Pelle à écumer.
Aréomètre.
Egouttoir.
Poêle de cristallisation.
Poêle de graduation.
Poêle de cristallisation.
Egouttoir.
Poêle de préparation.
Poêlon.
Poêle de préparation.
SALINES.
Gravé par Ducau.

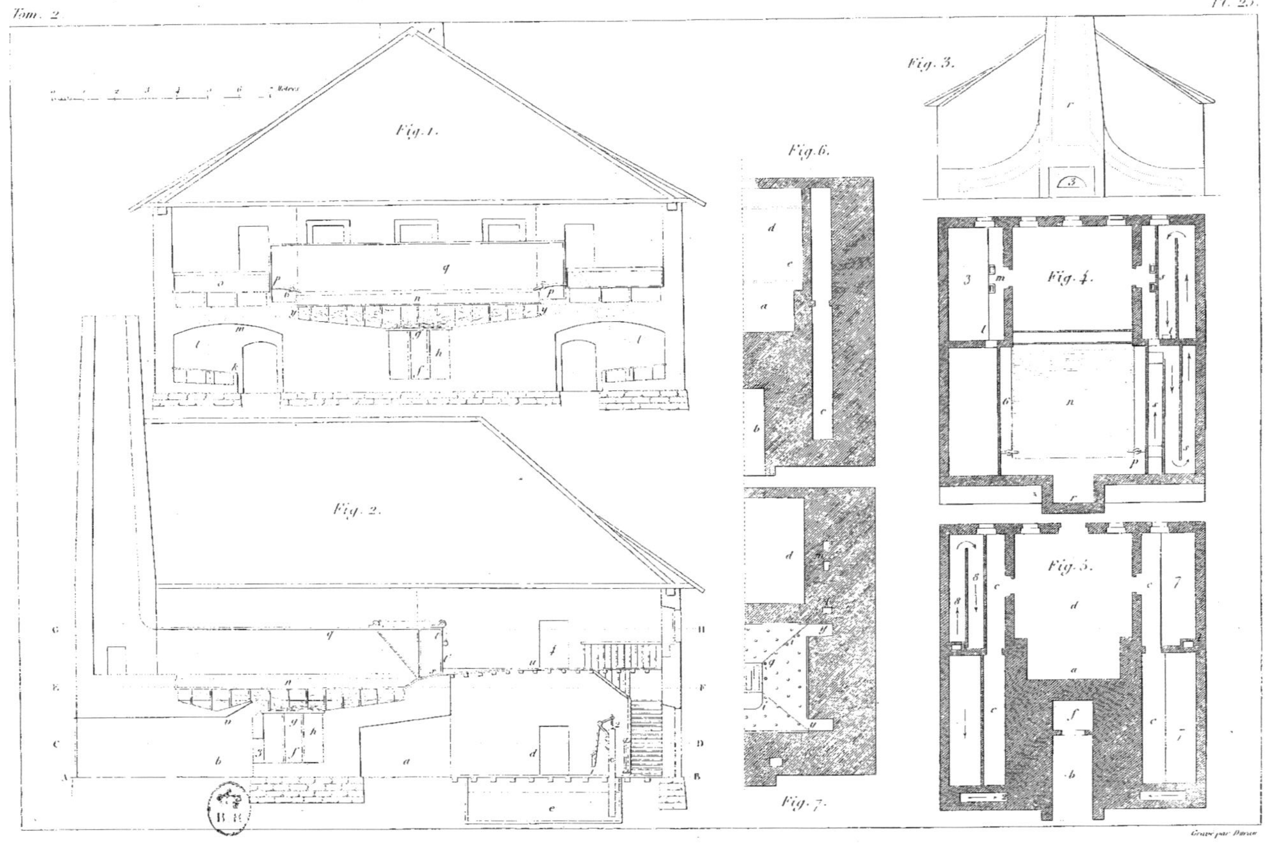

Tom. 2
Pl. 23.
SALINES.
Fig. 1.
Fig. 2.
Fig. 3.
Fig. 4.
Fig. 5.
Fig. 6.
Fig. 7.

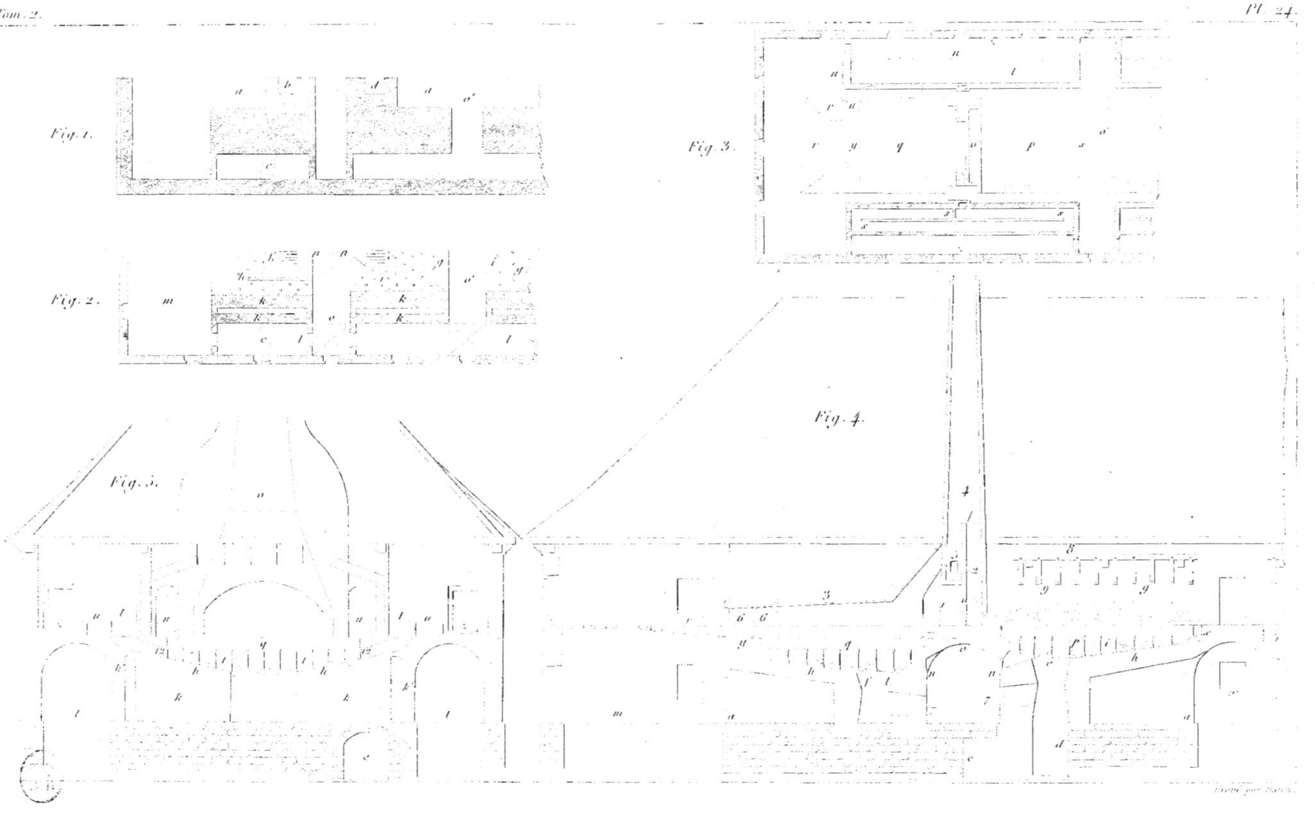

Fig. 1.
Fig. 2.
Fig. 3.
Fig. 4.
Fig. 5.
SALINES.

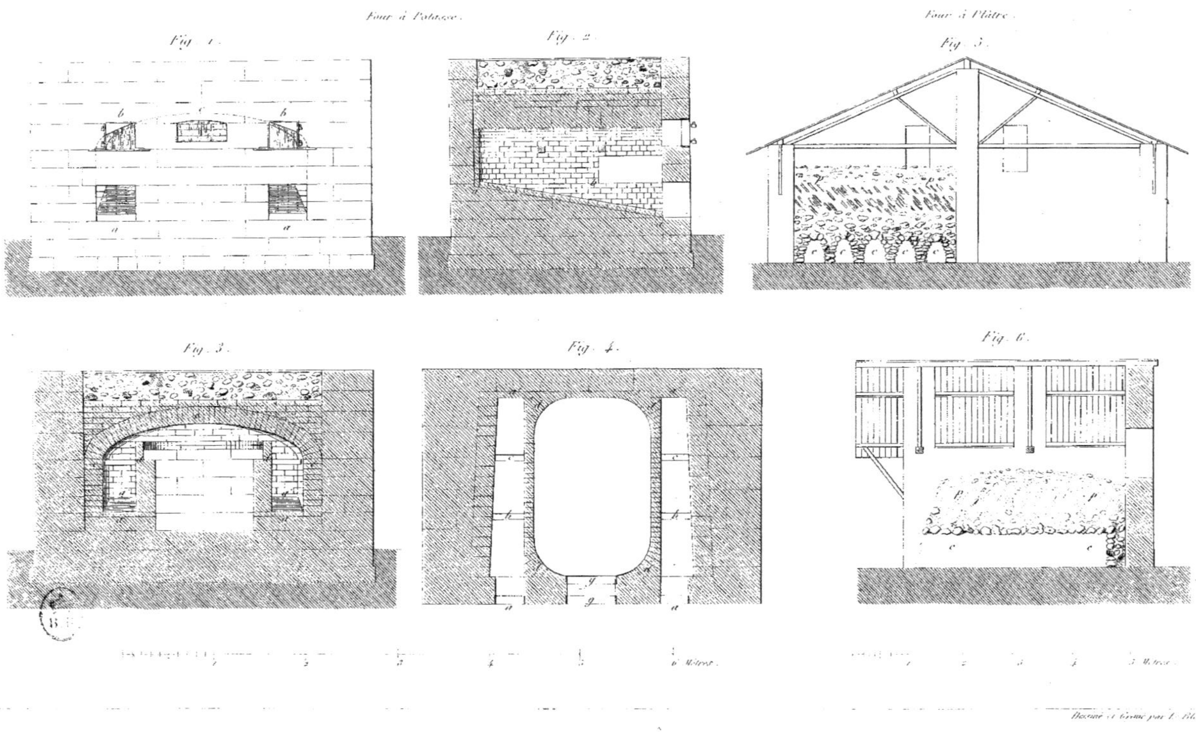

POTASSE ET PLÂTRE.

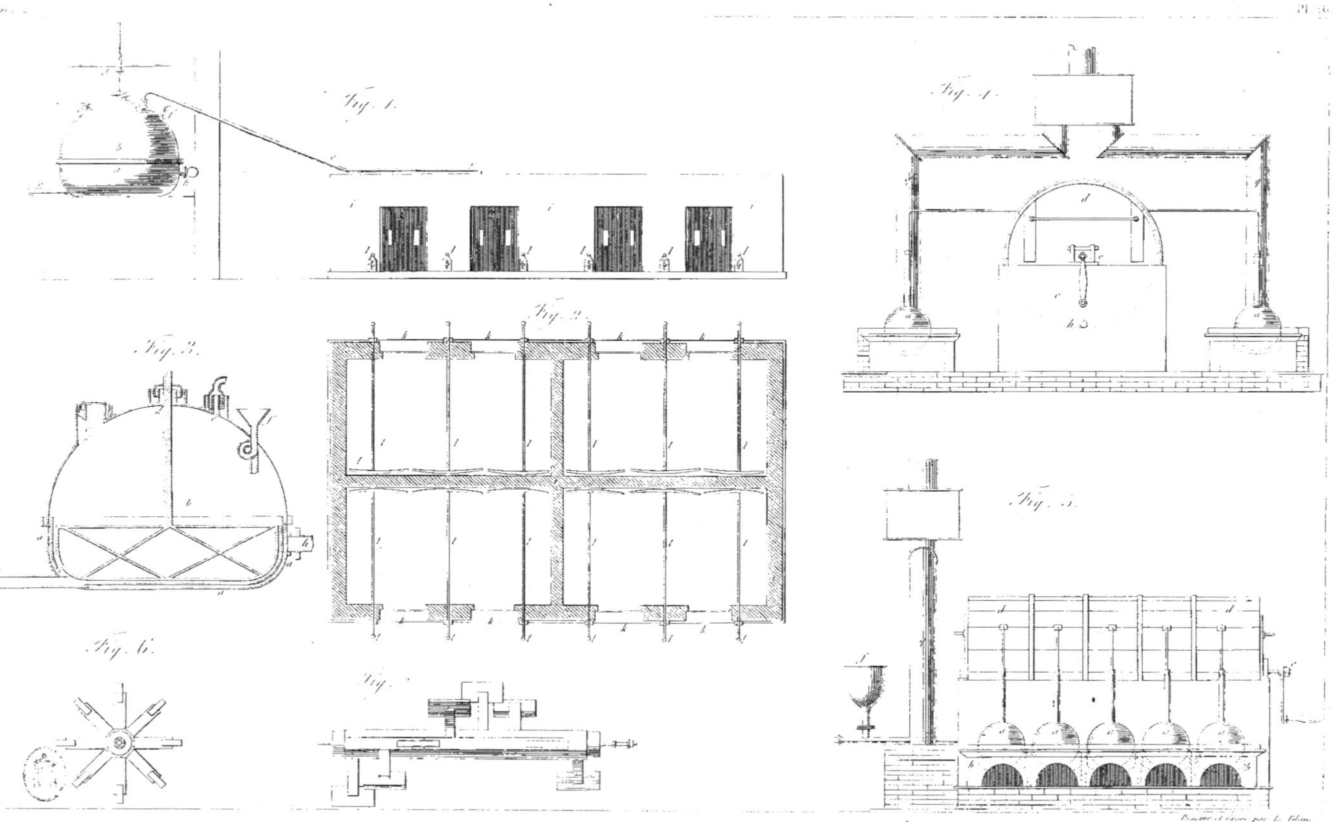

Fig. 1.
Fig. 2.
Fig. 3.
Fig. 4.
Fig. 5.
Fig. 6.
Fig. 7.
CHLORURE DE CHAUX.

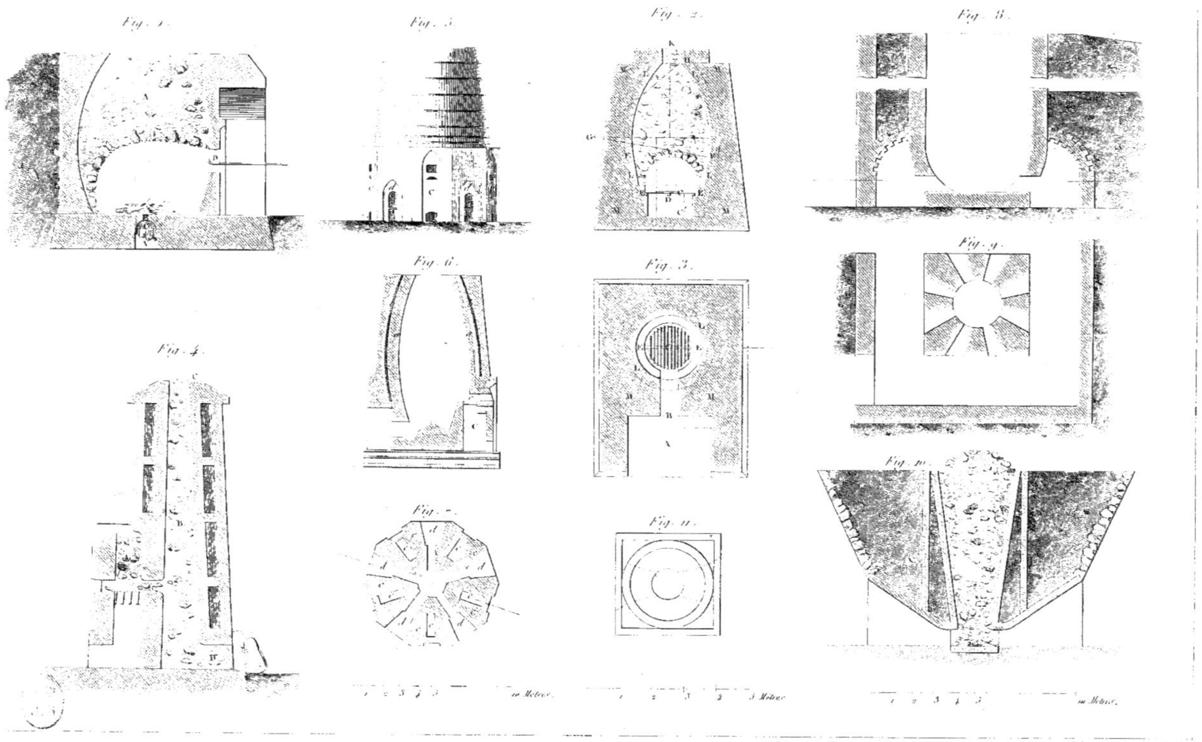

Fig. 1.

Fig. 5.

Fig. 2.

Fig. 8.

Fig. 6.

Fig. 3.

Fig. 9.

Fig. 4.

Fig. 7.

Fig. 11.

Fig. 10.

FOUR A CHAUX.

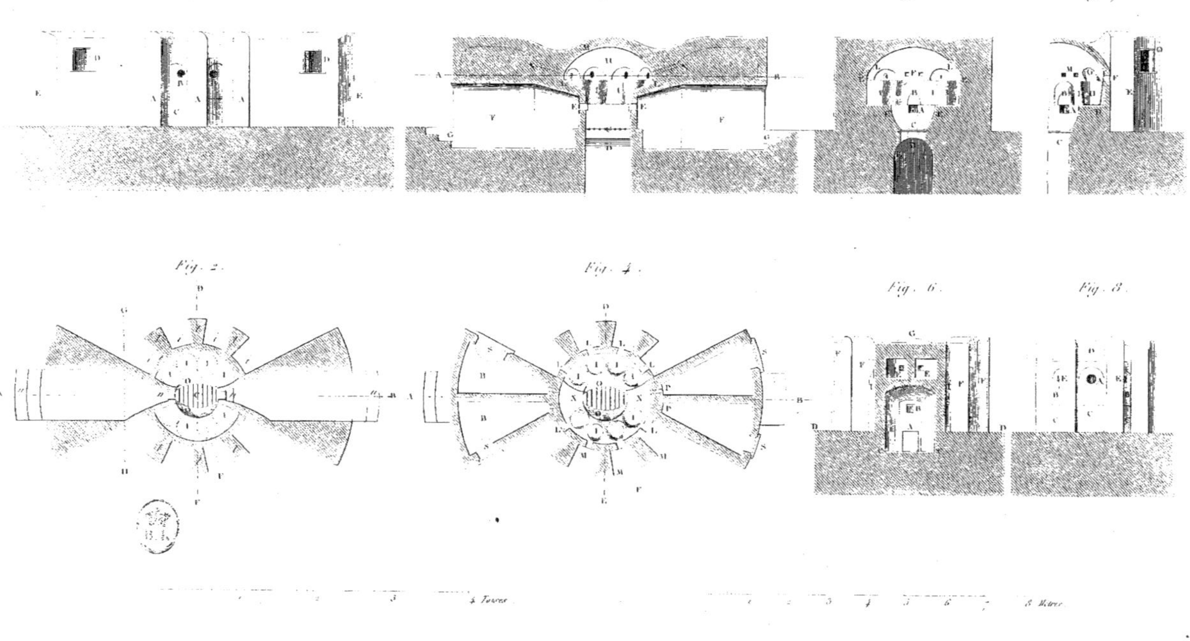

FOUR A VITRES (à la Houille.)

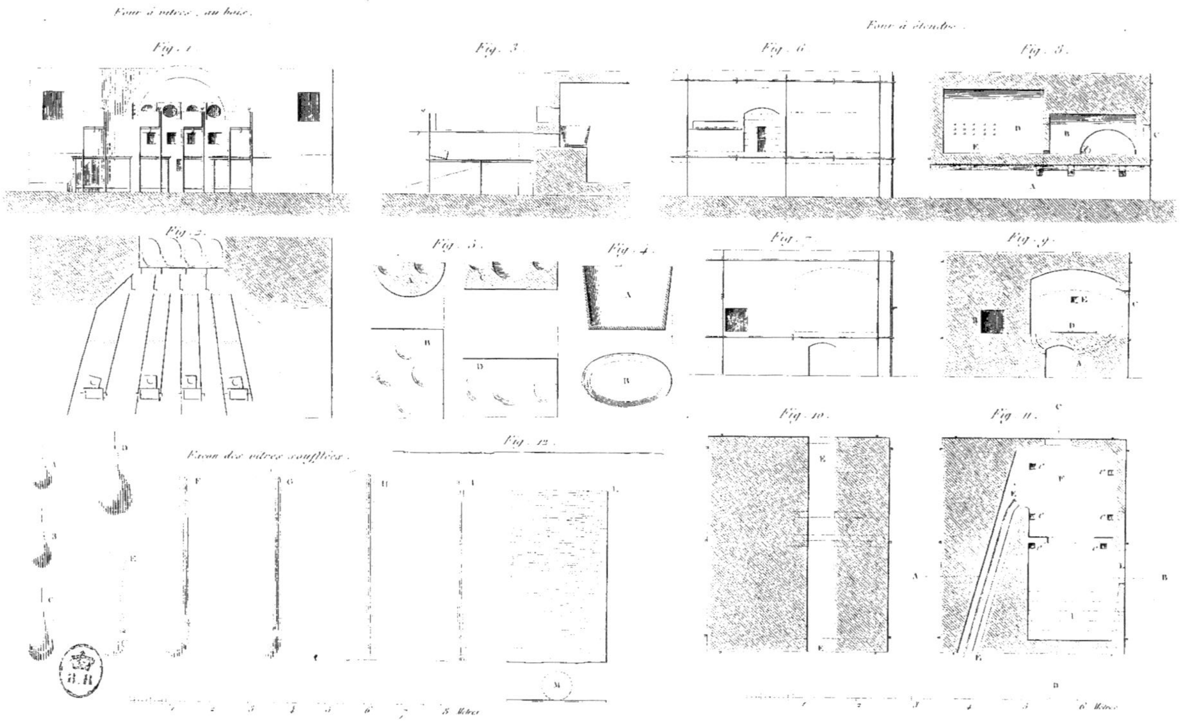

Four à vitres, au bois.

Four à étendre.

Fig. 1.

Fig. 3.

Fig. 6.

Fig. 5.

Fig. 2.

Fig. 5.

Fig. 4.

Fig. 7.

Fig. 9.

Écran des vitres soufflées.

Fig. 12.

Fig. 10.

Fig. 11.

VERRE A VITRES.

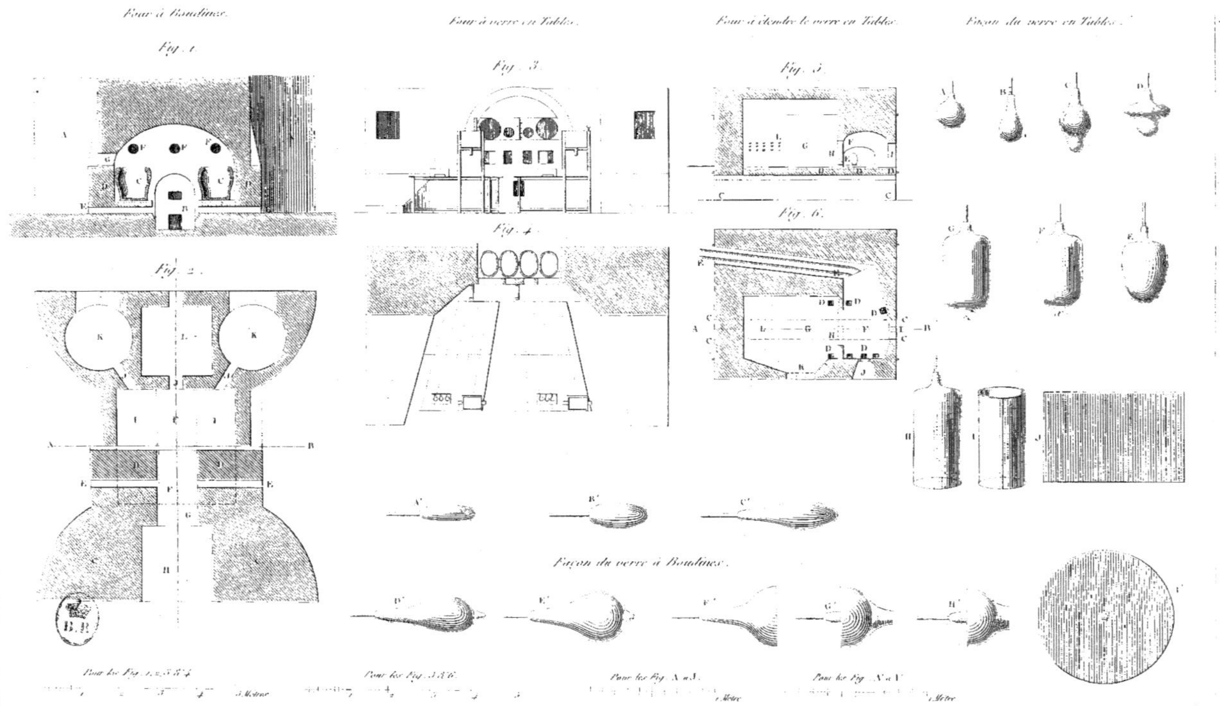

Dessiné et Gravé par Le Blanc

VERRE EN TABLES,

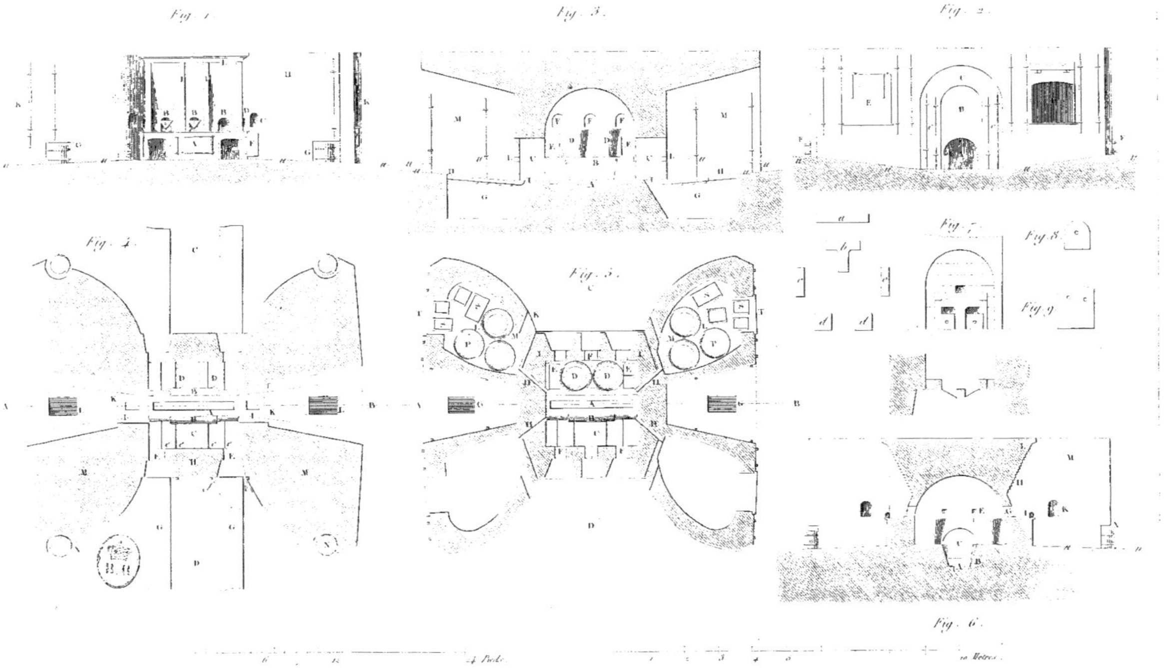

Fig. 1.   Fig. 3.   Fig. 2.

Fig. 4.   Fig. 5.   Fig. 7.   Fig. 8.   Fig. 9.

Fig. 6.

FOUR A GLACES COULÉES.

Four à Bouteilles chauffé au bois.

Fig. 2.

Four à Boudines chauffé au bois.

Fig. 3.

Fig. 1.

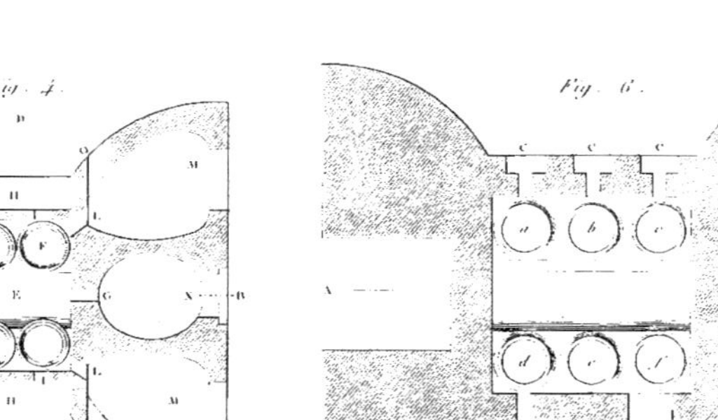

Fig. 3.

Fig. 4.

Fig. 6.

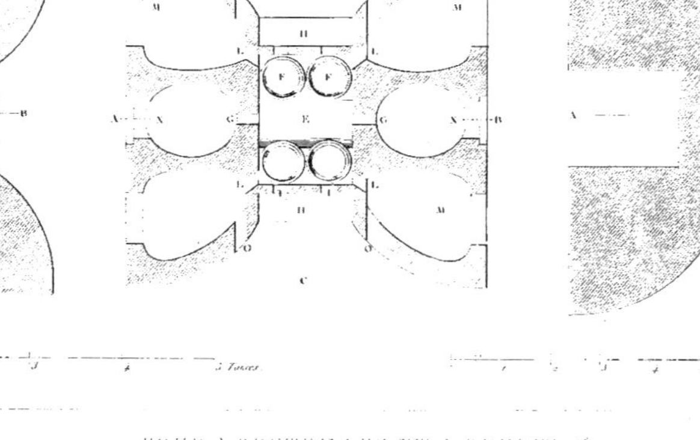

5 Toises

10 Mètres

Dessiné et gravé par Le Blanc.

FOUR A BOUTEILLES ET A BOUDINES.

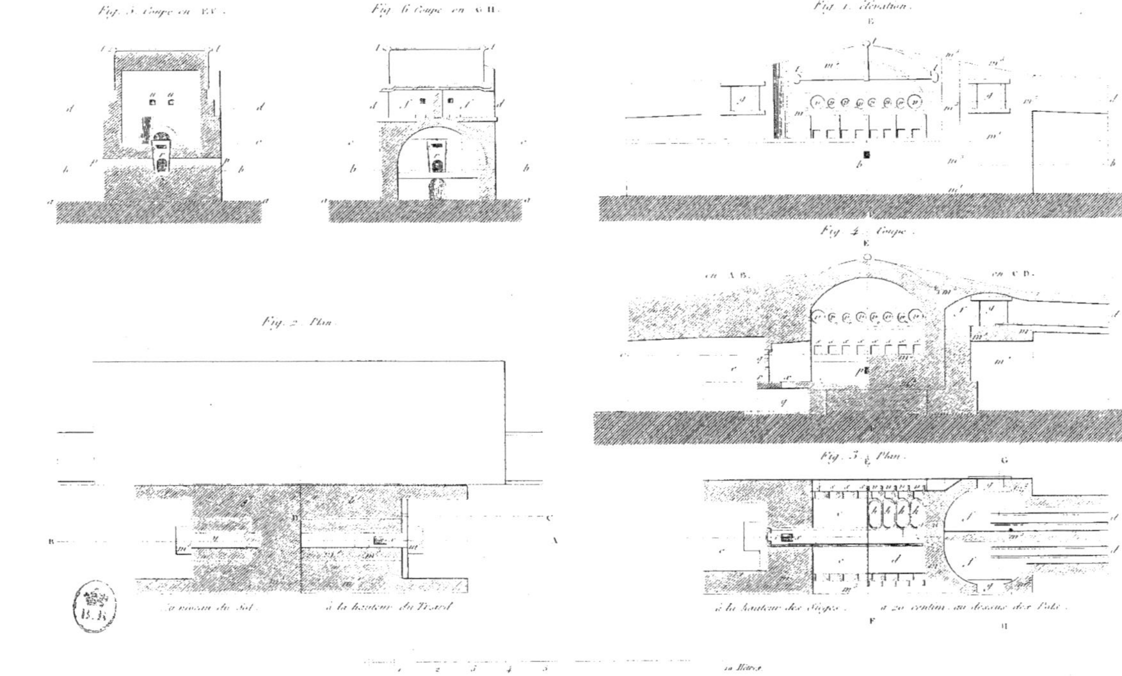

Tom. 2.
Pl. 35
Fig. 5 Coupe en K.K.
Fig. 6 Coupe en G.H.
Fig. 1 Élévation.
Fig. 4 Coupe.
en A.B.
en C.D.
Fig. 2 Plan.
Fig. 3 ¼ Plan.
au niveau du Sol.
à la hauteur du Travail.
à la hauteur des Sièges.
à 20 centim. au dessus des Pots.
FOUR A CRISTAL (au Bois.)

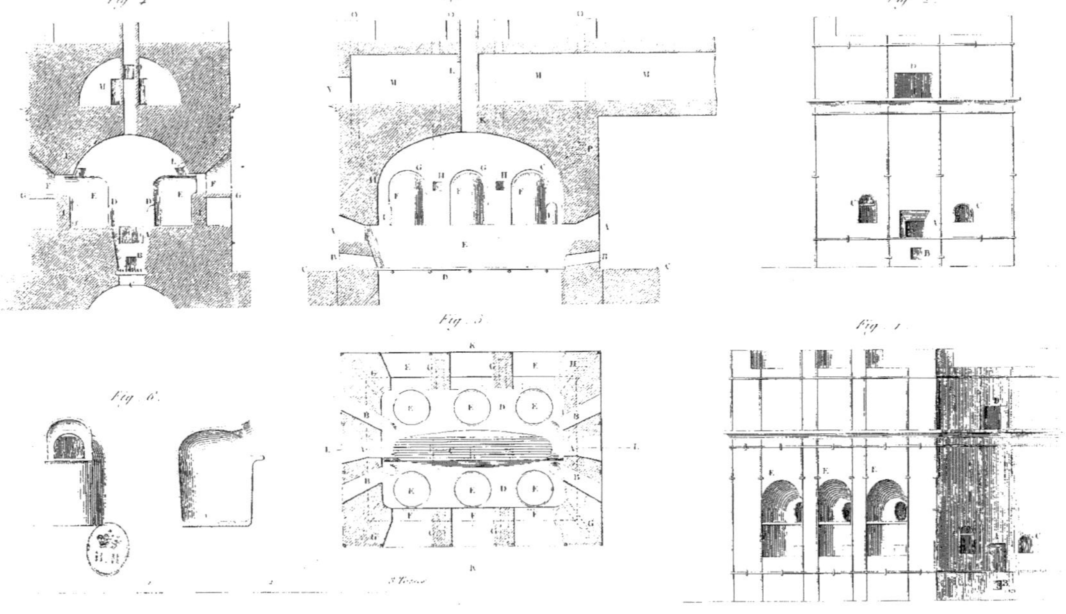

FOUR A CRISTAL (à la Houille.)

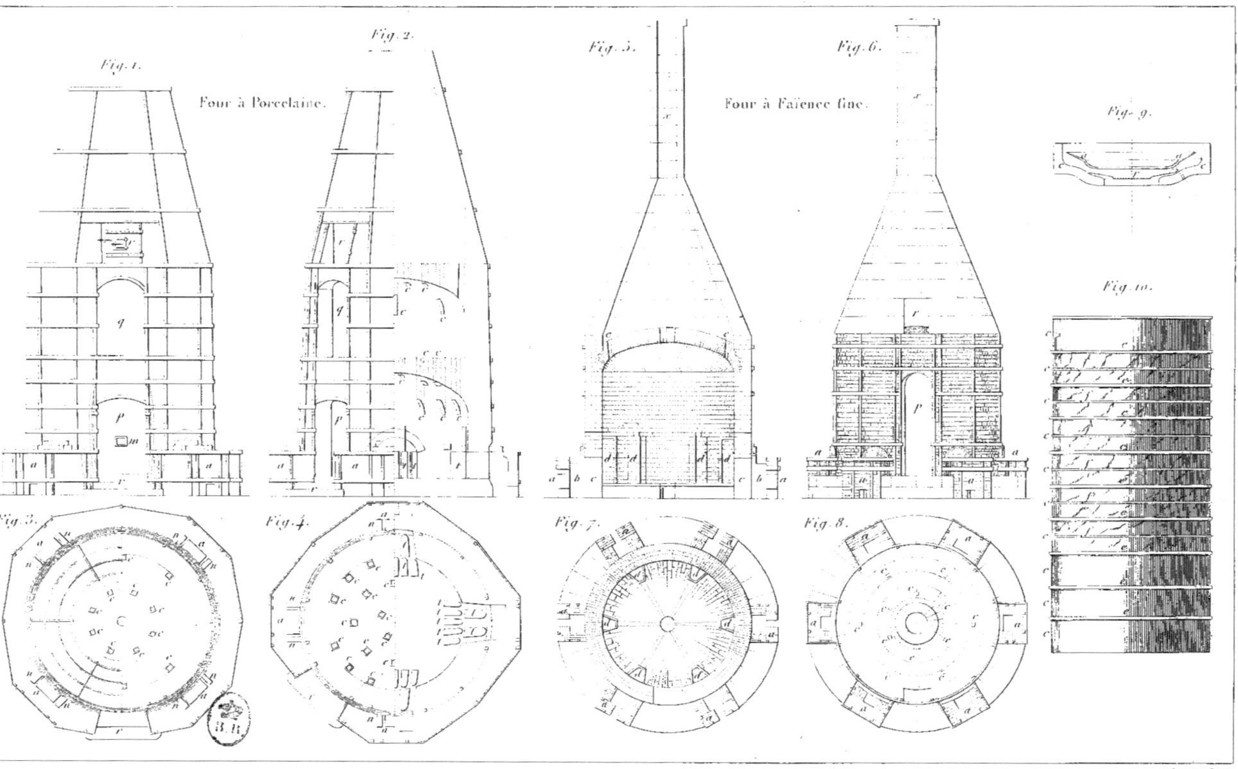

FOUR À PORCELAINE ET À FAIENCE FINE.

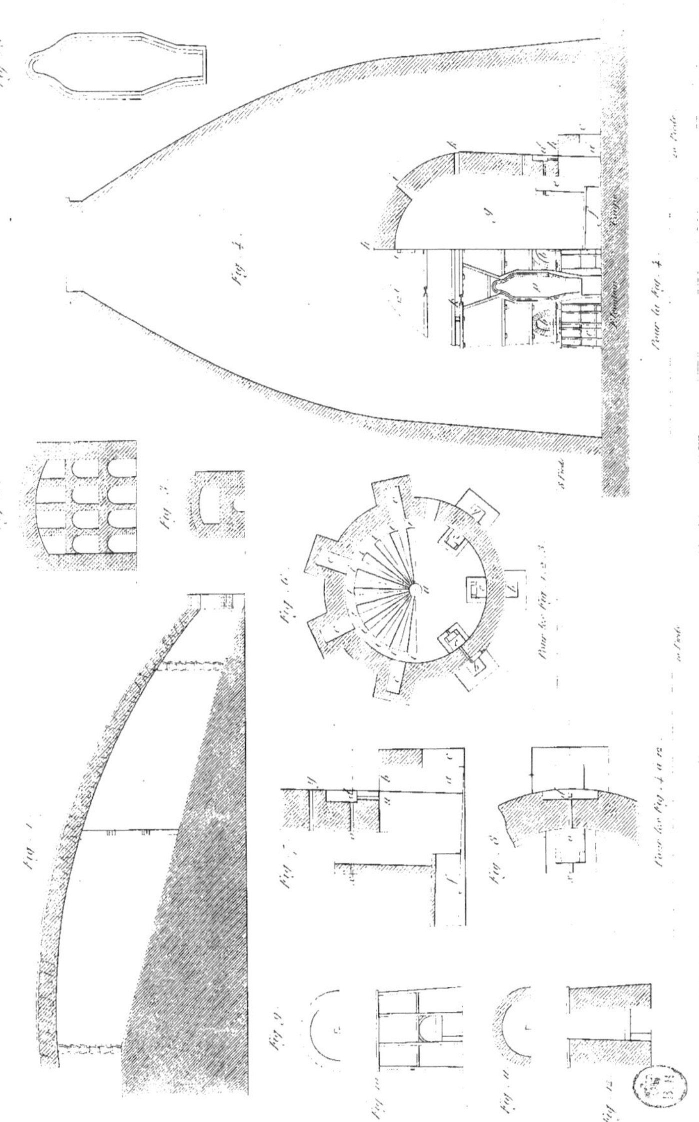

FOUR À GRÈS.

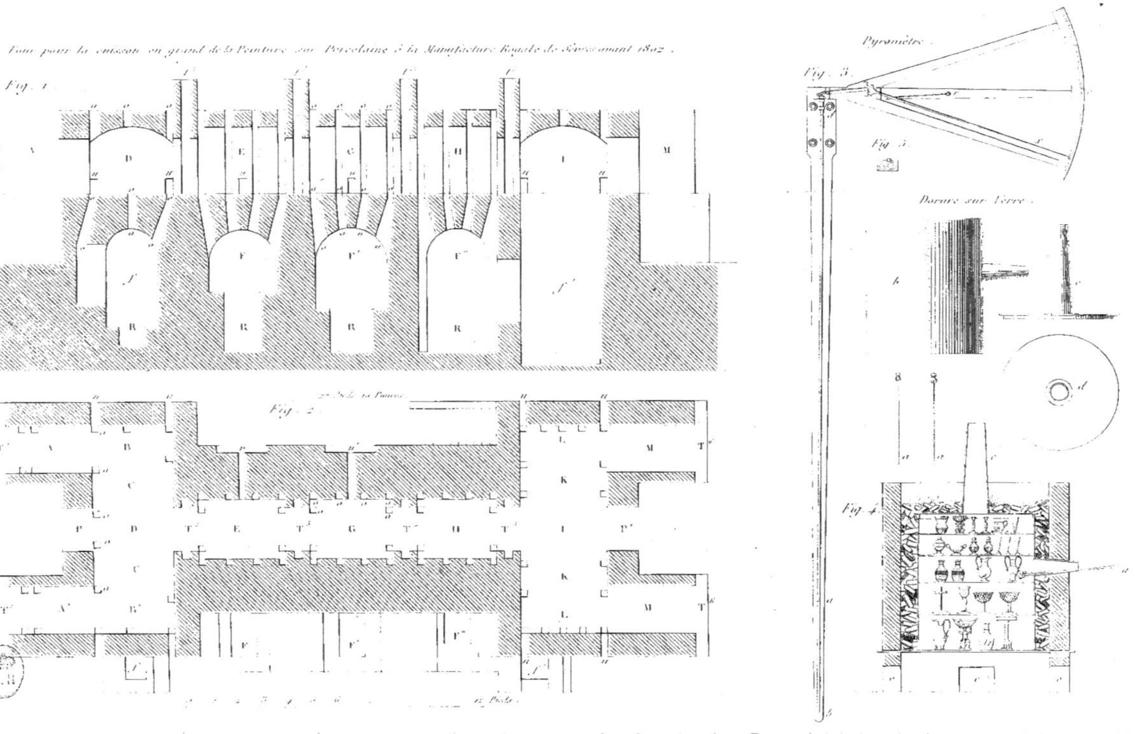
Tom. 2
Four pour la cuisson en grand de la Peinture sur Porcelaine à la Manufacture Royale de Sèvres avant 1802.
Fig. 1
Fig. 2
Pyramètre.
Fig. 3
Fig. 5
Dorure sur Verre.
Fig. 4
Dessiné et gravé par L. Bloc
PEINTURE SUR PORCELAINE ET SUR VERRE.

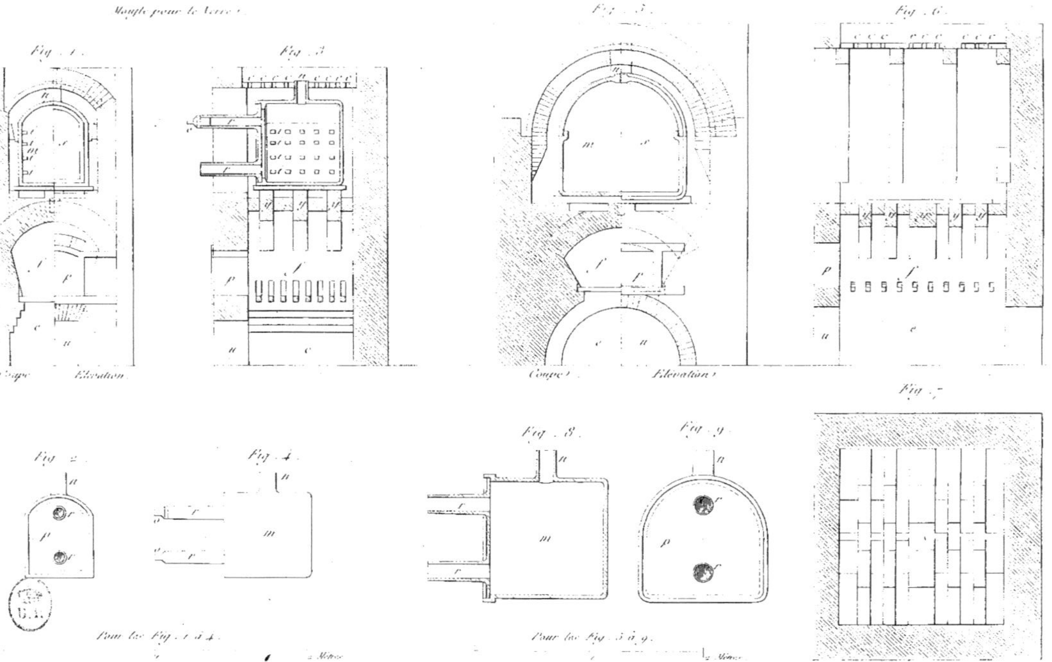

PEINTURE SUR VERRE ET SUR PORCELAINE.

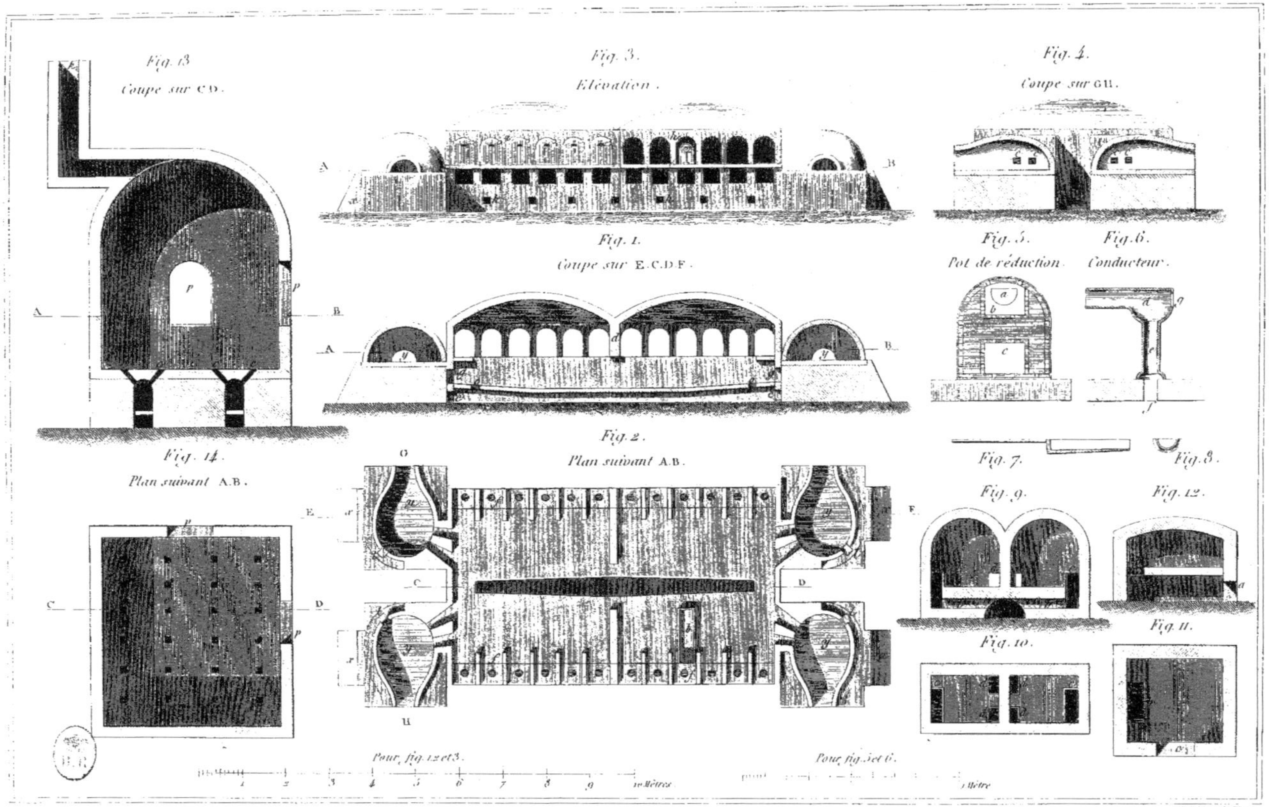

Fig. 13.
Coupe sur CD.

Fig. 3.
Élévation.

Fig. 4.
Coupe sur GH.

Fig. 1.
Coupe sur E.C.D.F.

Fig. 5.
Pot de réduction.

Fig. 6.
Conducteur.

Fig. 14.
Plan suivant A.B.

Fig. 2.
Plan suivant A.B.

Fig. 7.

Fig. 8.

Fig. 9.

Fig. 12.

Fig. 10.

Fig. 11.

Pour, fig. 1 2 et 3.

Pour, fig. 5 et 6.

1 2 3 4 5 6 7 8 9 10 Mètres

1 Mètre

Gravé par Leblanc.

EXTRACTION DU ZINC (à Davos.)

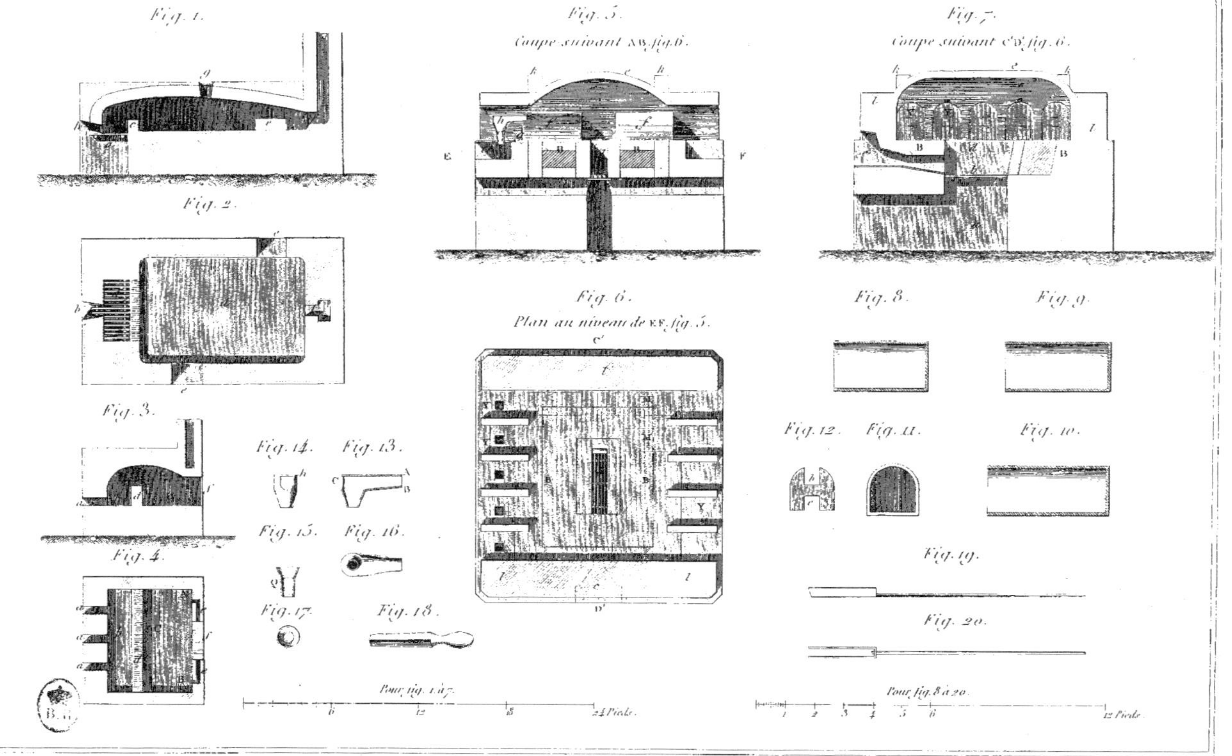

EXTRACTION DU ZINC (Silésie)

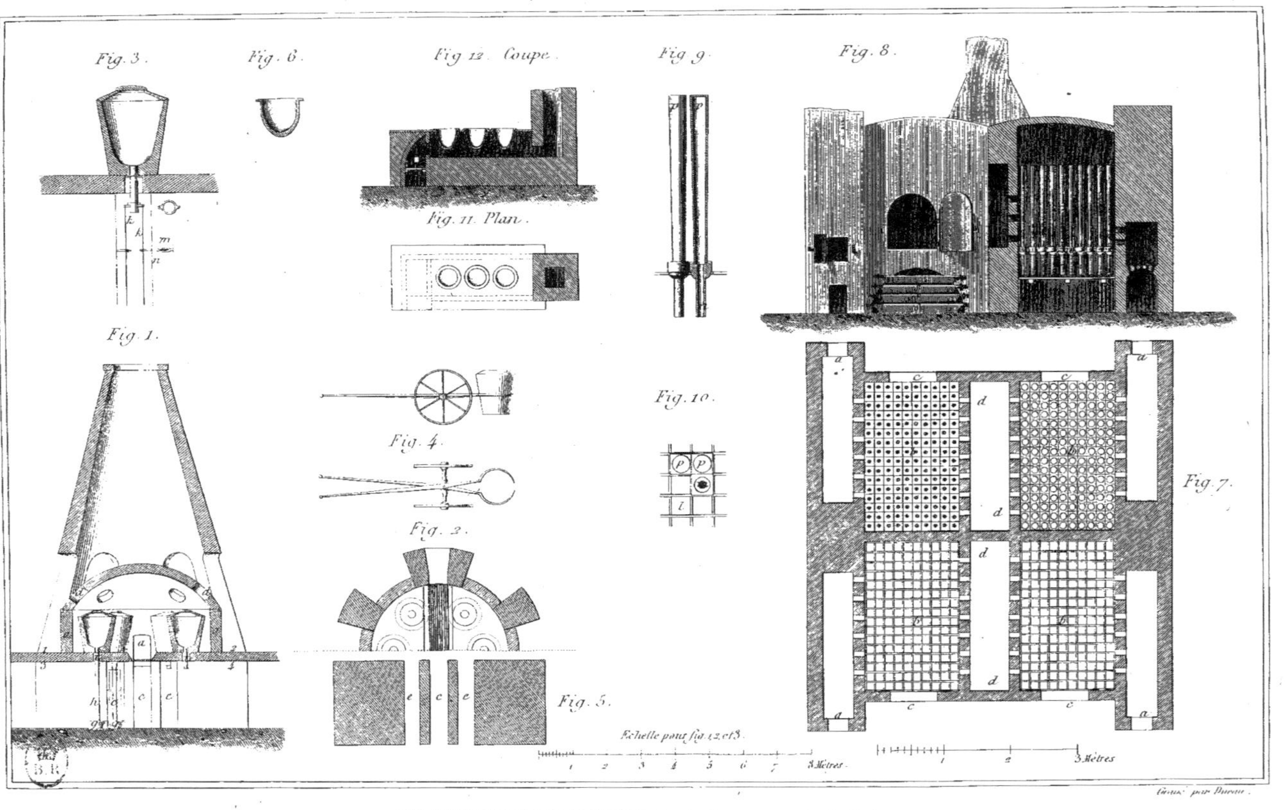

TRAITEMENT DU ZINC, (en Angleterre et en Carinthie).

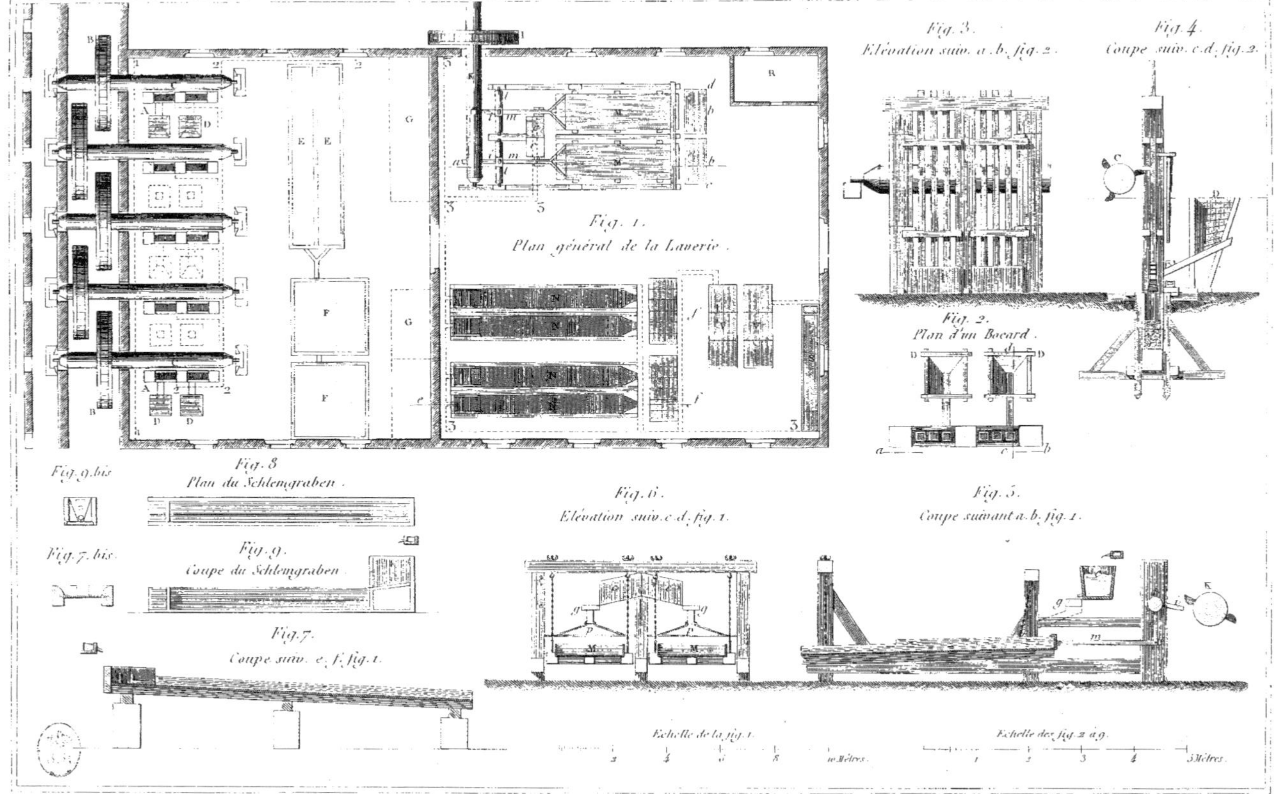

LAVERIES A ÉTAIN, (d'Altenberg).

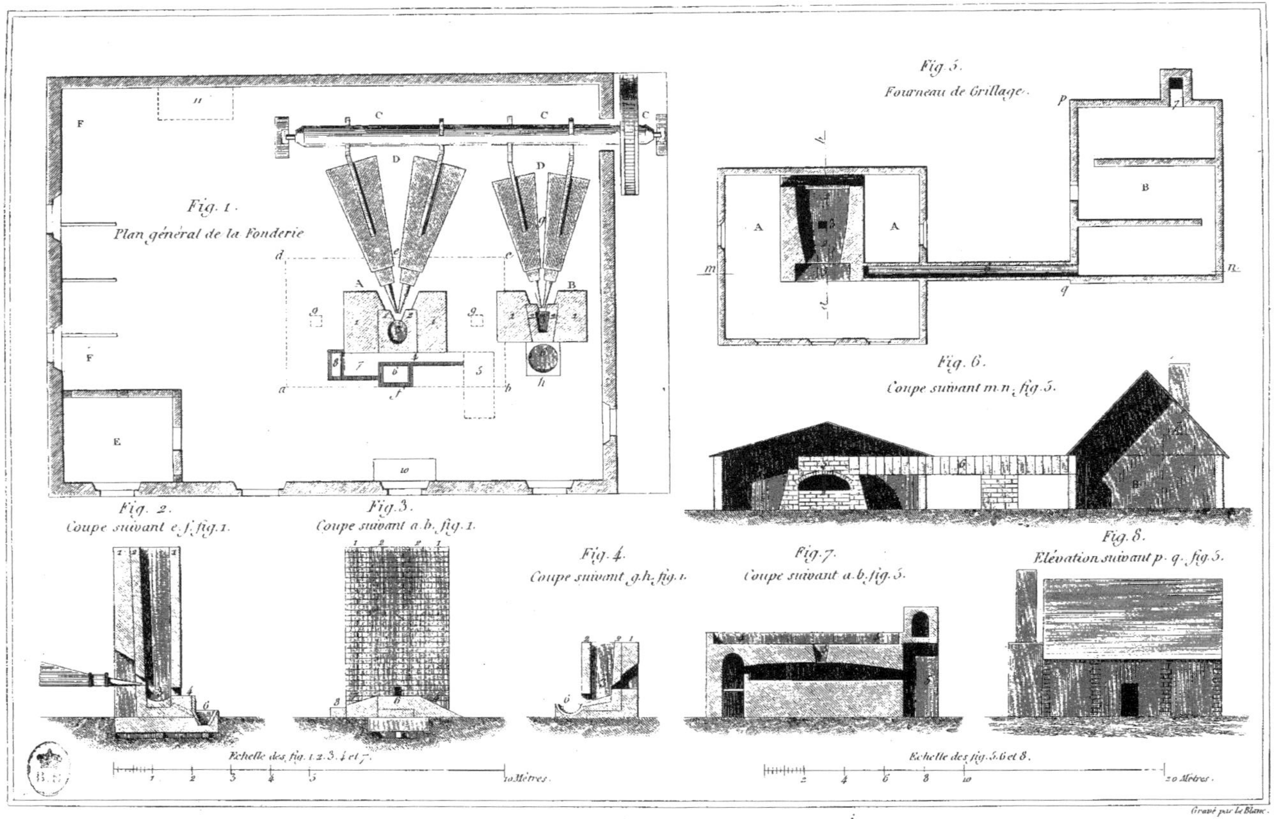

USINES À ÉTAIN. (d'Altenberg).

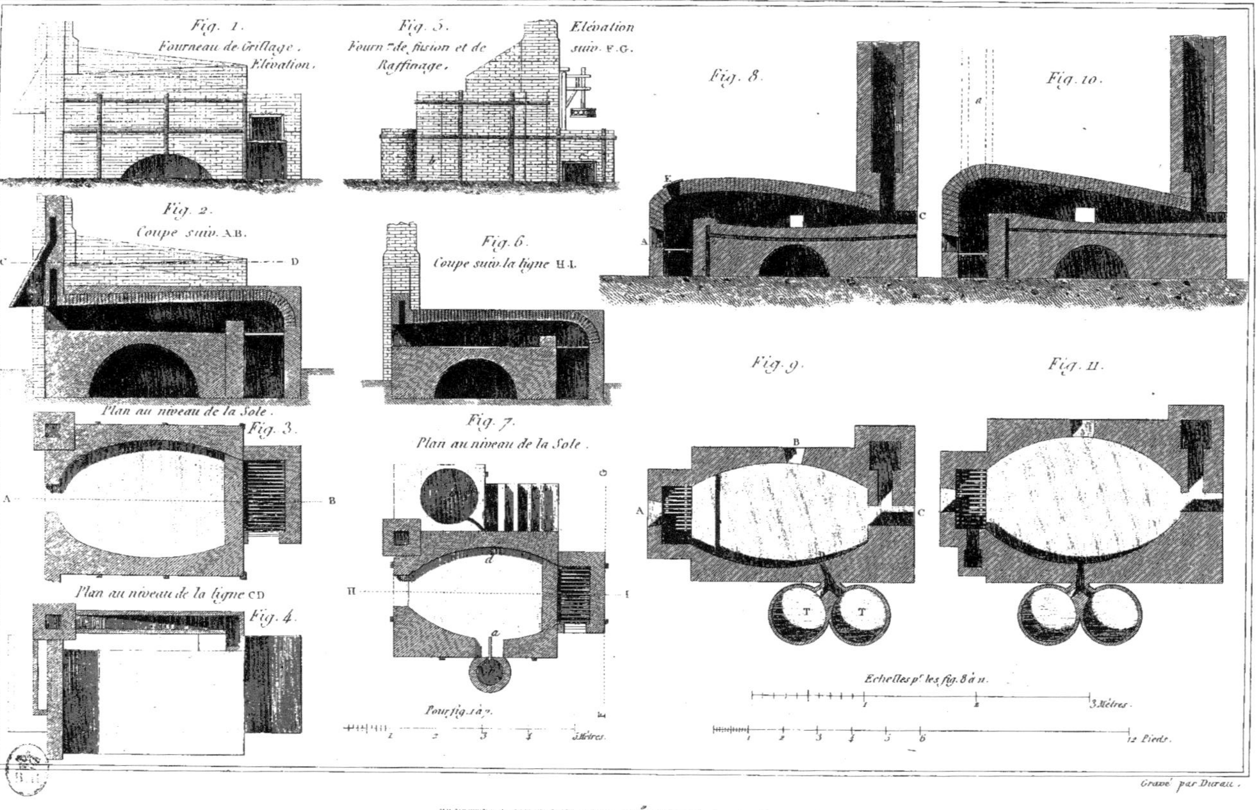

EXTRACTION DE L'ÉTAIN, (en Angleterre).

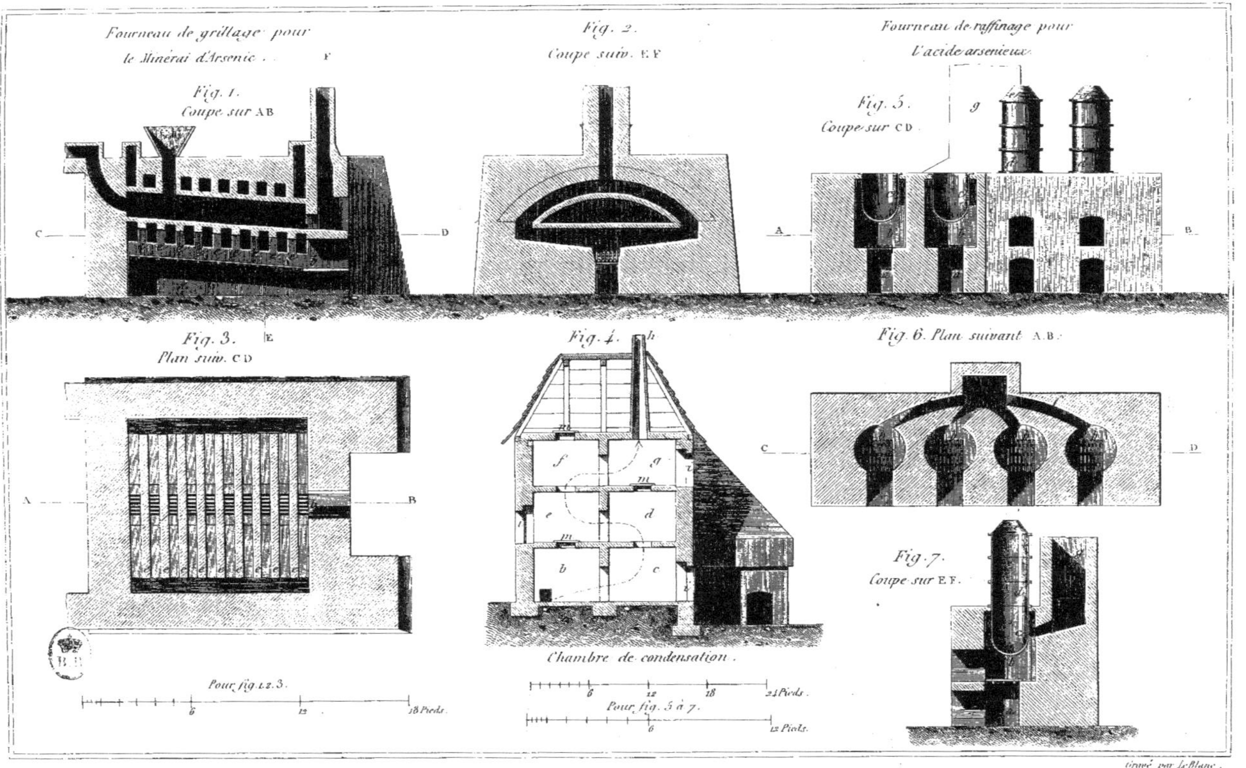

PRÉPARATION DE L'ACIDE ARSÉNIEUX.

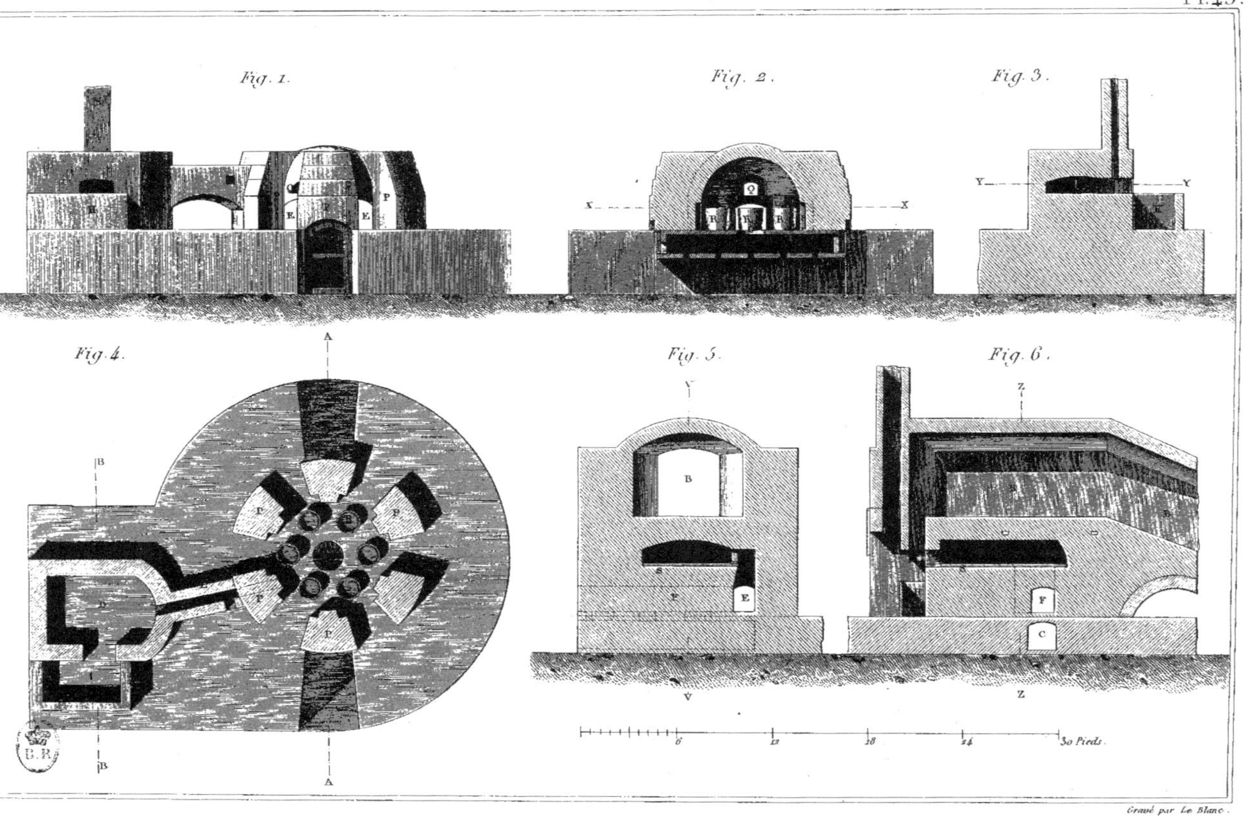

PRÉPARATION DE L'AZUR.

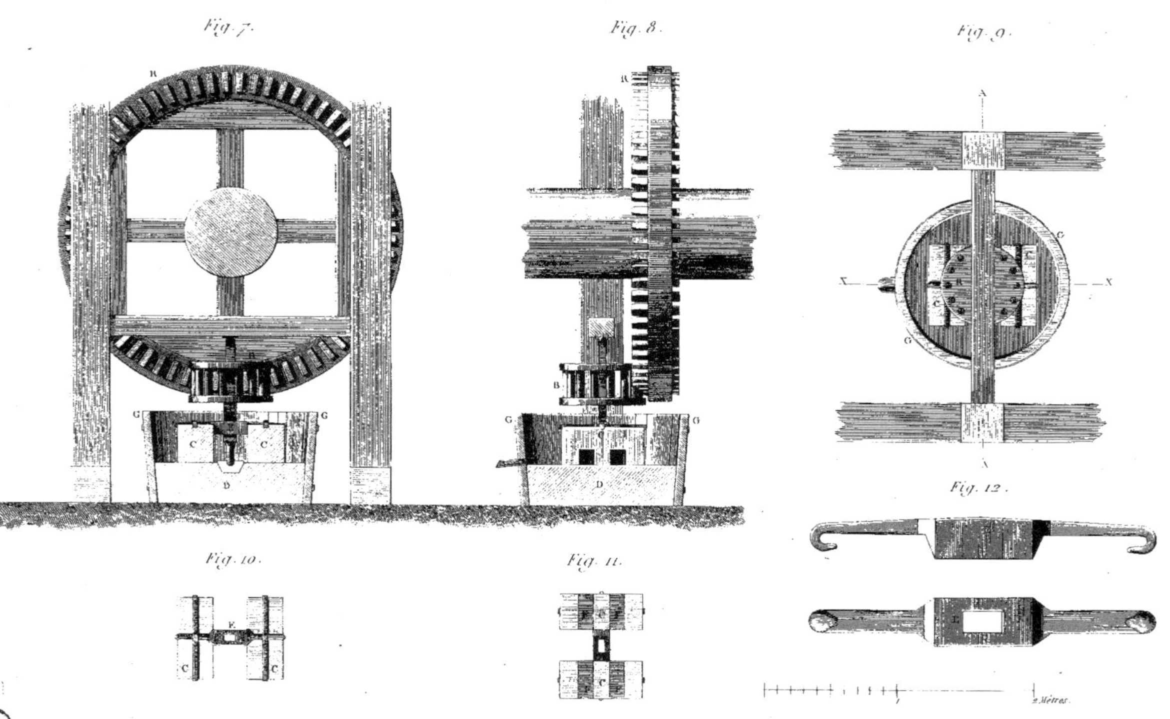

PRÉPARATION DE L'AZUR.

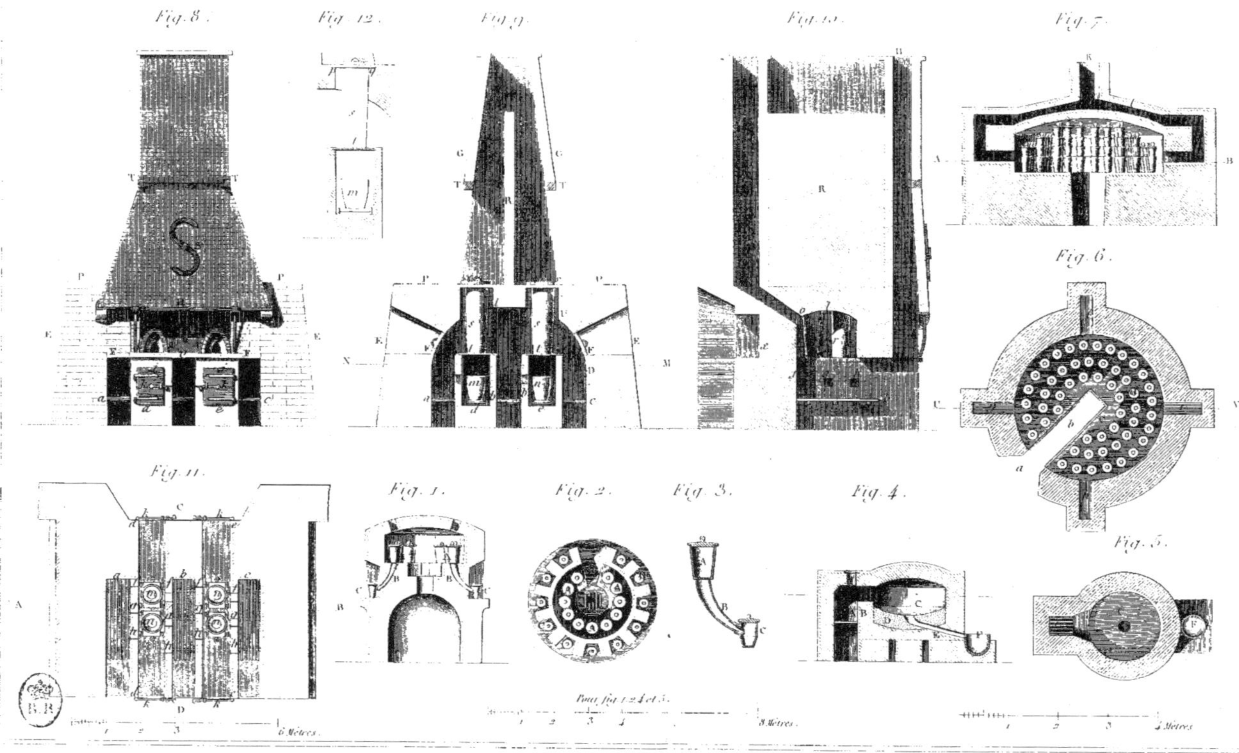

EXTRACTION DE L'ANTIMOINE.

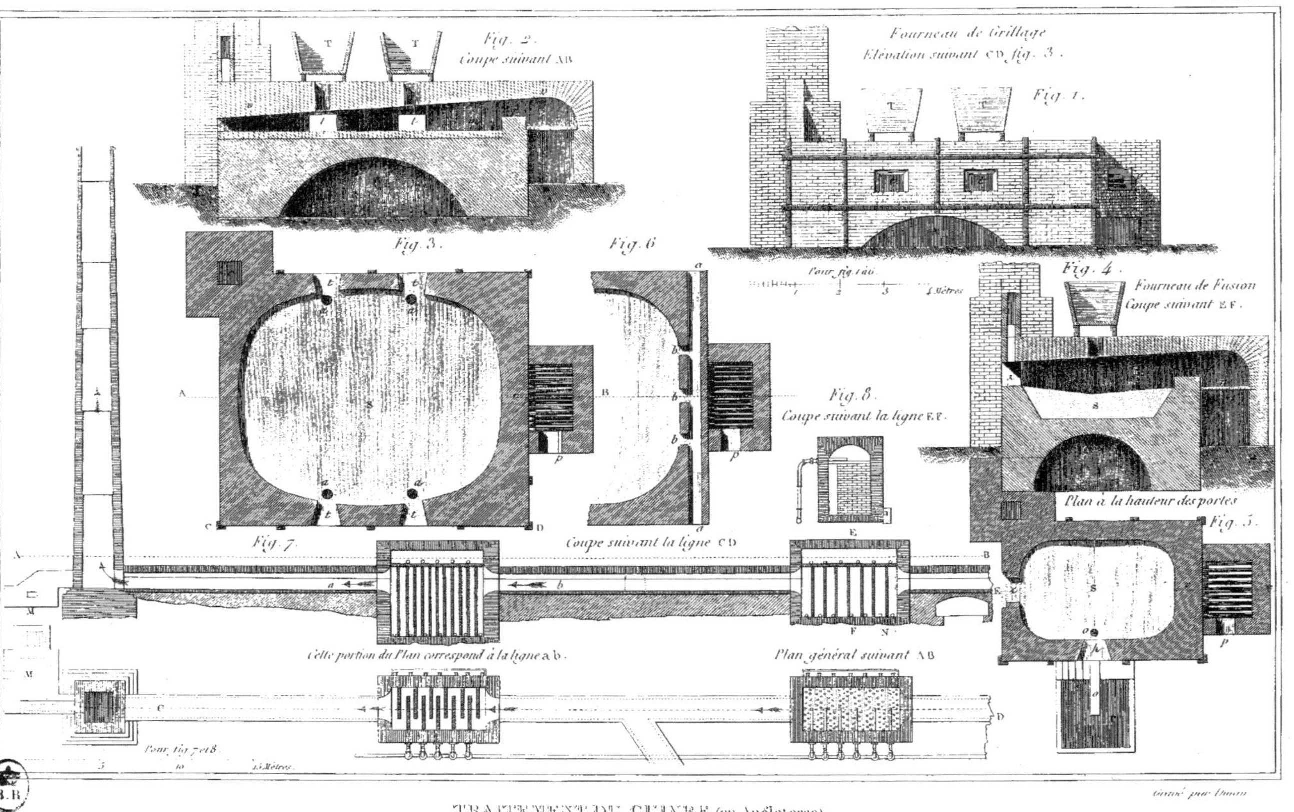

TRAITEMENT DU CUIVRE. (en Angleterre).

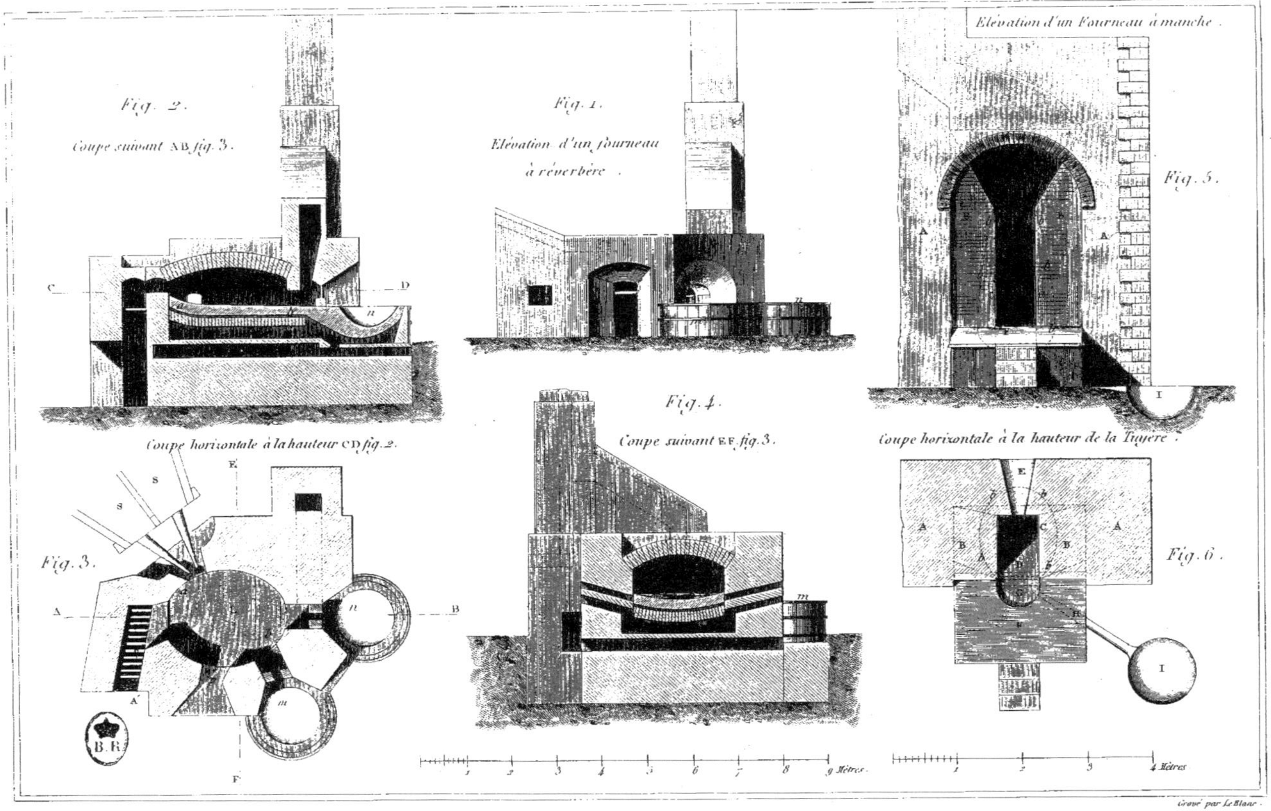
Fig. 2.
Coupe suivant AB fig. 3.
Fig. 1.
Elévation d'un fourneau à réverbère.
Elévation d'un Fourneau à manche.
Fig. 5.
Coupe horizontale à la hauteur CD fig. 2.
Fig. 4.
Coupe suivant EF fig. 3.
Coupe horizontale à la hauteur de la Tuyère.
Fig. 3.
Fig. 6.
9 Mètres.
4 Mètres.

Gravé par Le Blanc.

RAFFINAGE DU CUIVRE.

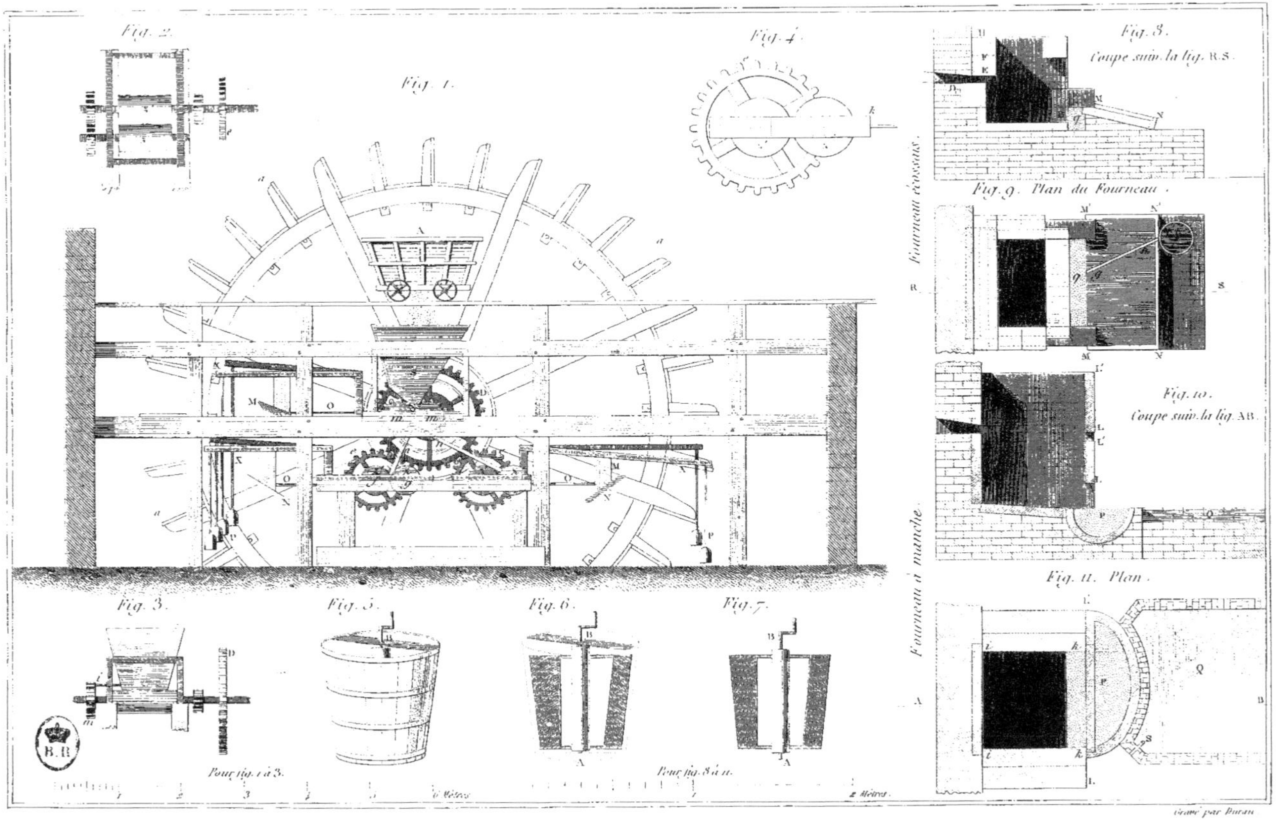

Gravé par Duran

EXTRACTION DU PLOMB, (en Angleterre).

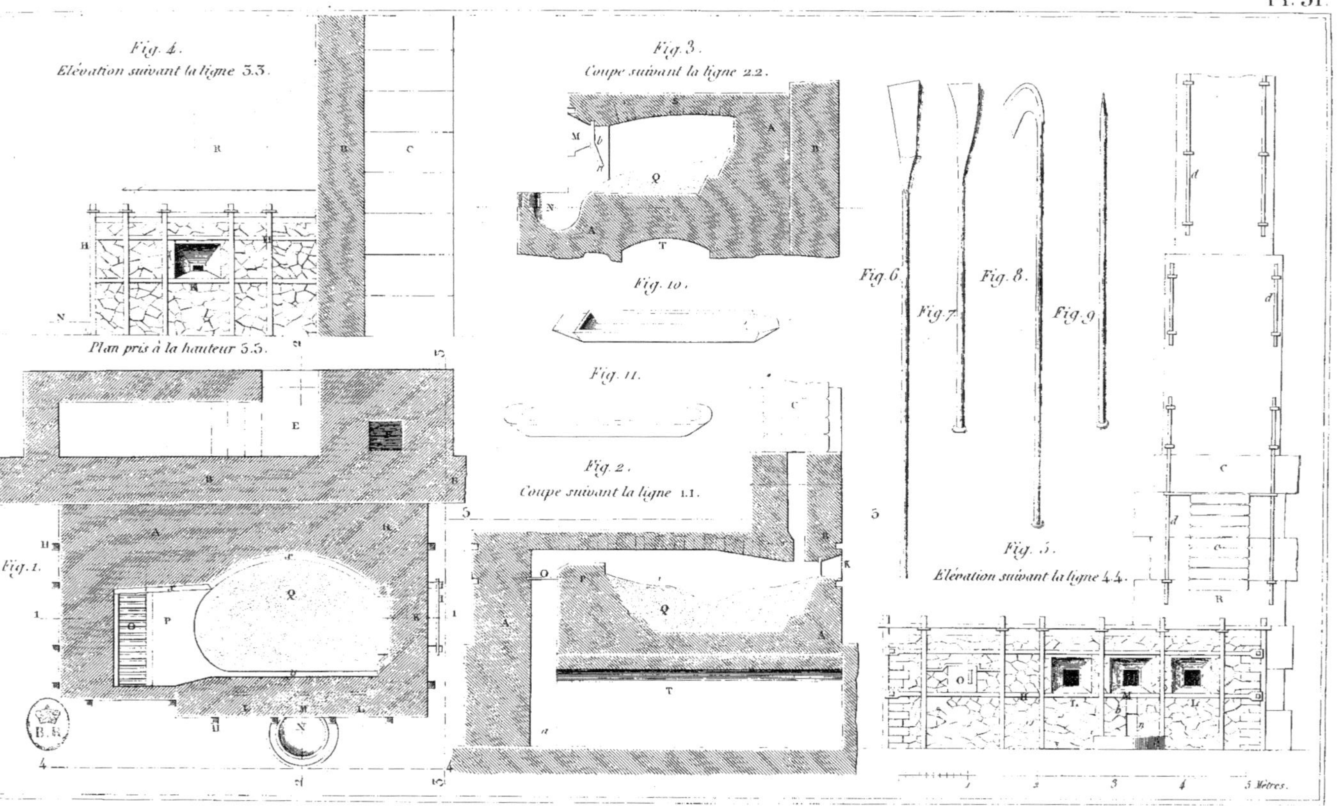

PLOMB. Fourneau à réverbère de Poullaouen.

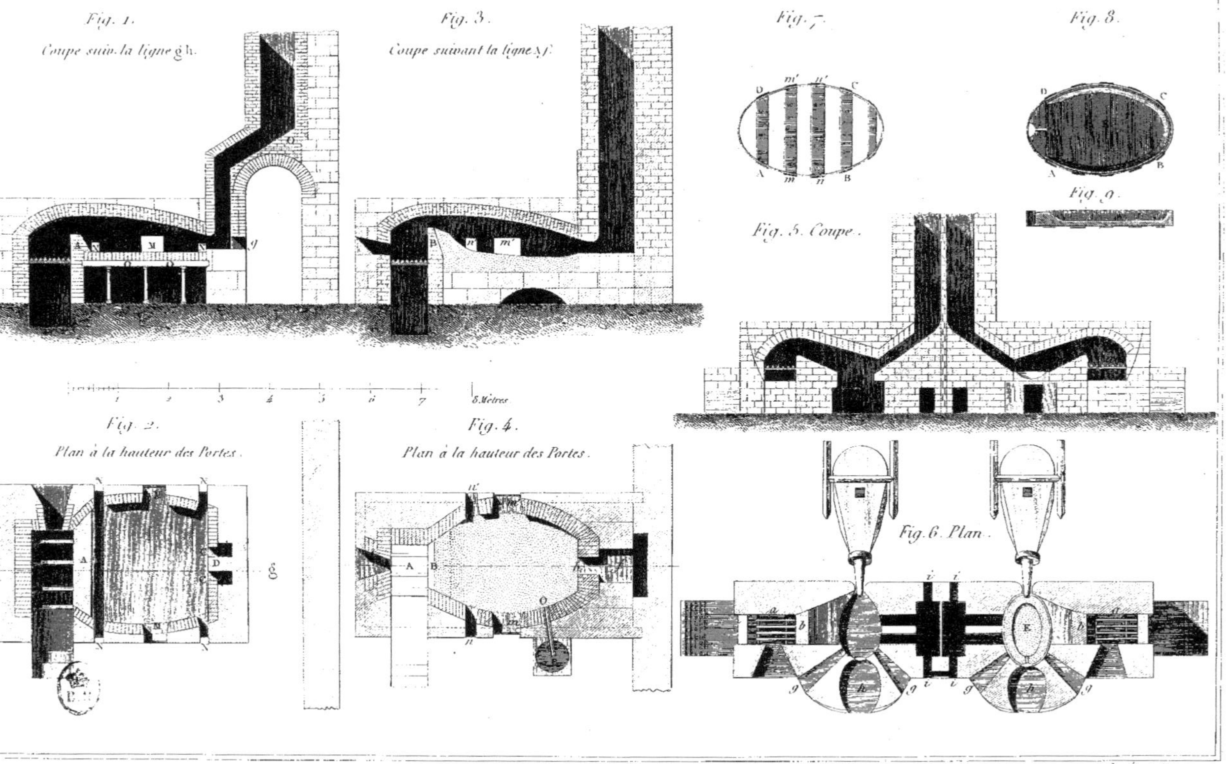

EXTRACTION DU PLOMB, (en Angleterre).

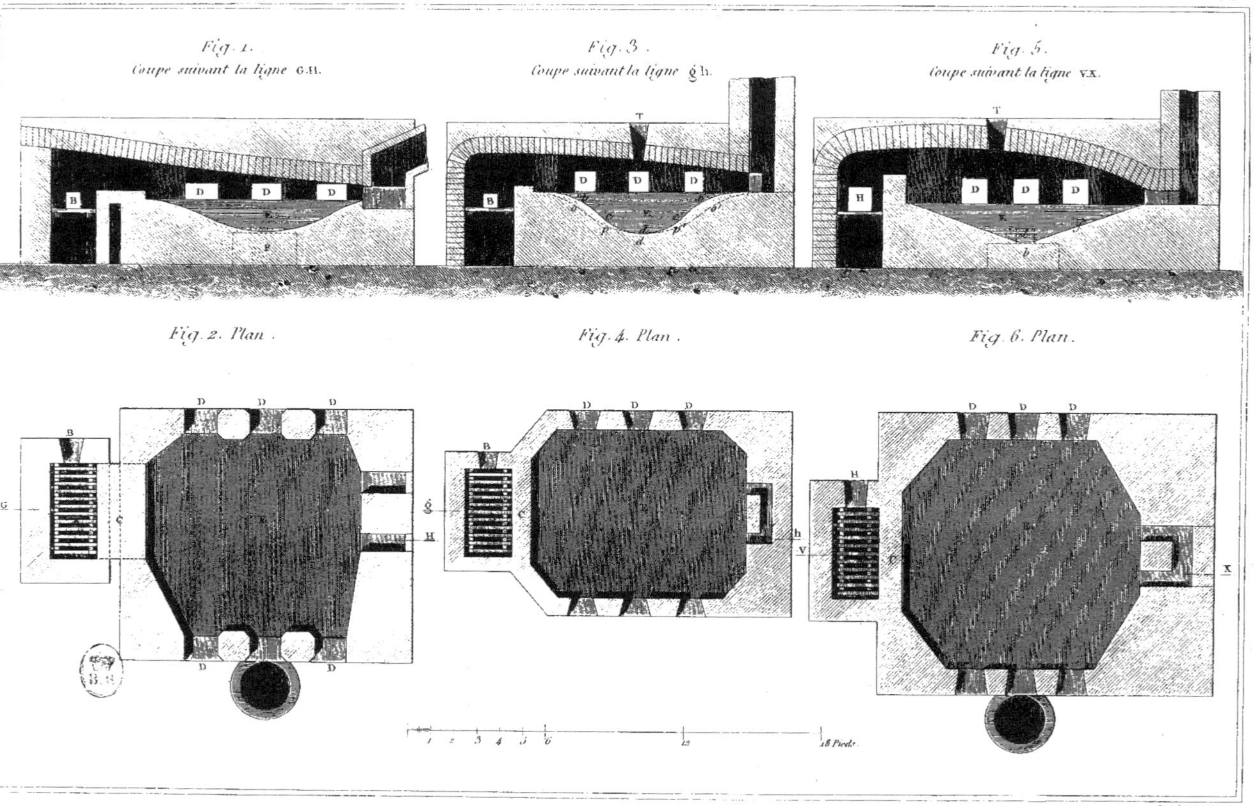

EXTRACTION DU PLOMB (en Angleterre)

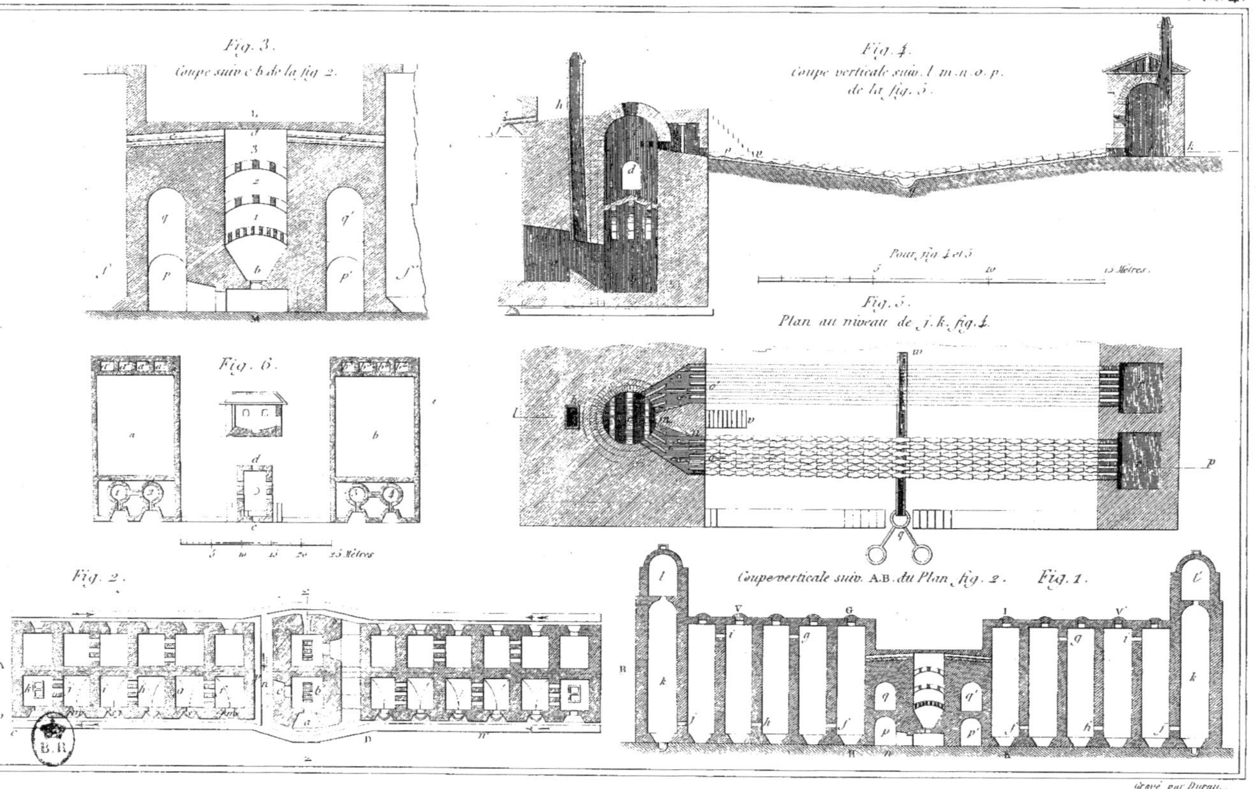

MERCURE. Usines d'Almaden et d'Idria.

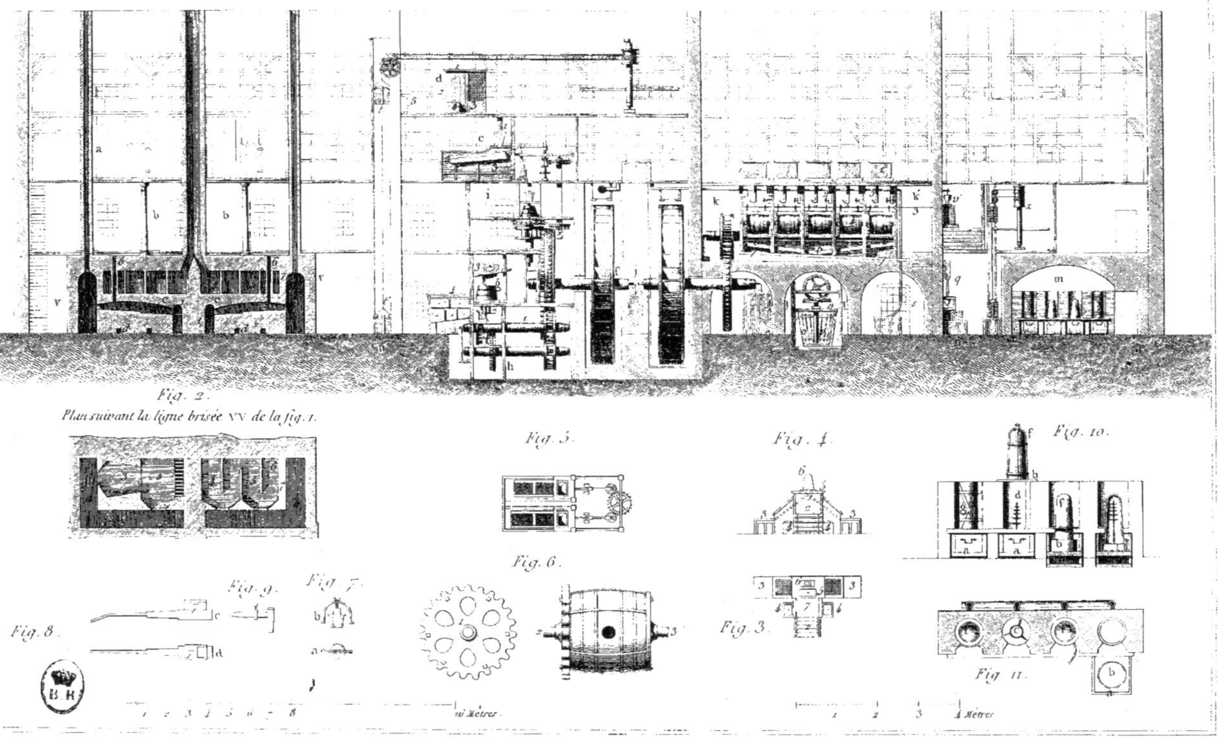

AMALGAMATION des Minerais d'ARGENT. (Freyberg)

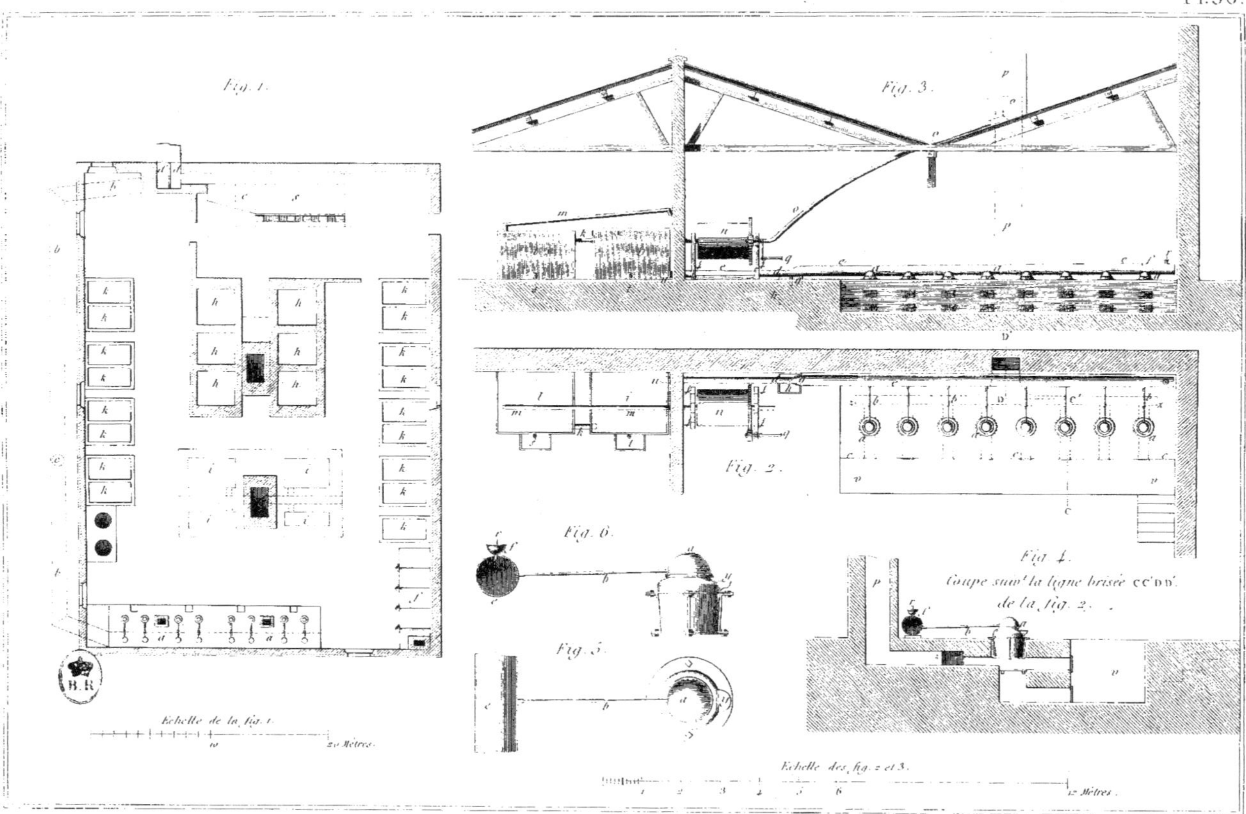

AFFINAGE des MÉTAUX PRÉCIEUX.

FOURNEAU DE COUPELLE. (Hongrie).

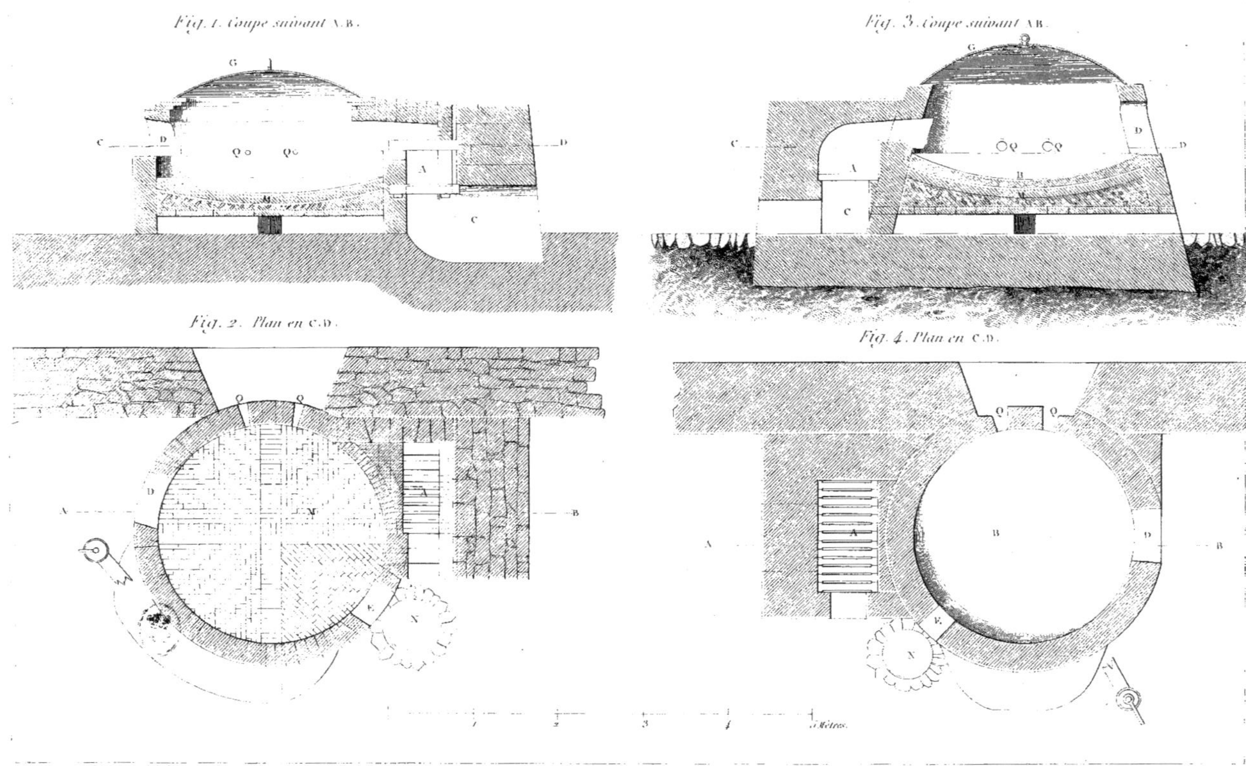

FOURNEAUX À COUPELLE. (Clausthal).

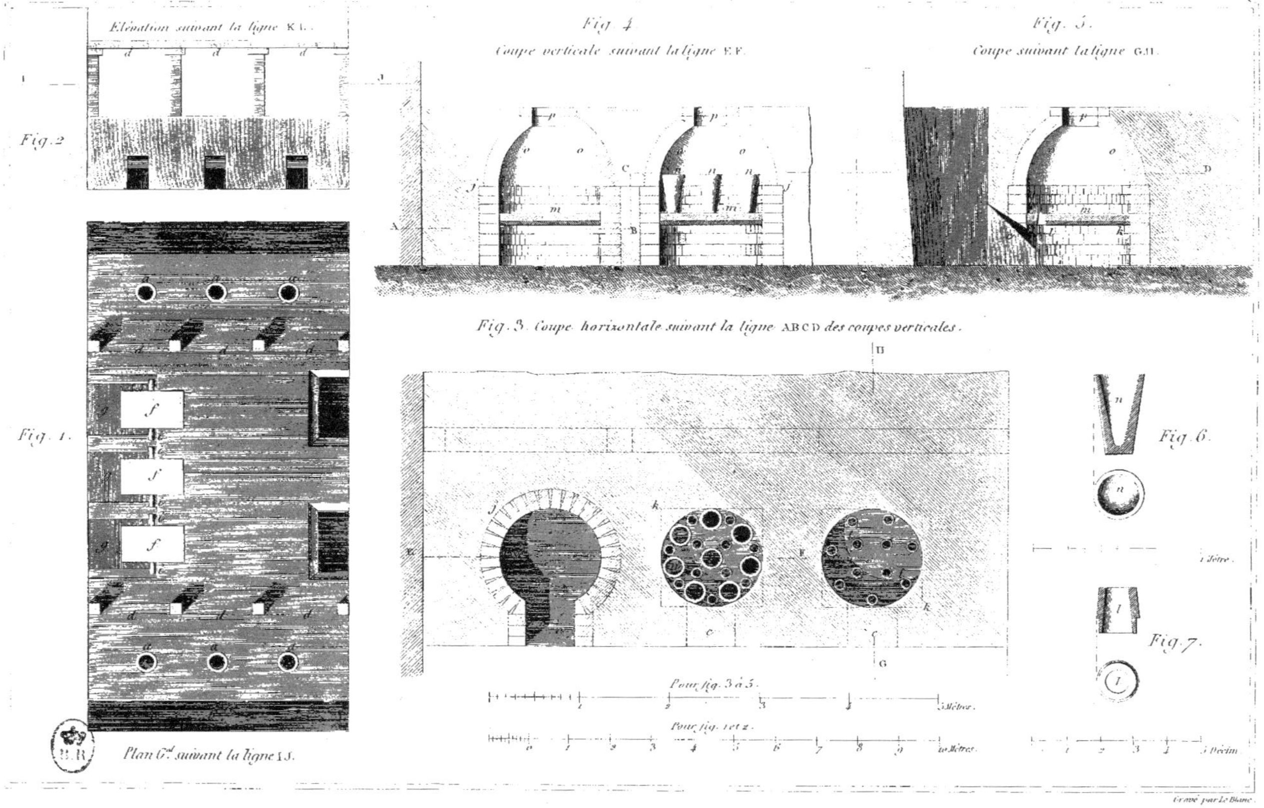

Fig. 2
Élévation suivant la ligne K L.

Fig. 4
Coupe verticale suivant la ligne E F.

Fig. 5
Coupe suivant la ligne G M.

Fig. 3. Coupe horizontale suivant la ligne A B C D des coupes verticales.

Fig. 1.

Plan G.al suivant la ligne I S.

Fig. 6.

Fig. 7.

Pour fig. 3 à 5.

Pour fig. 1 et 2.

FABRICATION DU LAITON.

Gravé par Le Blanc.

FONTE des CANONS.

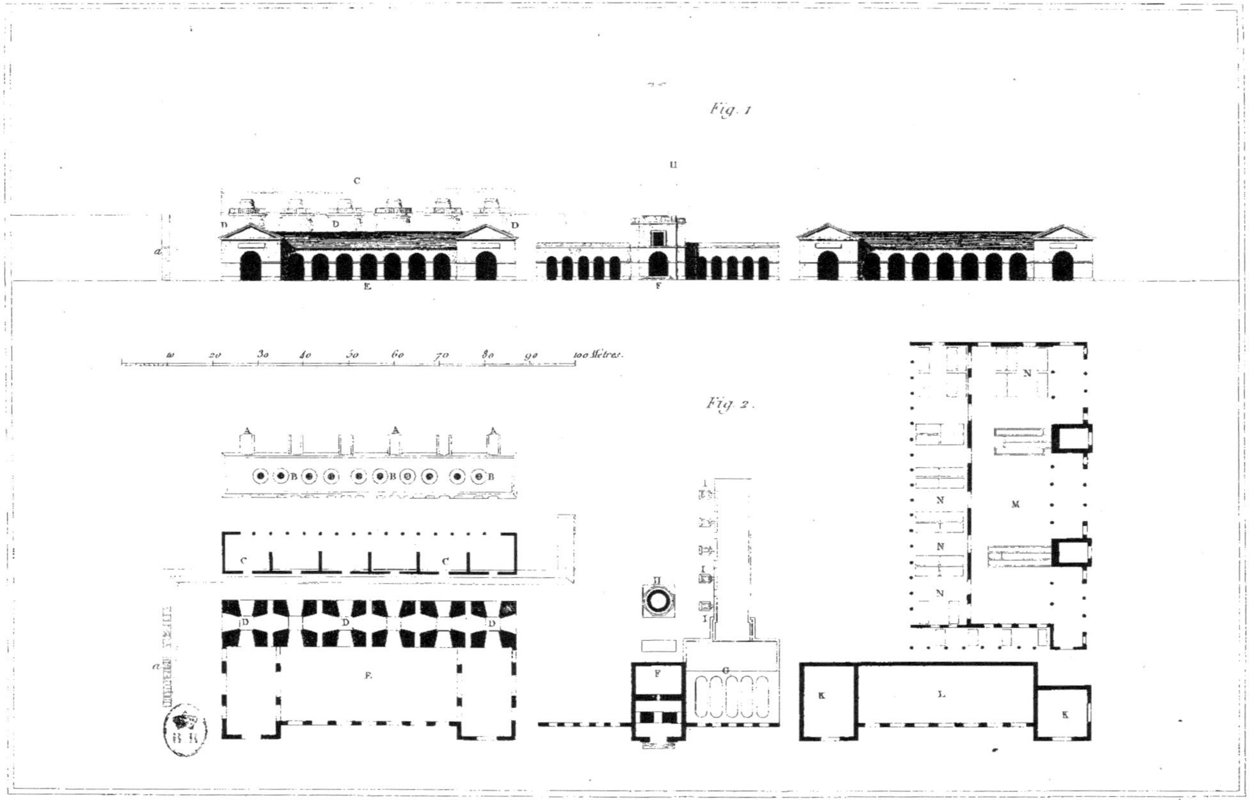

FER, Forge à l'Anglaise.

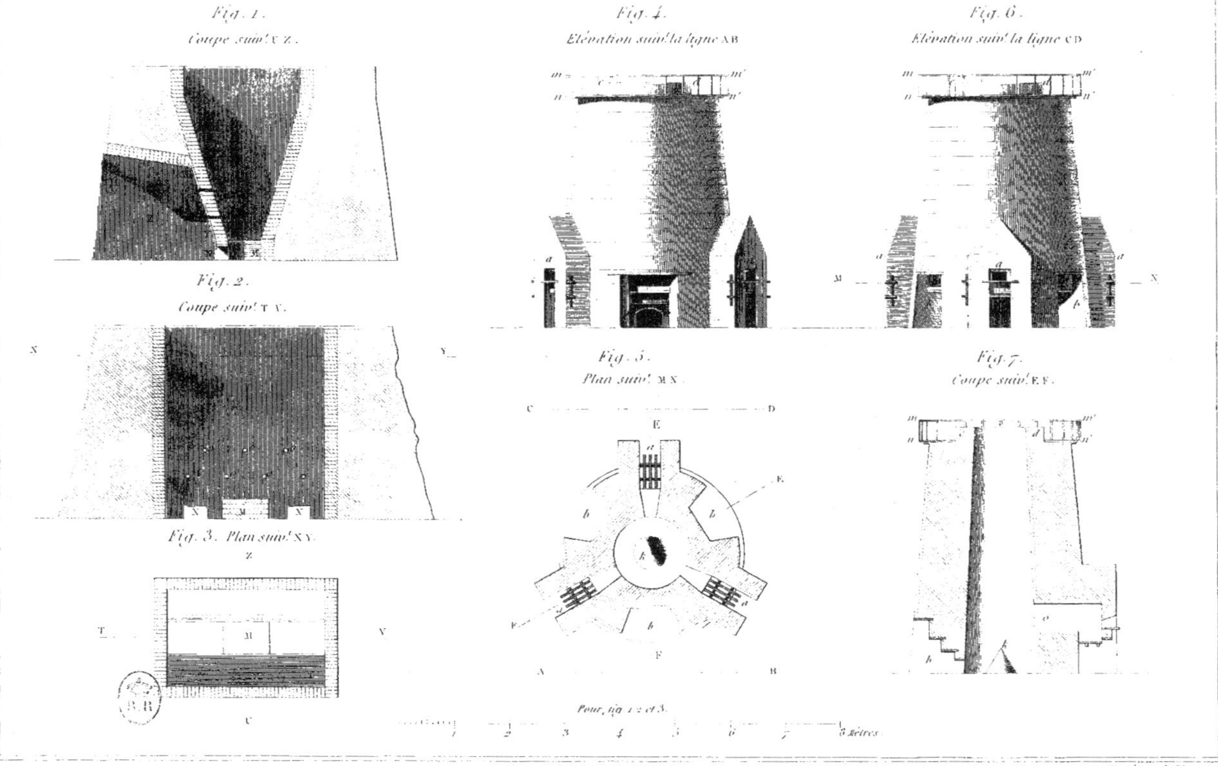

FER, Fourneaux de Grillage.

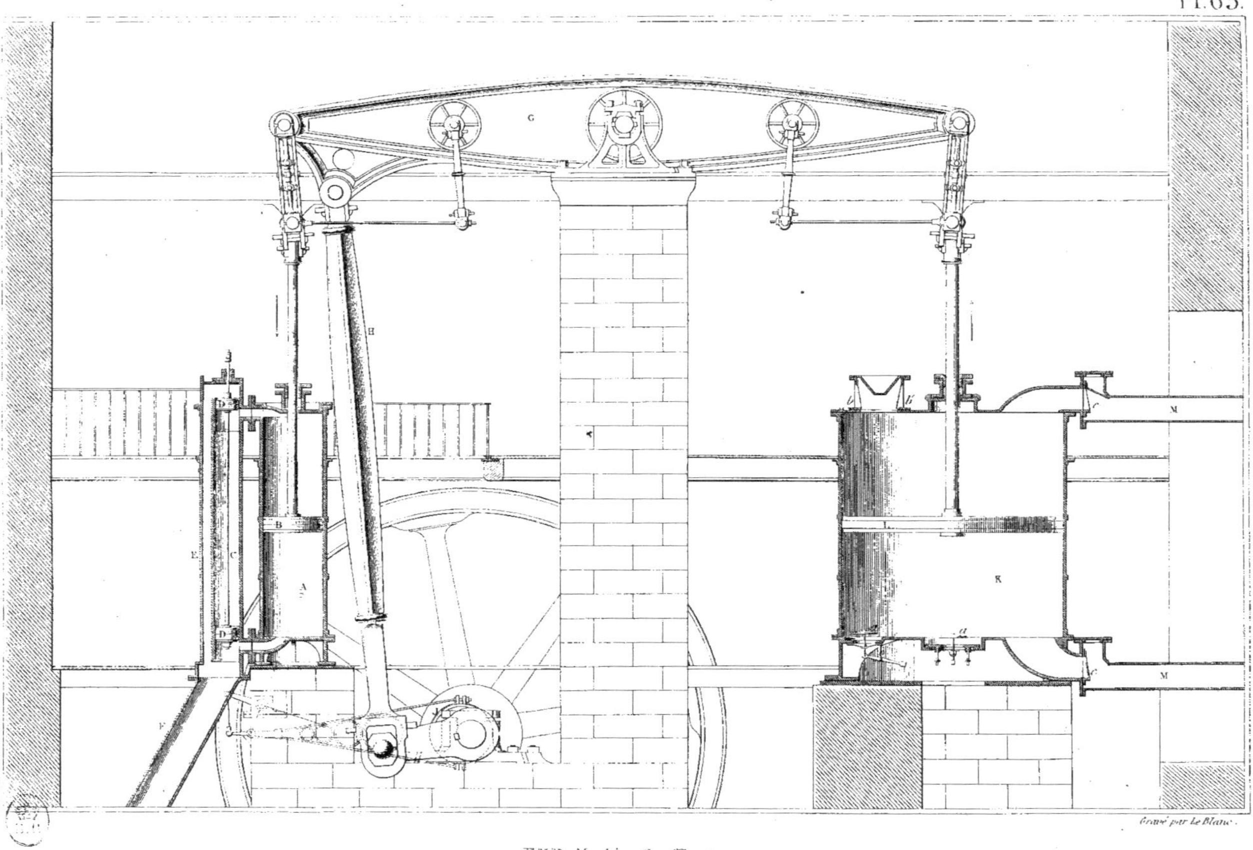

Pl. 63.
Gravé par Le Blanc.
FER, Machine Soufflante.

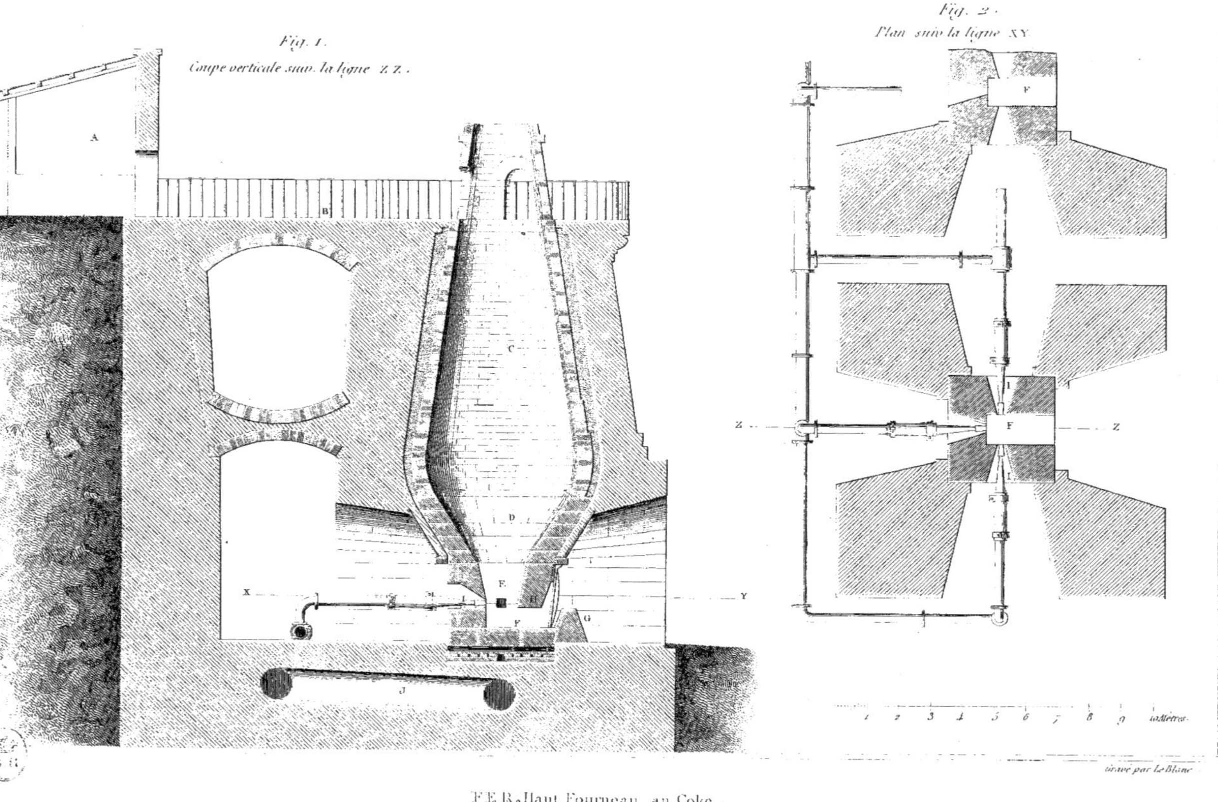

FER, Haut Fourneau au Coke.

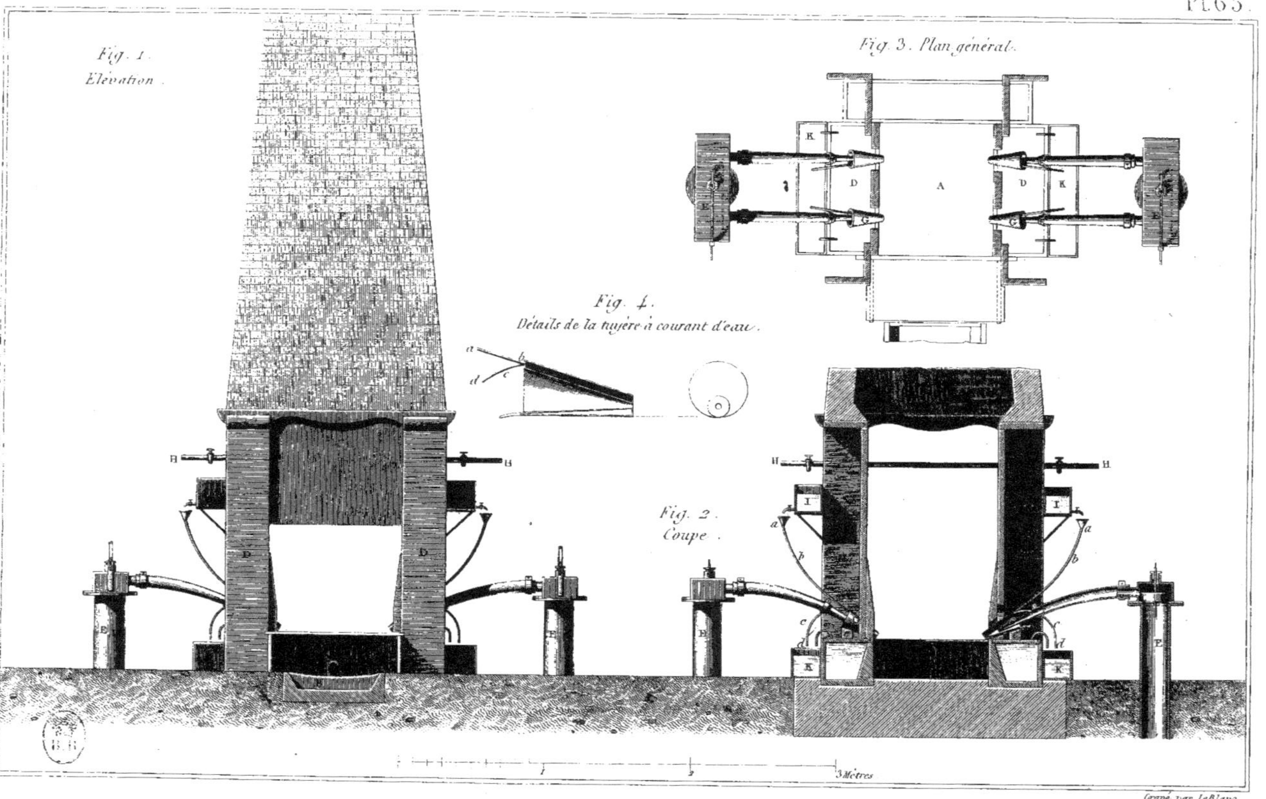

Fig. 1.
Élévation.
Fig. 3. Plan général.
Fig. 4.
Détails de la tuyère à courant d'eau.
Fig. 2.
Coupe.
3 Mètres
FER, Finerie.
Gravé par LeBlanc.

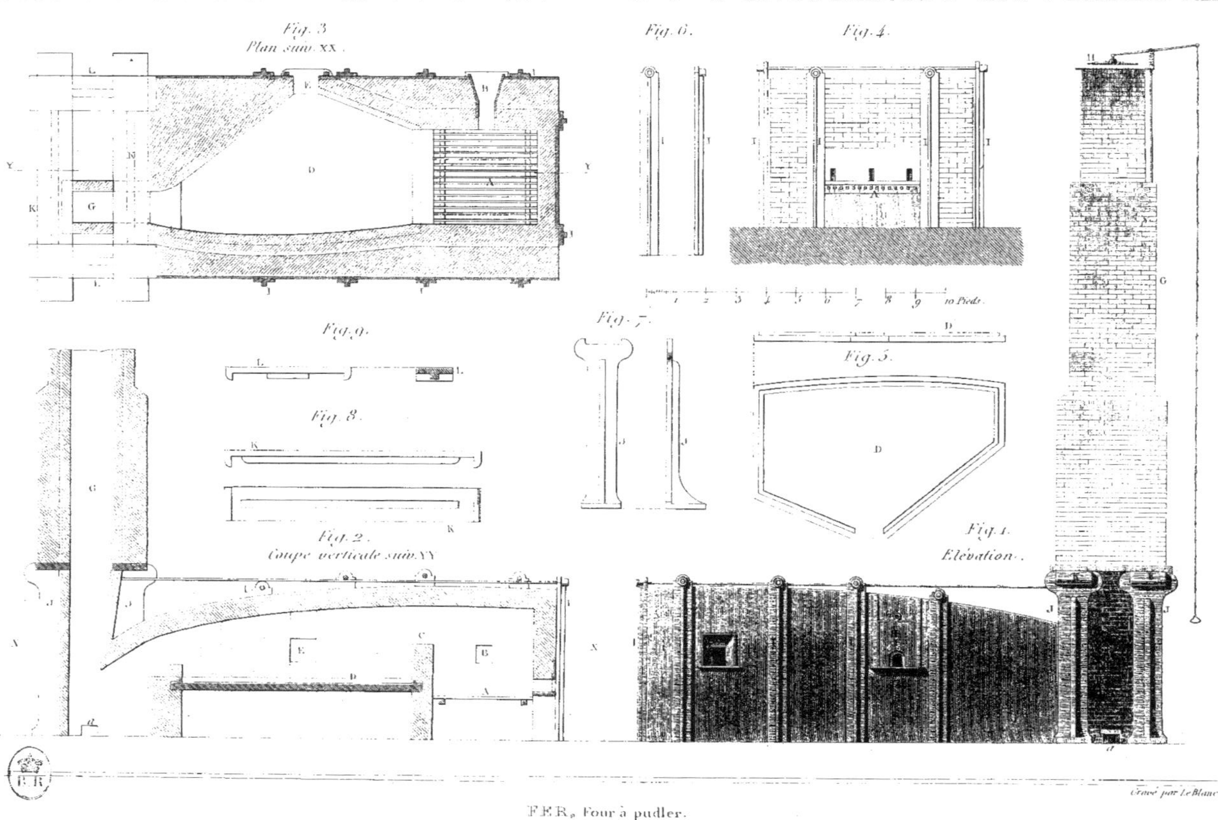

F.E.R., Four à pudler.

Gravé par Le Blanc.

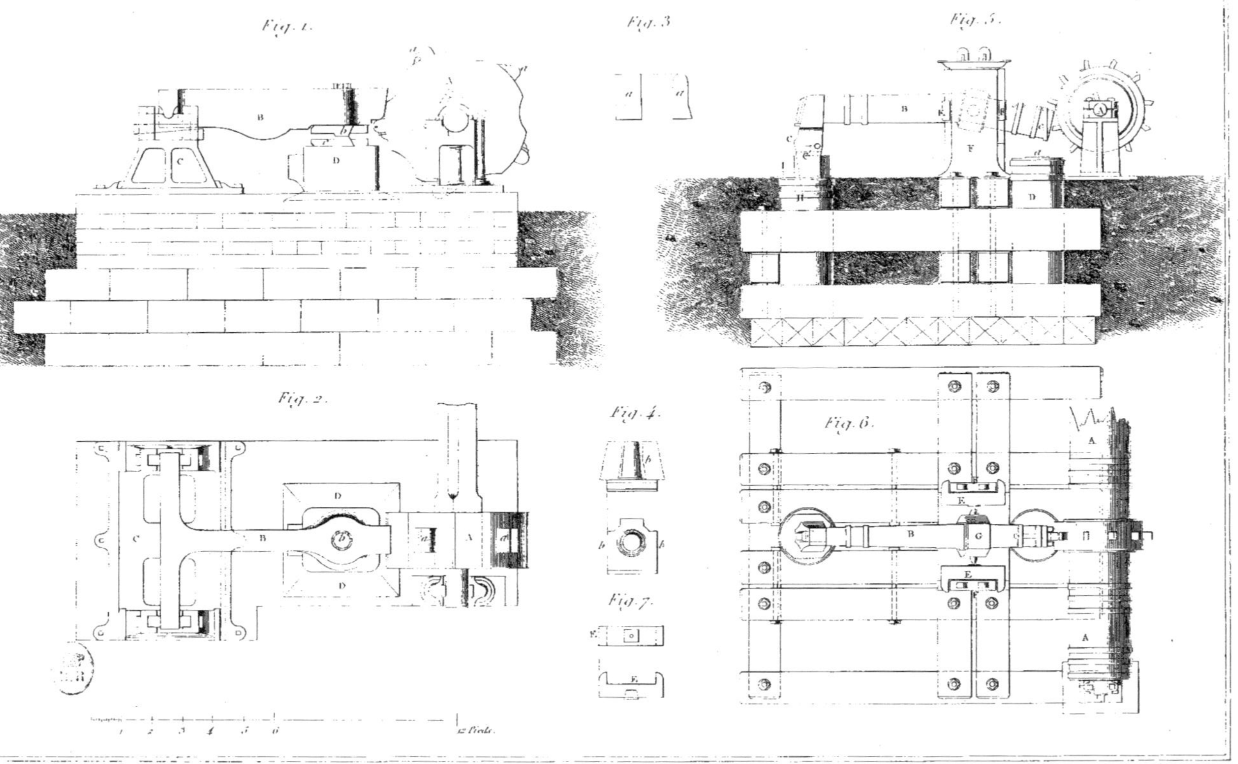

FER. Martinets.

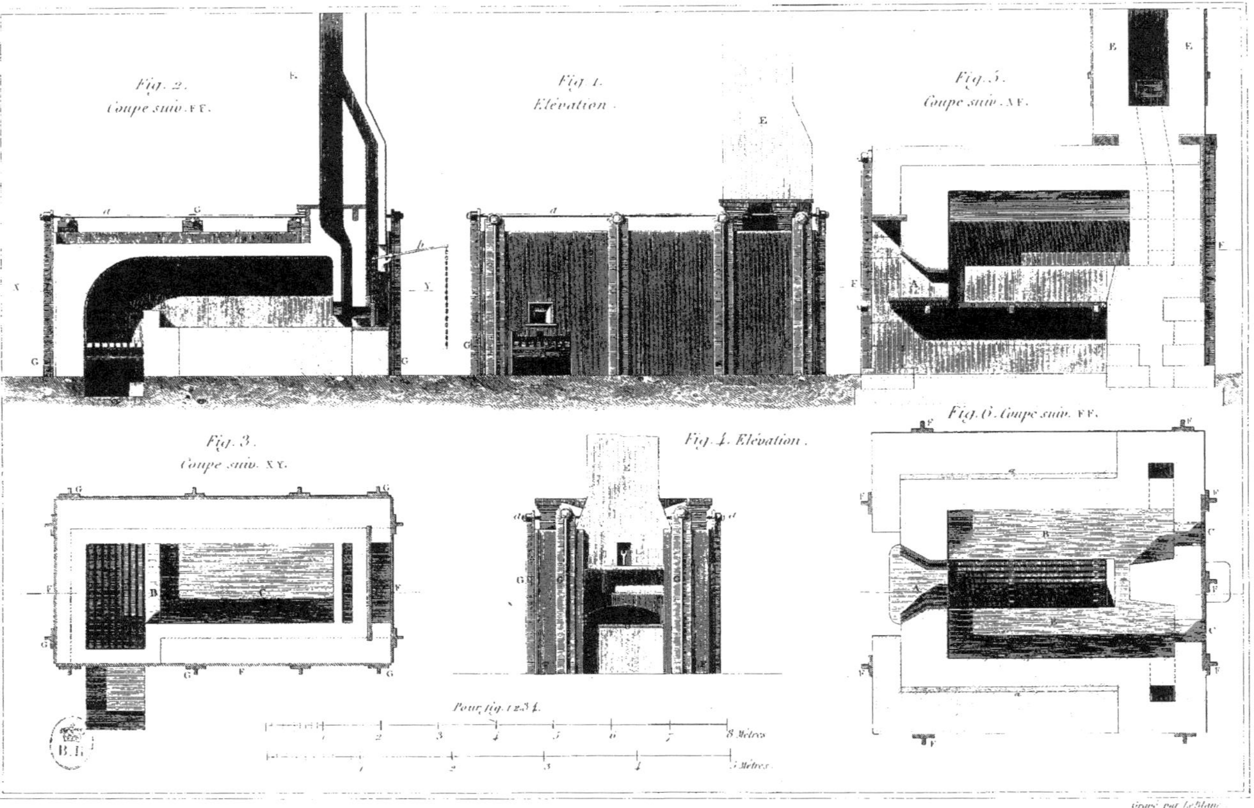

Fig. 2.
Coupe suiv. FF.
Fig. 1.
Elévation.
Fig. 5.
Coupe suiv. XV.
Fig. 3.
Coupe suiv. XY.
Fig. 4. Elévation.
Fig. 6. Coupe suiv. FF.
Pour fig. 1 et 3 4.
8 Mètres
Métres
Gravé par LeBlanc.
FER, Fours à réchauffer.

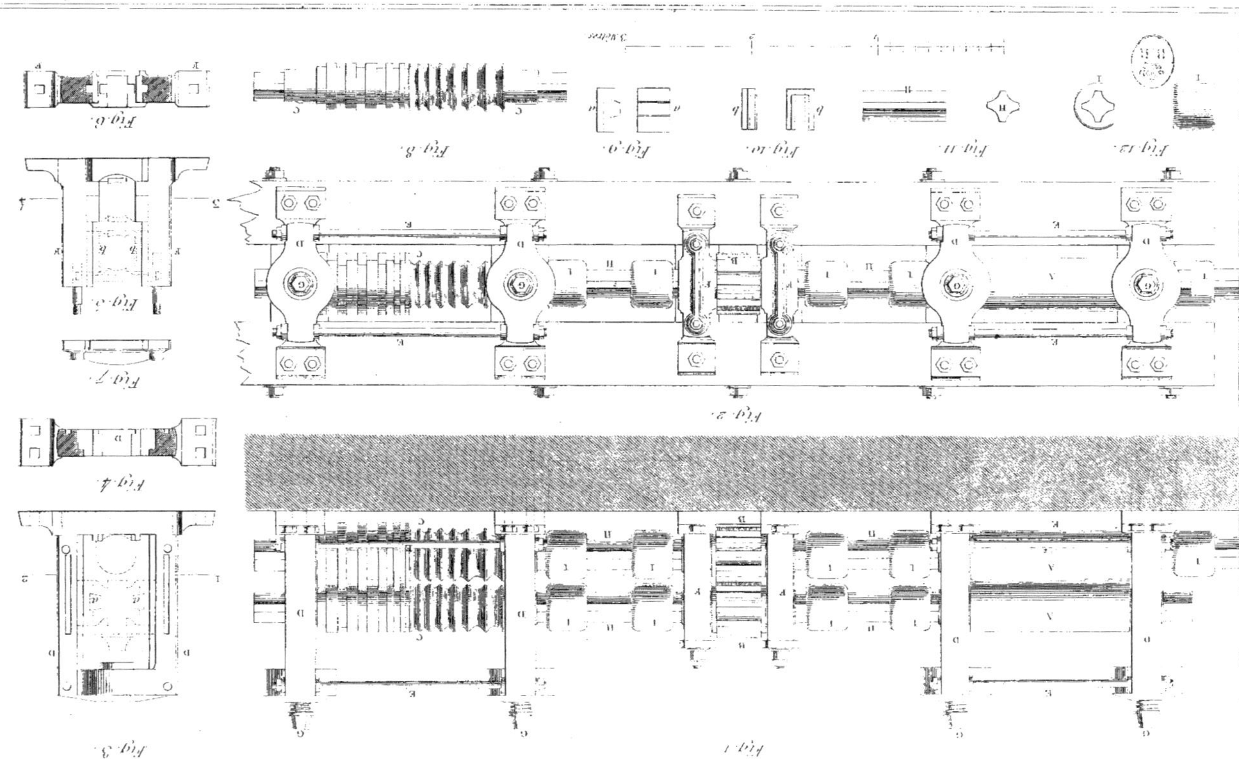

FER, Train de Laminoirs.

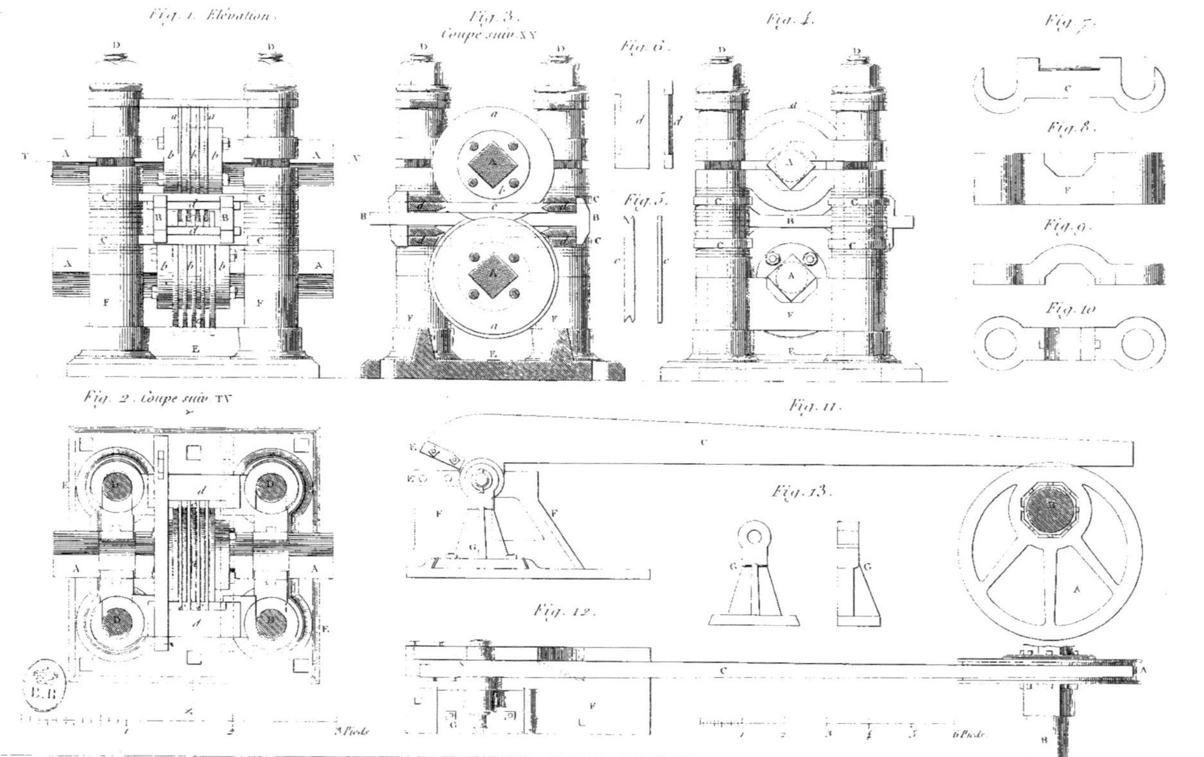

F.E.R. Fenderies et Cysailles.

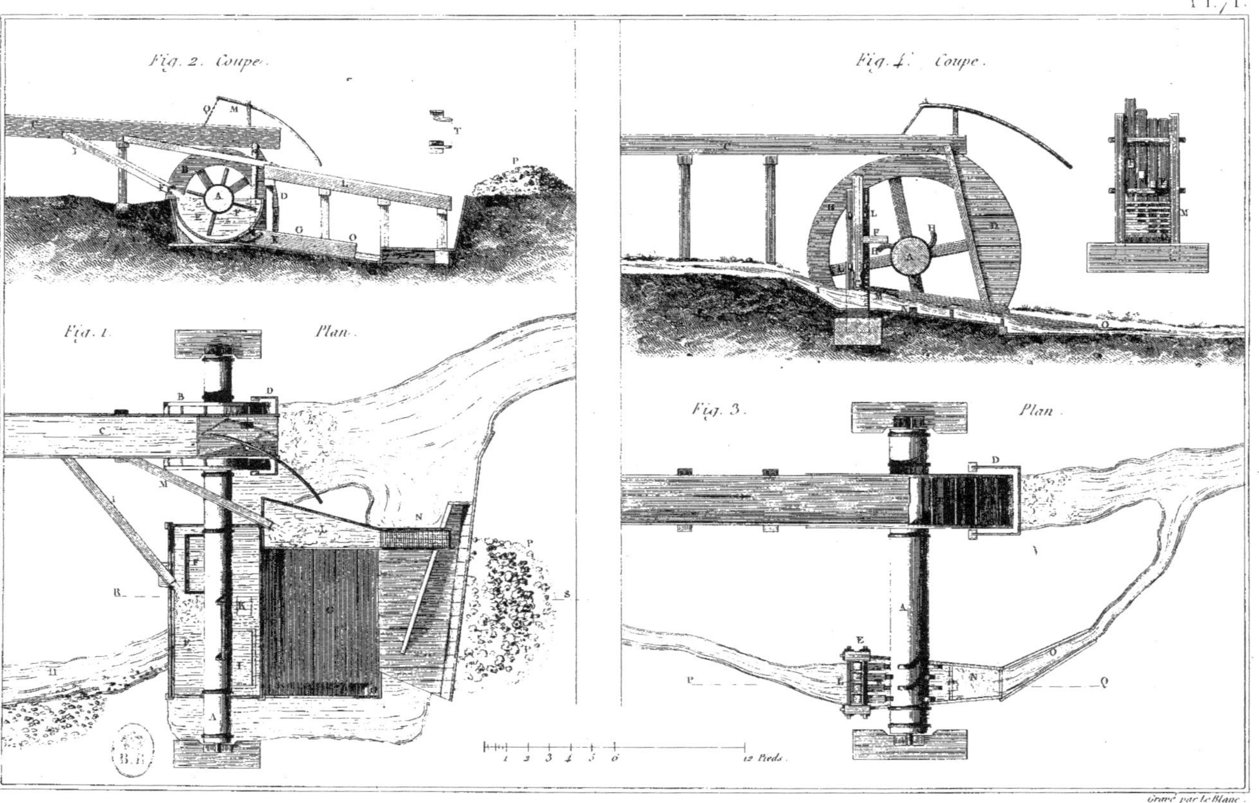

FER, Patouillet et Bocards.

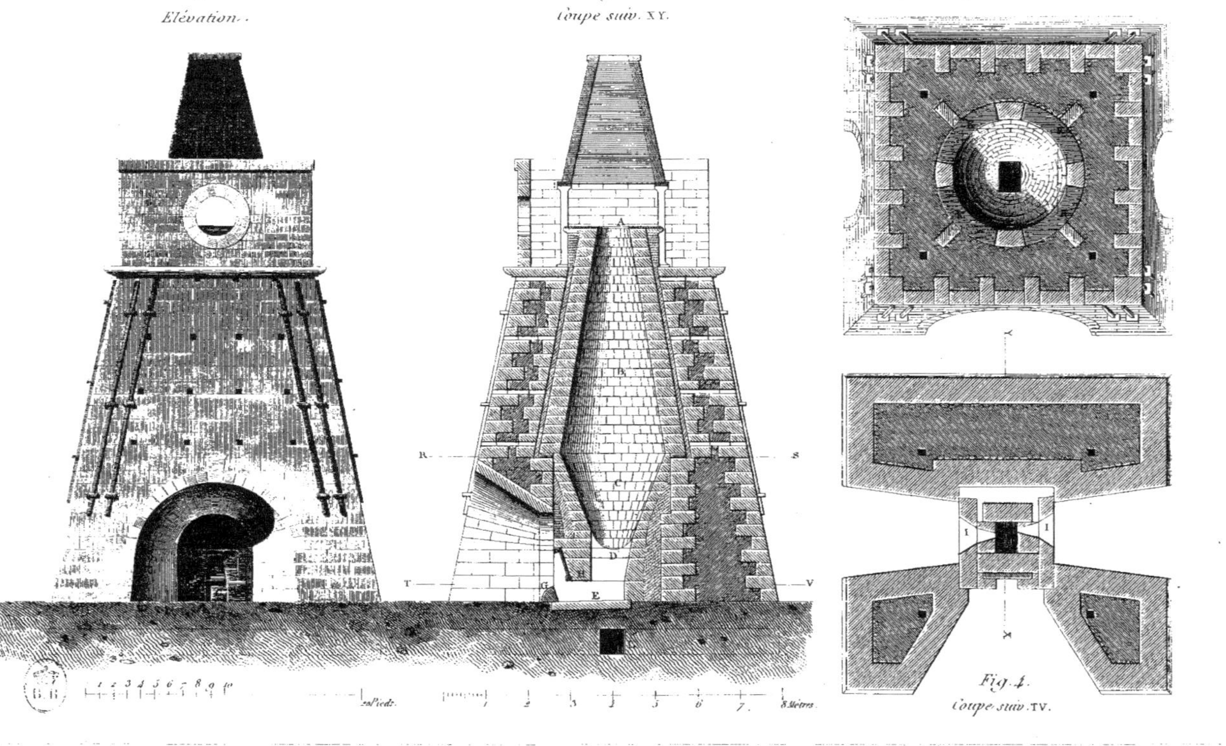

FER, Haut Fourneau au Charbon de bois.

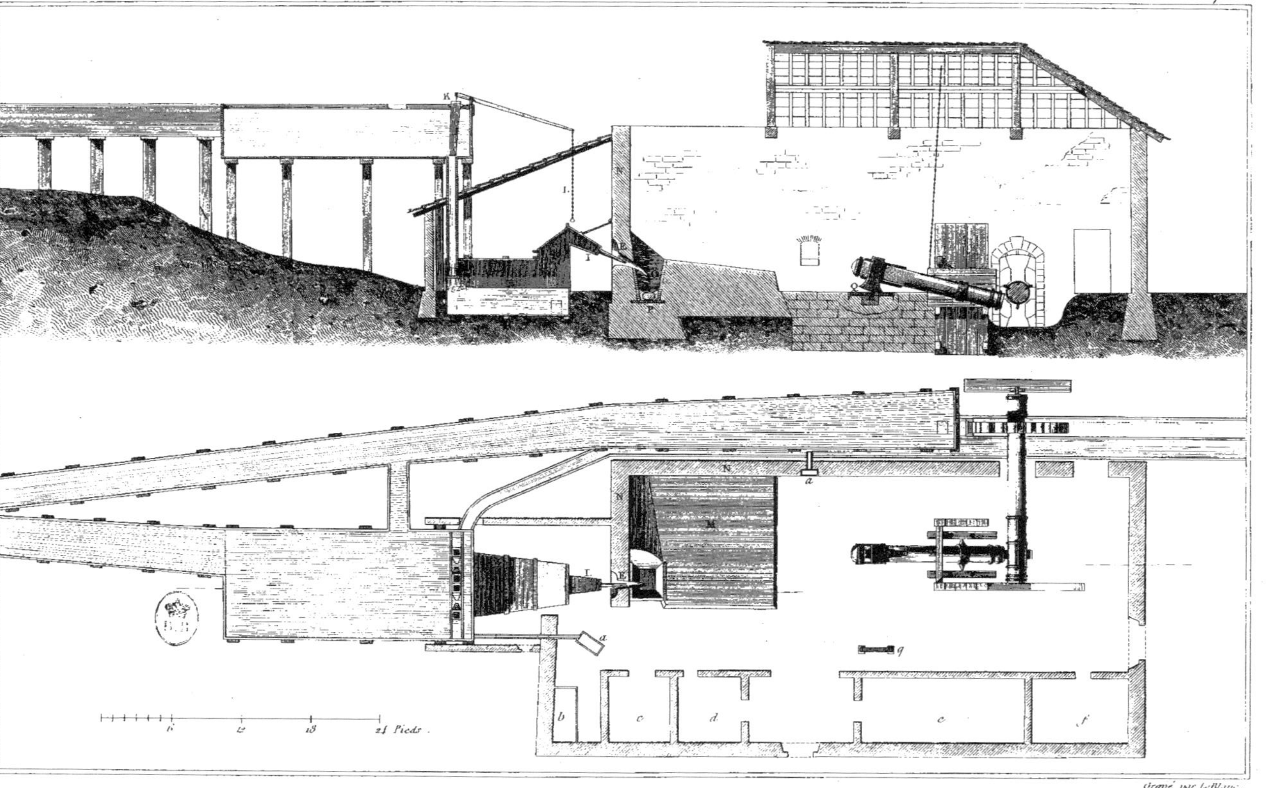

FER, Forge à la Catalane.

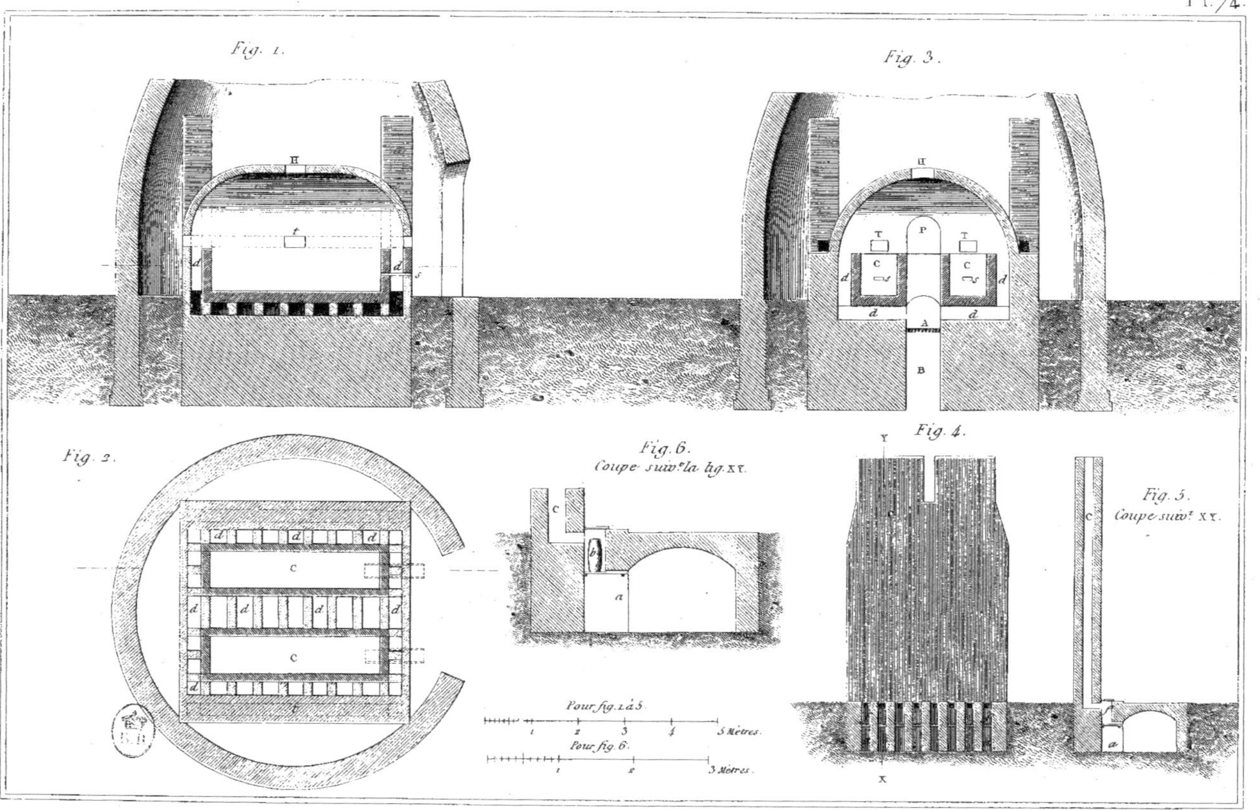

ACIER. Fours de Cémentation et de Fusion.

Gravé par LeBlanc.

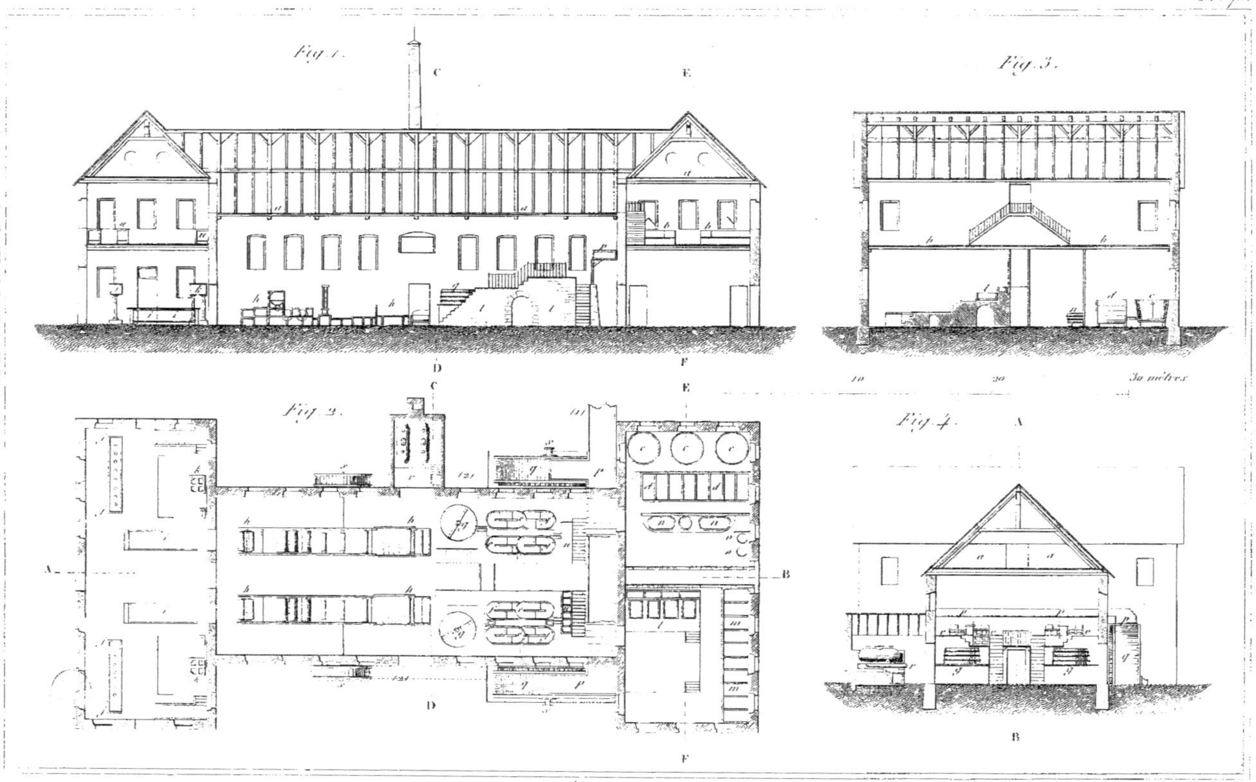

FABRICATION DU PAPIER.

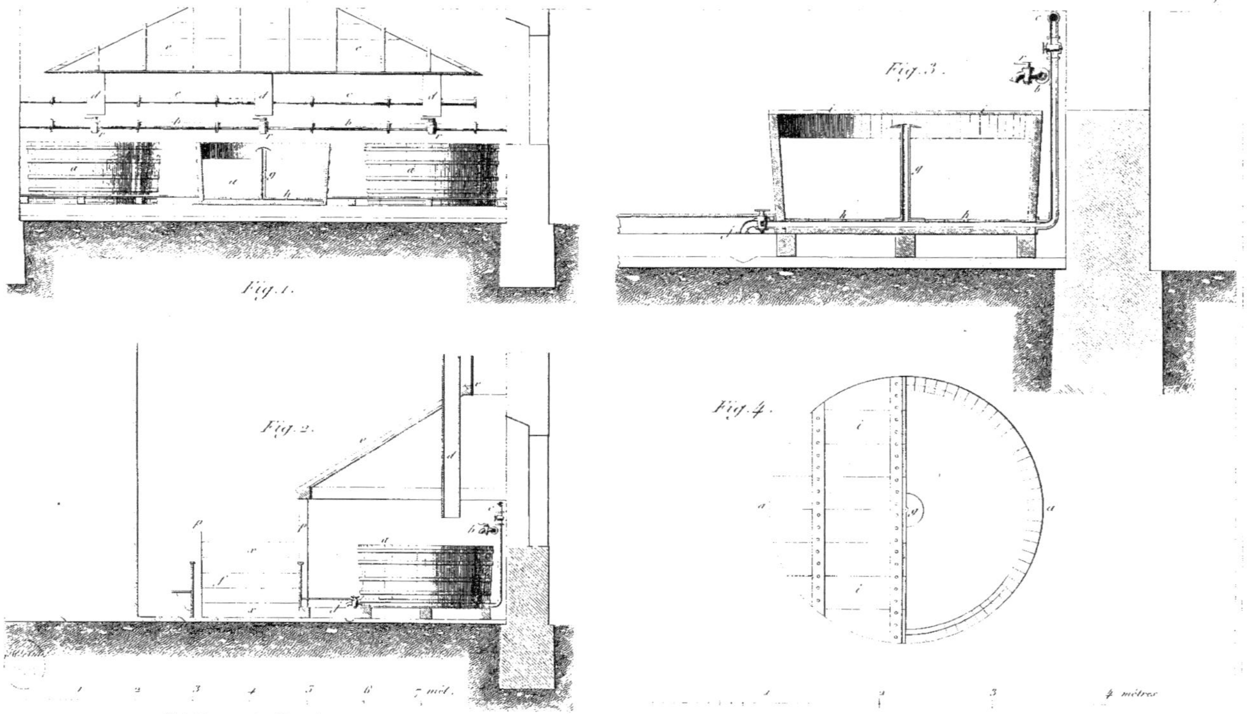

Fig. 1.

Fig. 2.

Fig. 3.

Fig. 4.

Echelle pour les Fig. 1 et 2.

Echelle pour les Fig. 3 et 4.

7 mèt.

4 mètres

FABRICATION DU PAPIER.

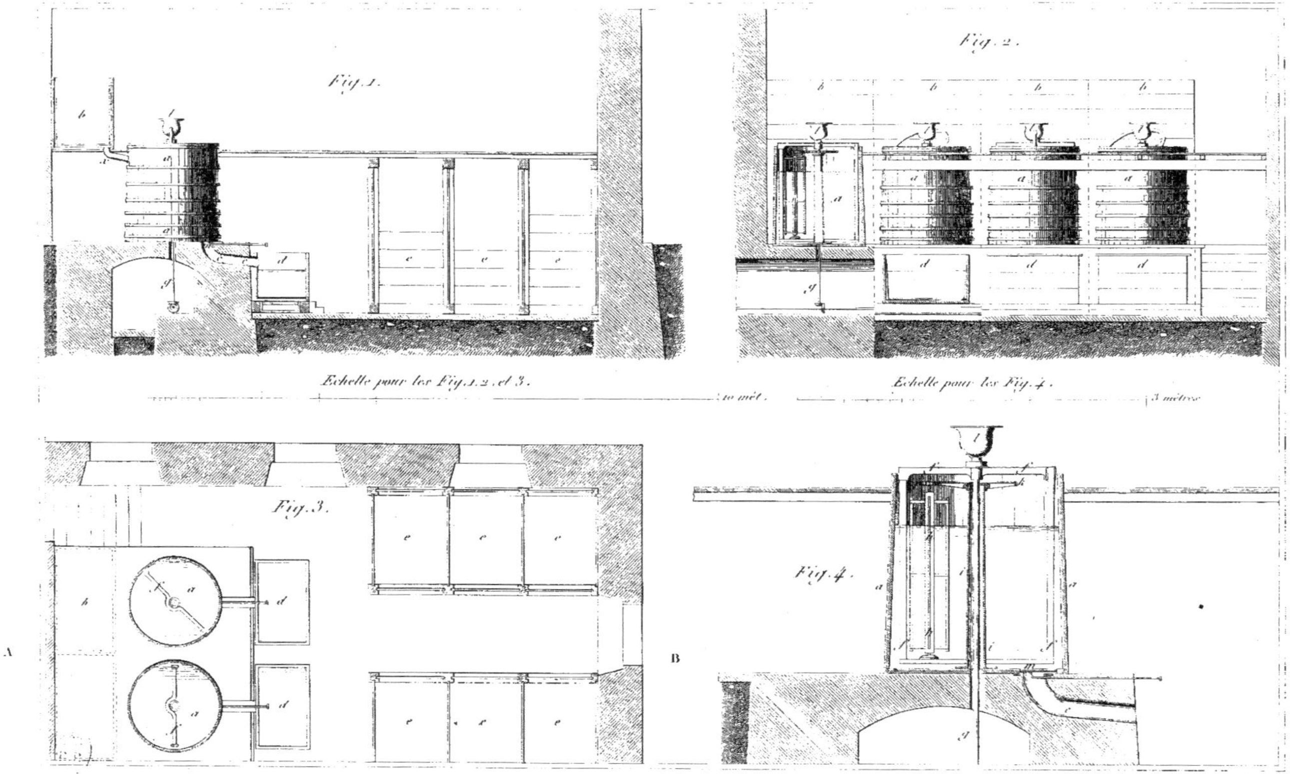

FABRICATION DU PAPIER.

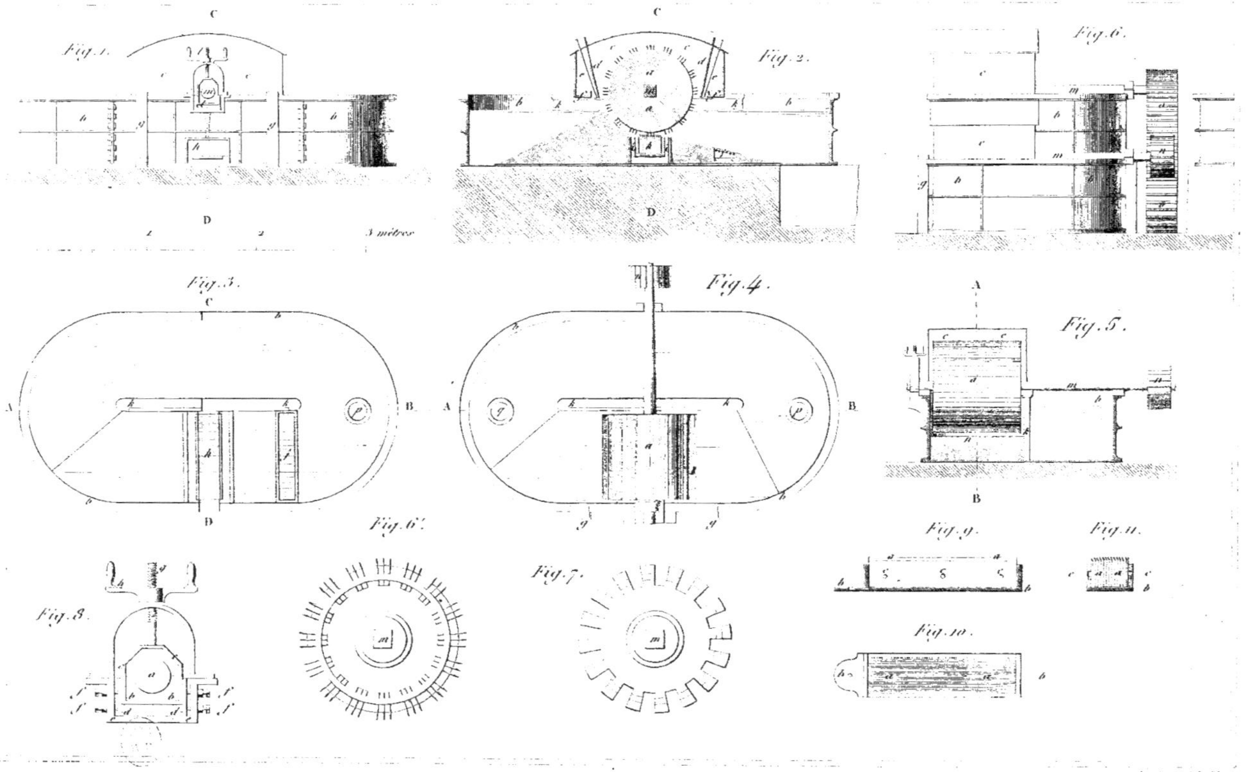

Fig. 1.

Fig. 2.

Fig. 6.

Fig. 3.

Fig. 4.

Fig. 5.

Fig. 6.

Fig. 7.

Fig. 8.

Fig. 9.

Fig. 10.

Fig. 11.

Dessiné par A. Le Blanc.

FABRICATION DU PAPIER.

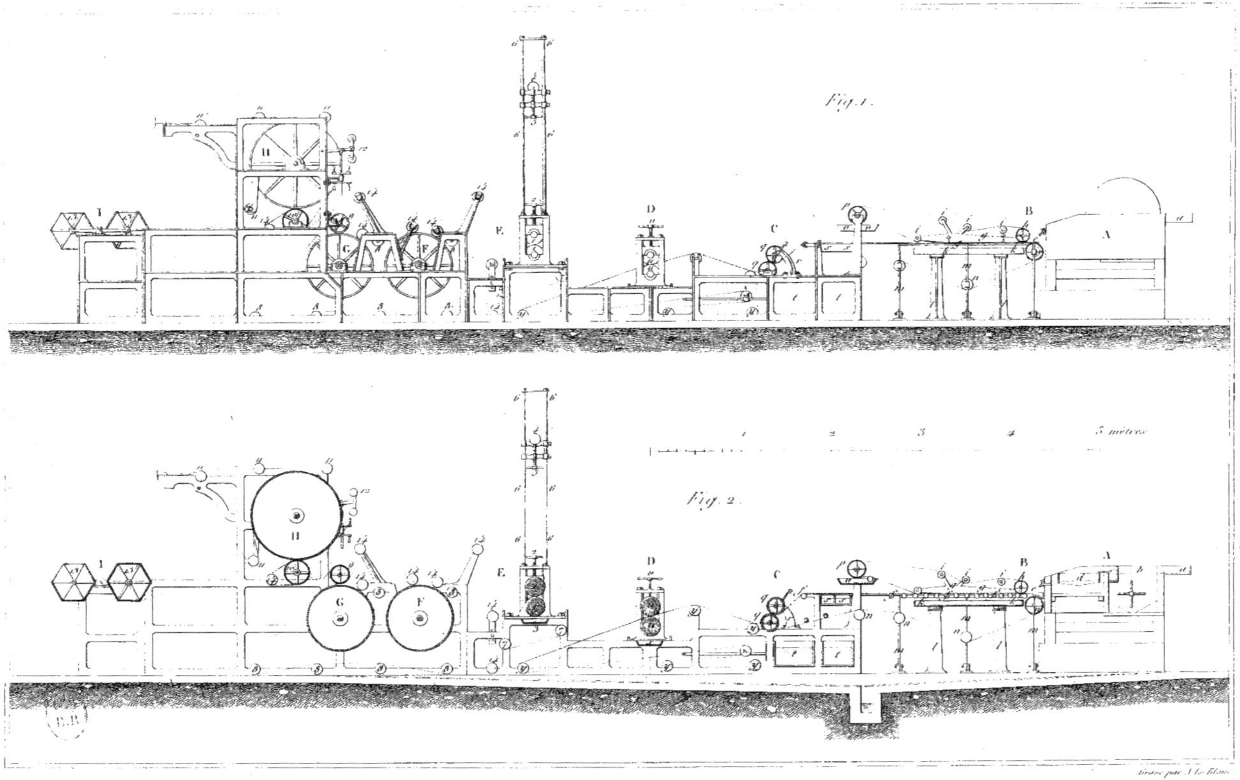

Fig. 1.

Fig. 2.

5 mètres.

Tiré par J. Le Blanc.

FABRICATION DU PAPIER.

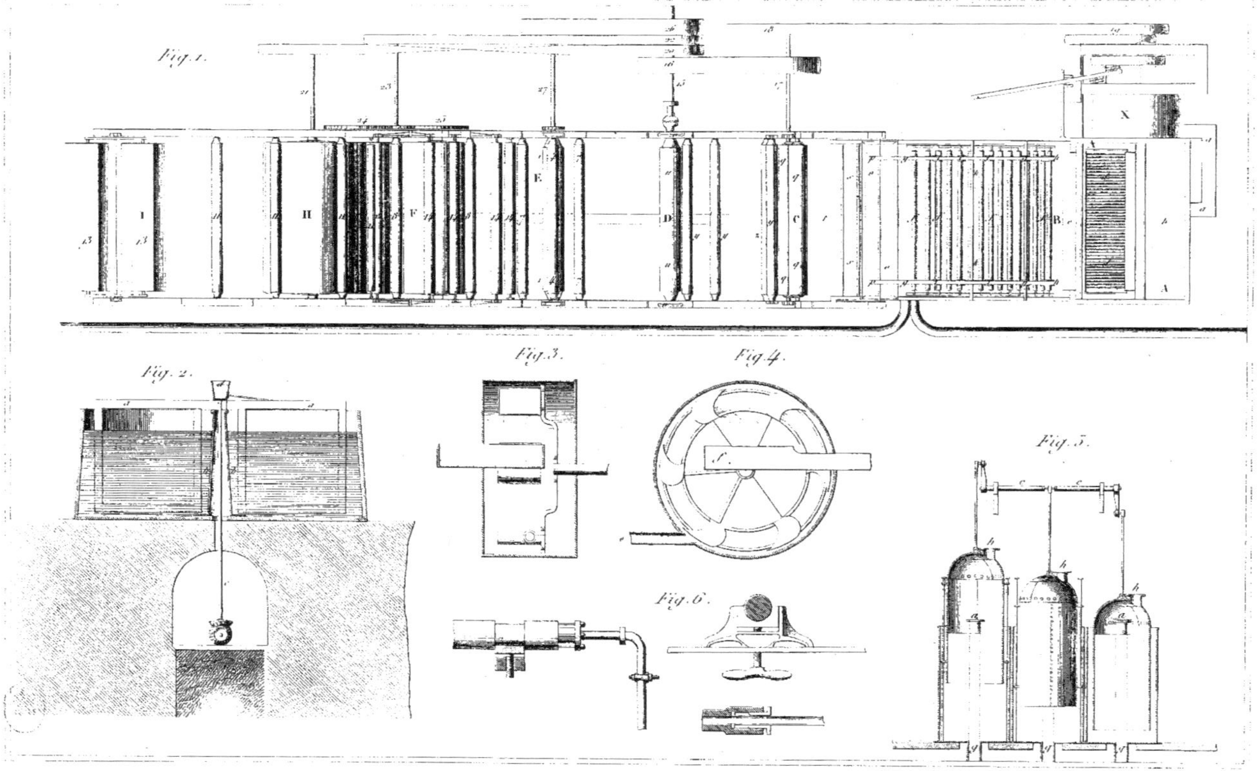

Fig. 1.
Fig. 2.
Fig. 3.
Fig. 4.
Fig. 5.
Fig. 6.

FABRICATION DU PAPIER.

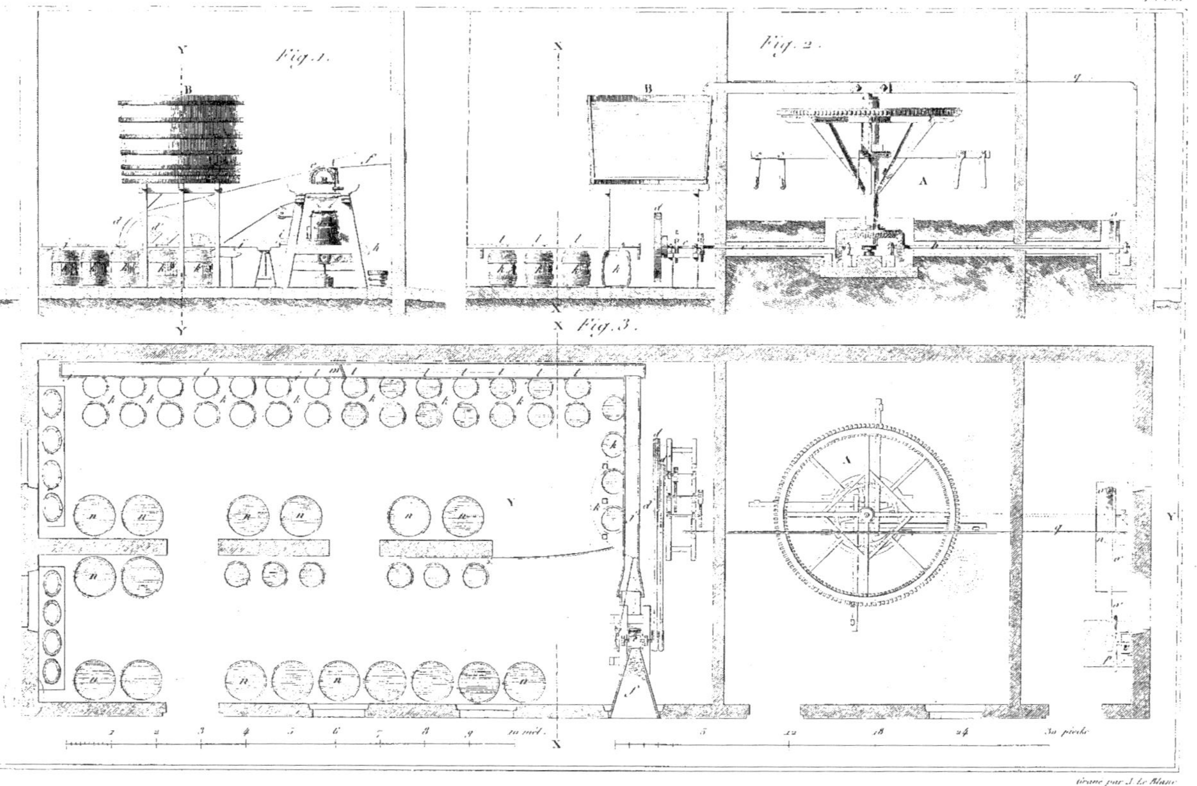

EXTRACTION DE LA FÉCULE.

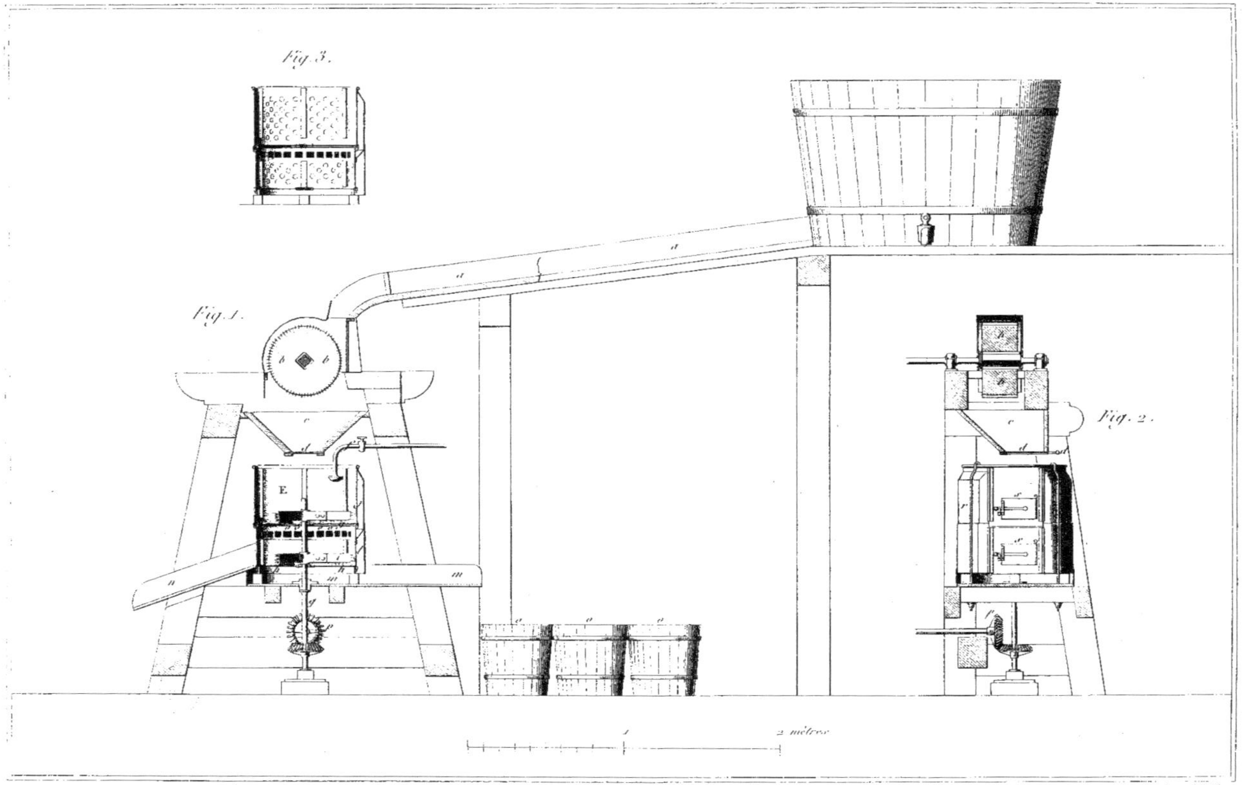

EXTRACTION DE LA FÉCULE.

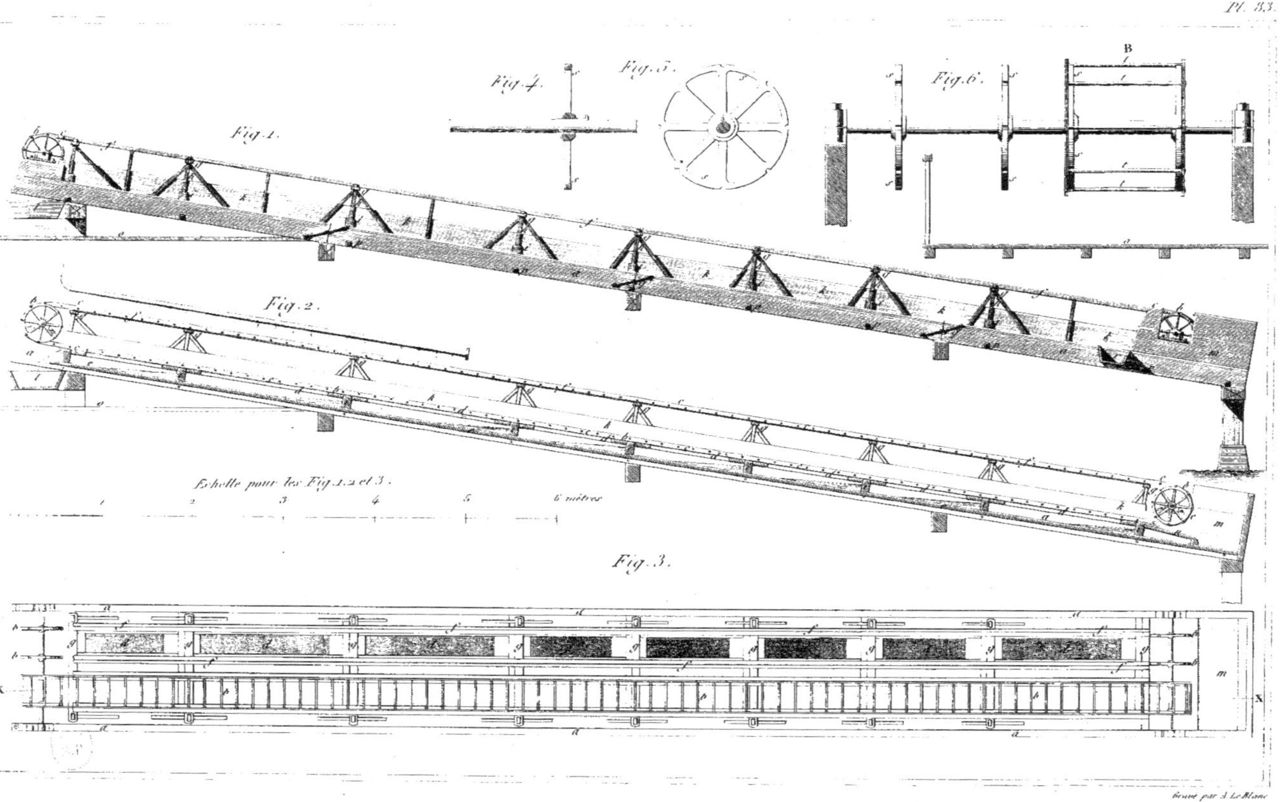

EXTRACTION DE LA FÉCULE.

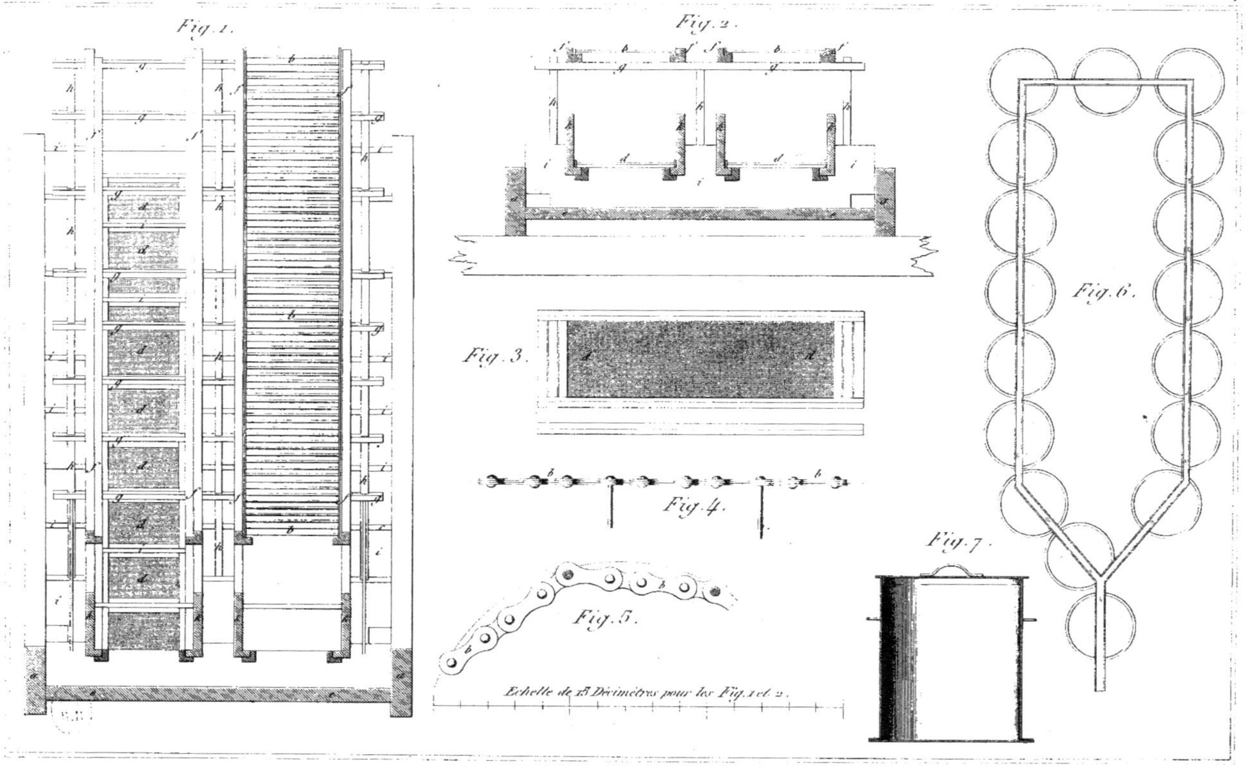

EXTRACTION DE LA FÉCULE.

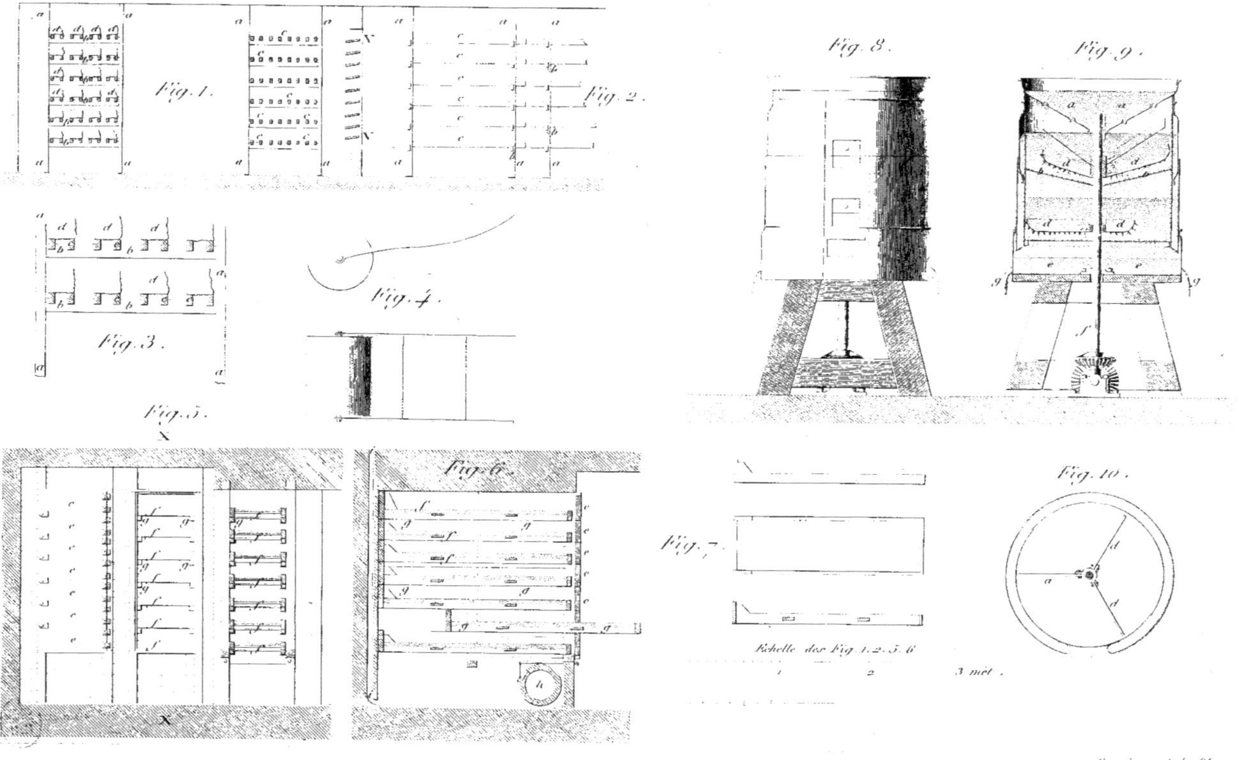

EXTRACTION DE LA FÉCULE.

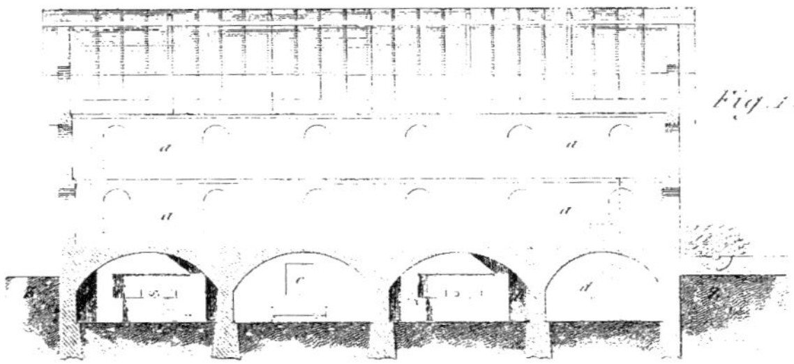

BOULANGERIE ET FOUR AÉROTHERME.

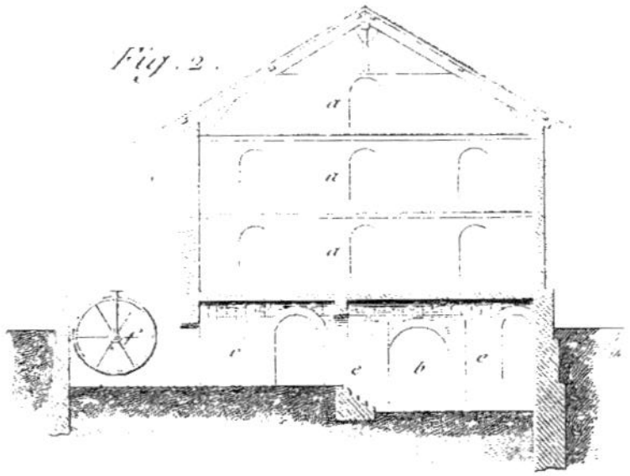

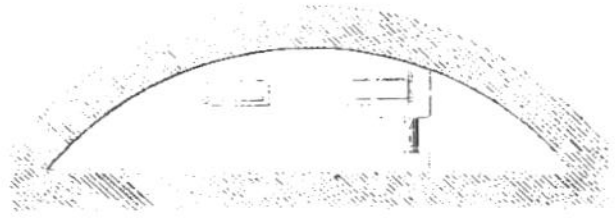

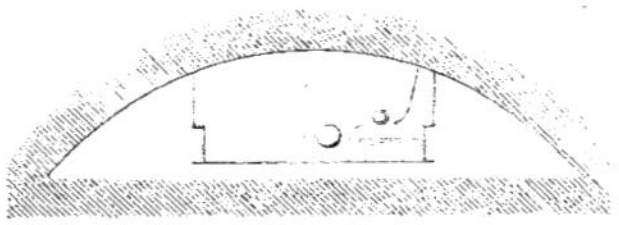

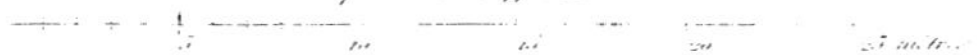

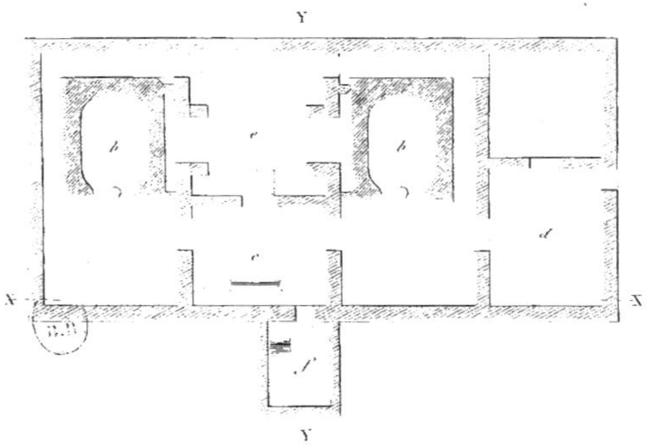

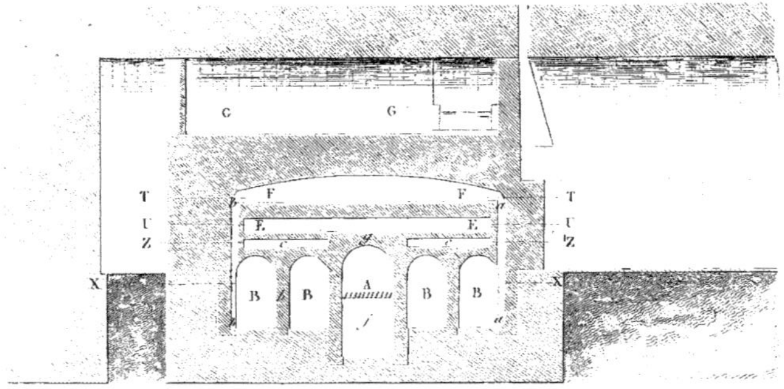

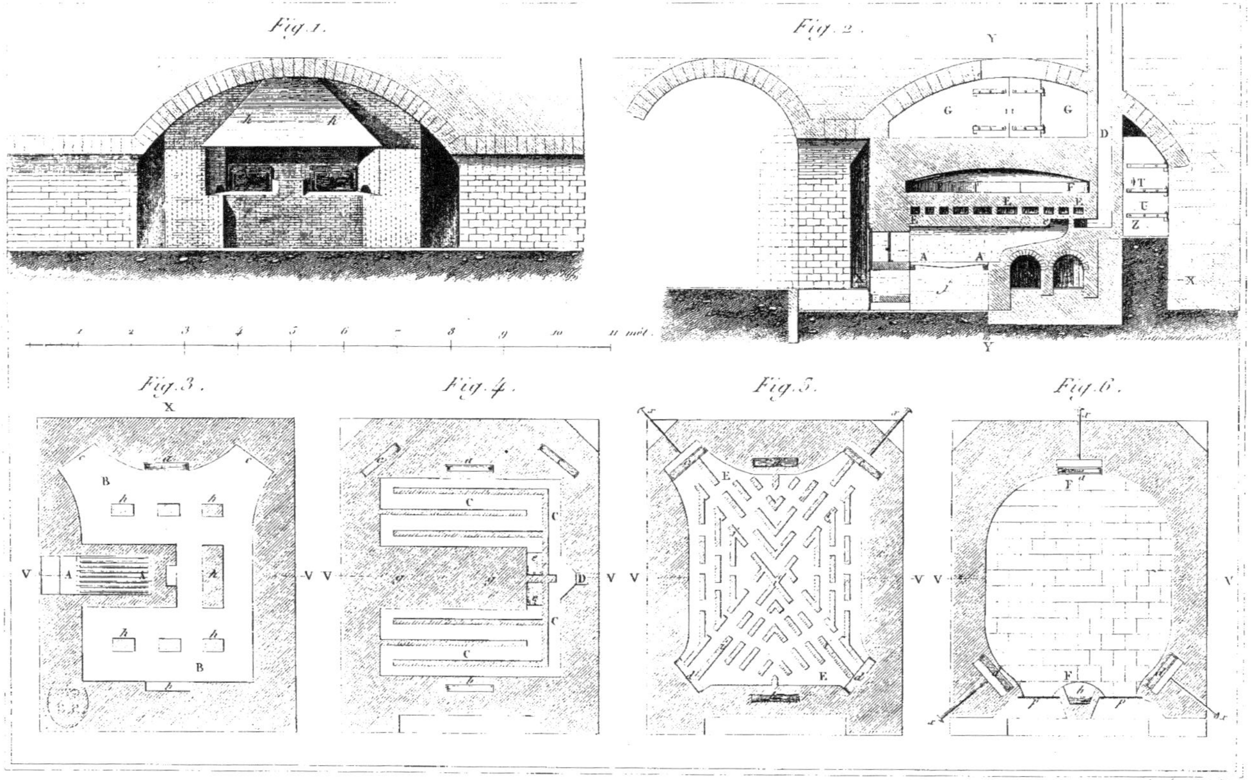

FOUR AÉROTHERME.

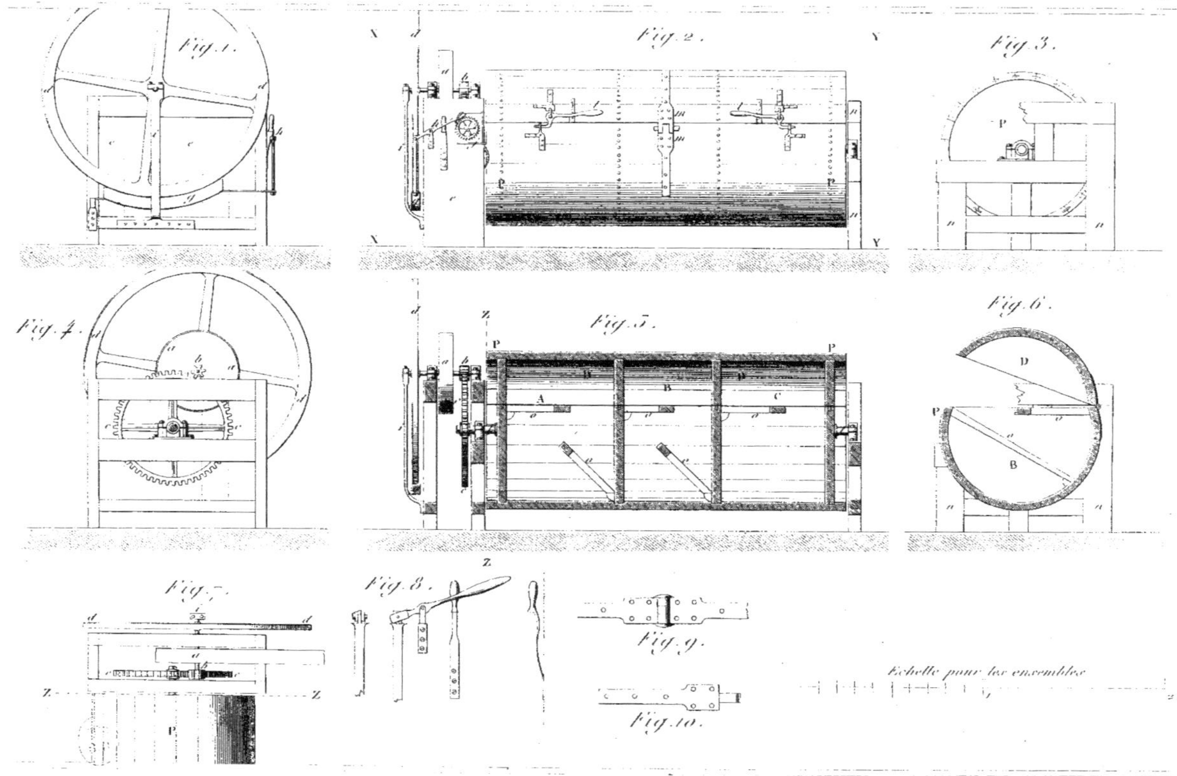

PÉTRIN MÉCANIQUE.

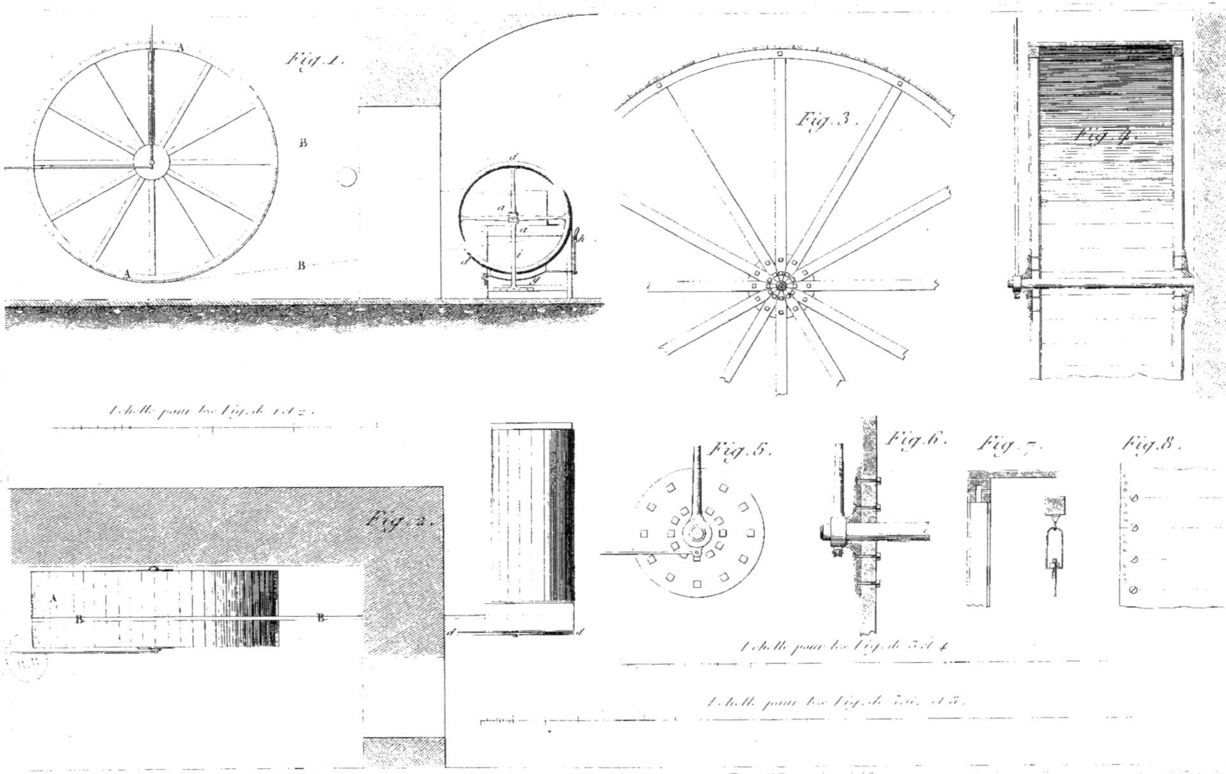
Pl. 84.
Fig. 1.
Fig. 2.
Fig. 3.
Fig. 4.
Fig. 5.
Fig. 6.
Fig. 7.
Fig. 8.
Échelle pour les Fig. 1 et 2.
Échelle pour les Fig. 3 et 4.
Échelle pour les Fig. 5, 6, 7 et 8.
Gravé par J. Le Blanc.
BOULANGERIE AÉROTHERME.

Fig. 1.

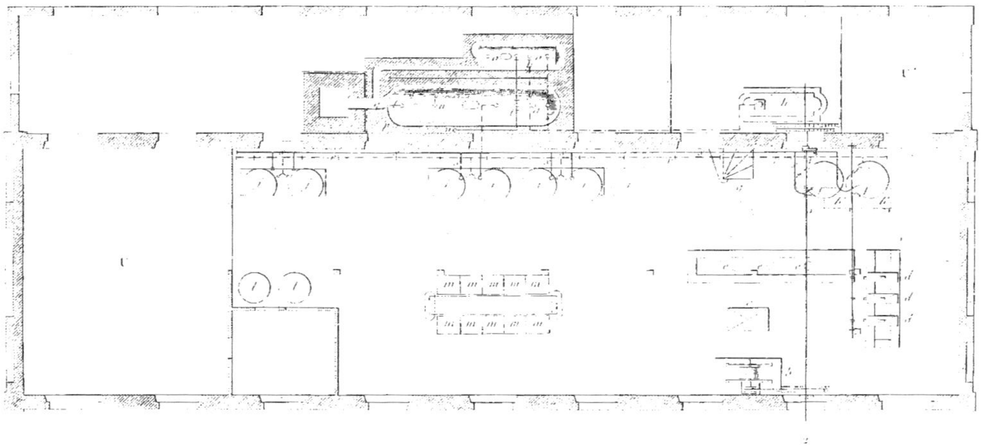

Fig. 2.

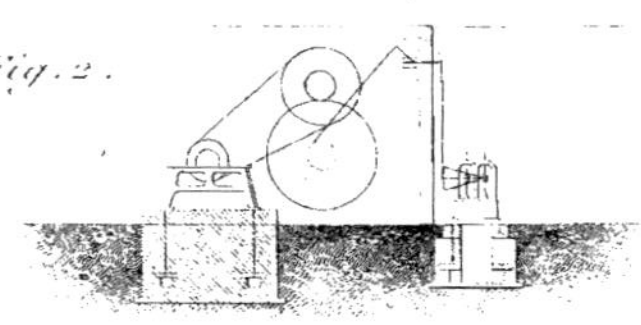

FABRICATION DU SUCRE DE BETTERAVE.

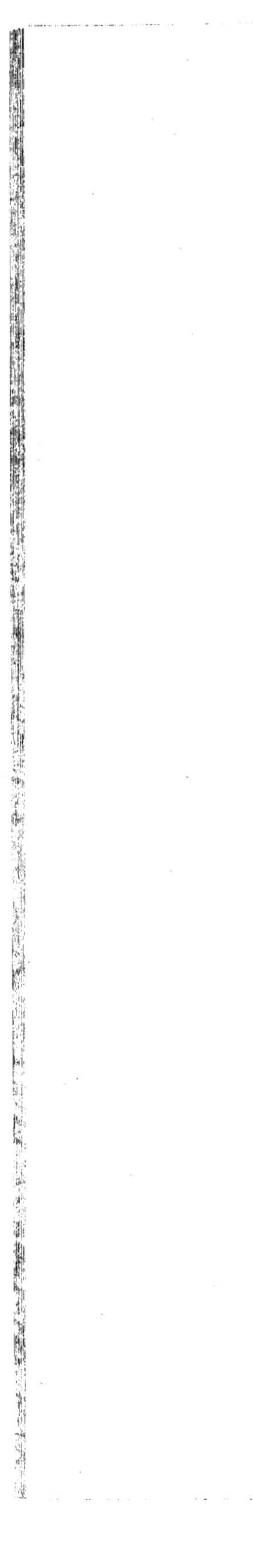

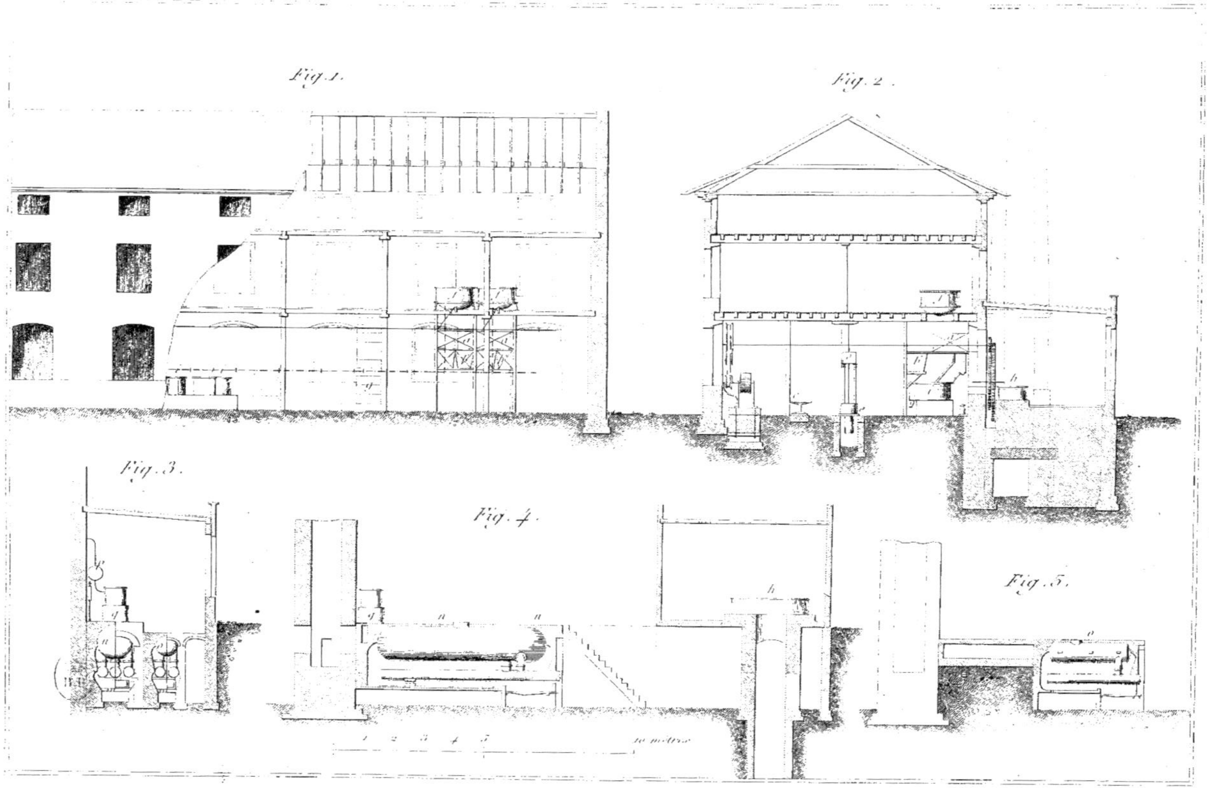

Pl. 91.

Fig. 1.

Fig. 2.

Fig. 3.

Fig. 4.

Fig. 5.

Gravé par V. Le Blanc.

FABRICATION DU SUCRE DE BETTERAVE.

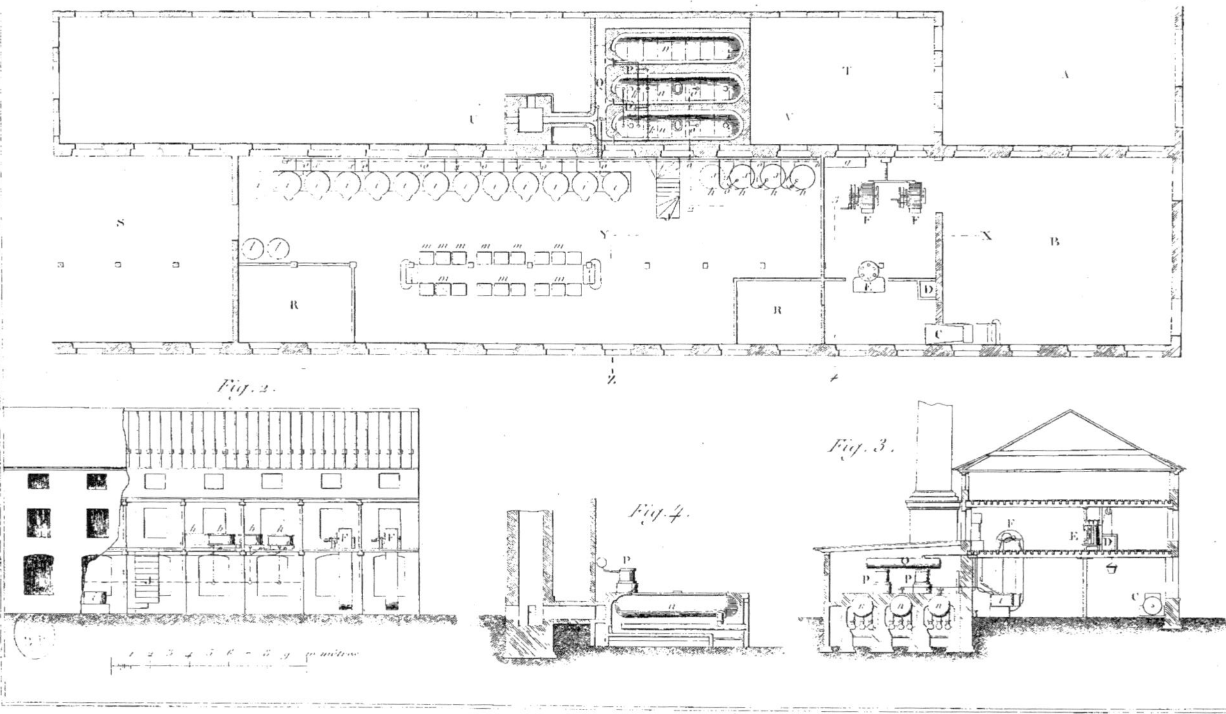

Fig. 1.
Fig. 2.
Fig. 3.
Fig. 4.
FABRICATION DU SUCRE DE BETTERAVE.
Gravé par J. Le Blanc.

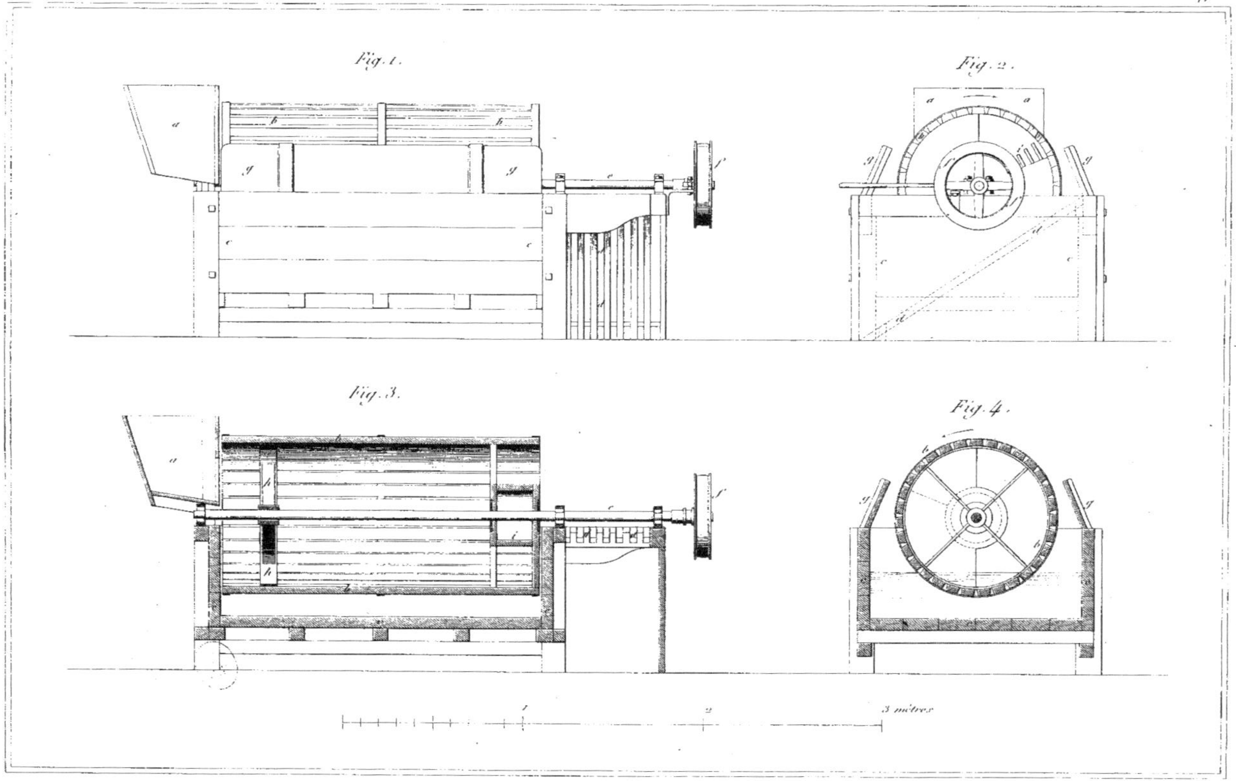

FABRICATION DU SUCRE DE BETTERAVE.

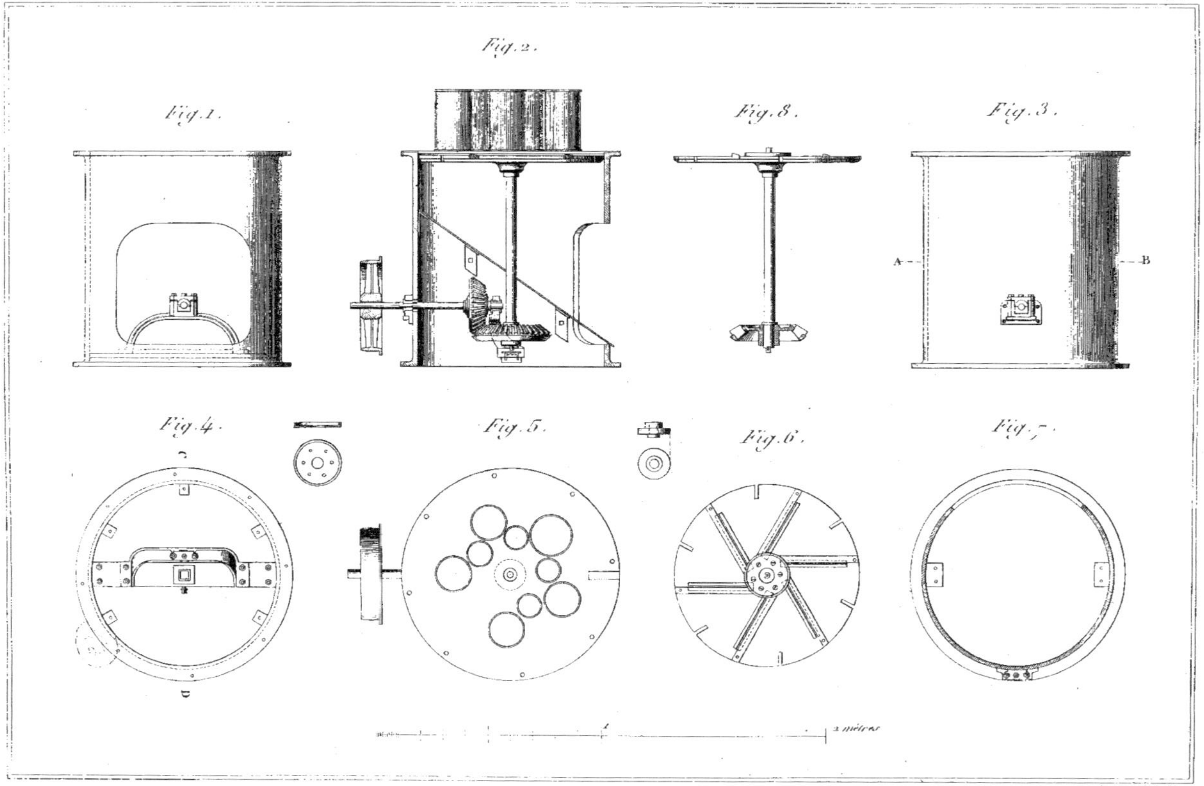

Fig. 1.

Fig. 2.

Fig. 8.

Fig. 3.

A — B

Fig. 4.

Fig. 5.

Fig. 6.

Fig. 7.

2 mètres

FABRICATION DU SUCRE DE BETTERAVE.

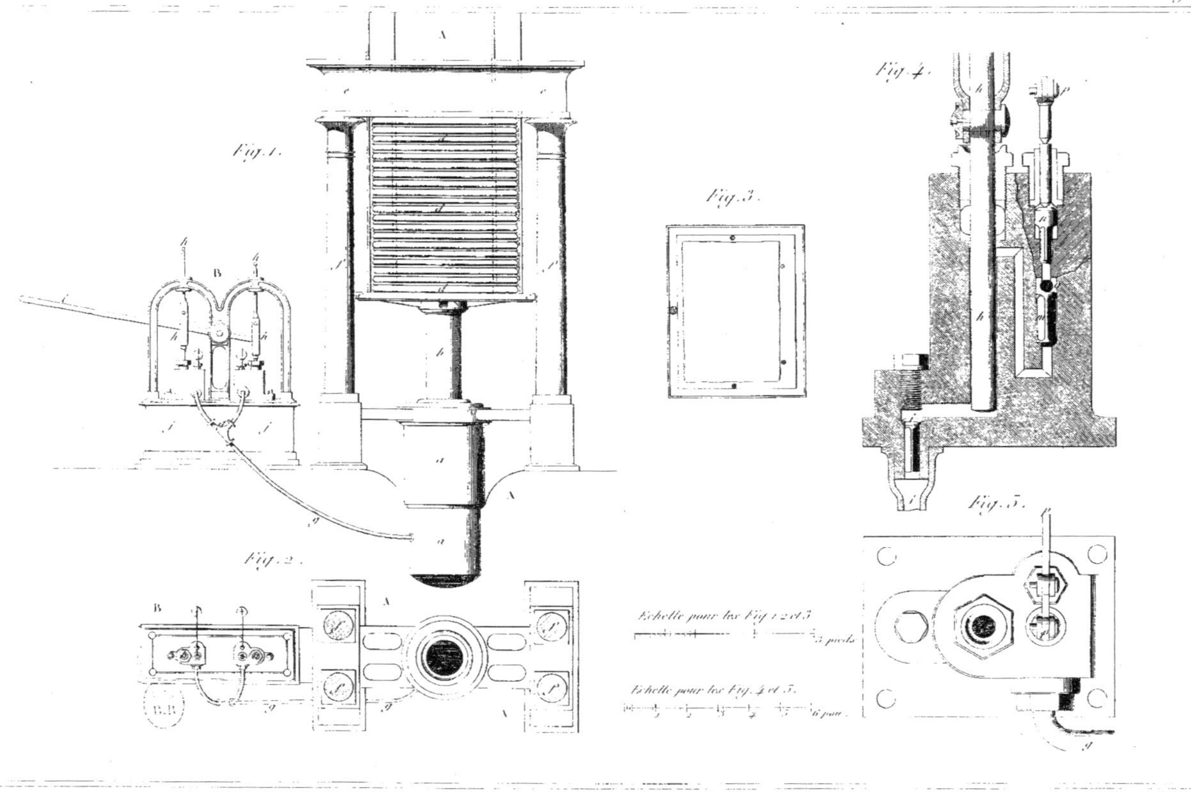

FABRICATION DU SUCRE DE BETTERAVE.

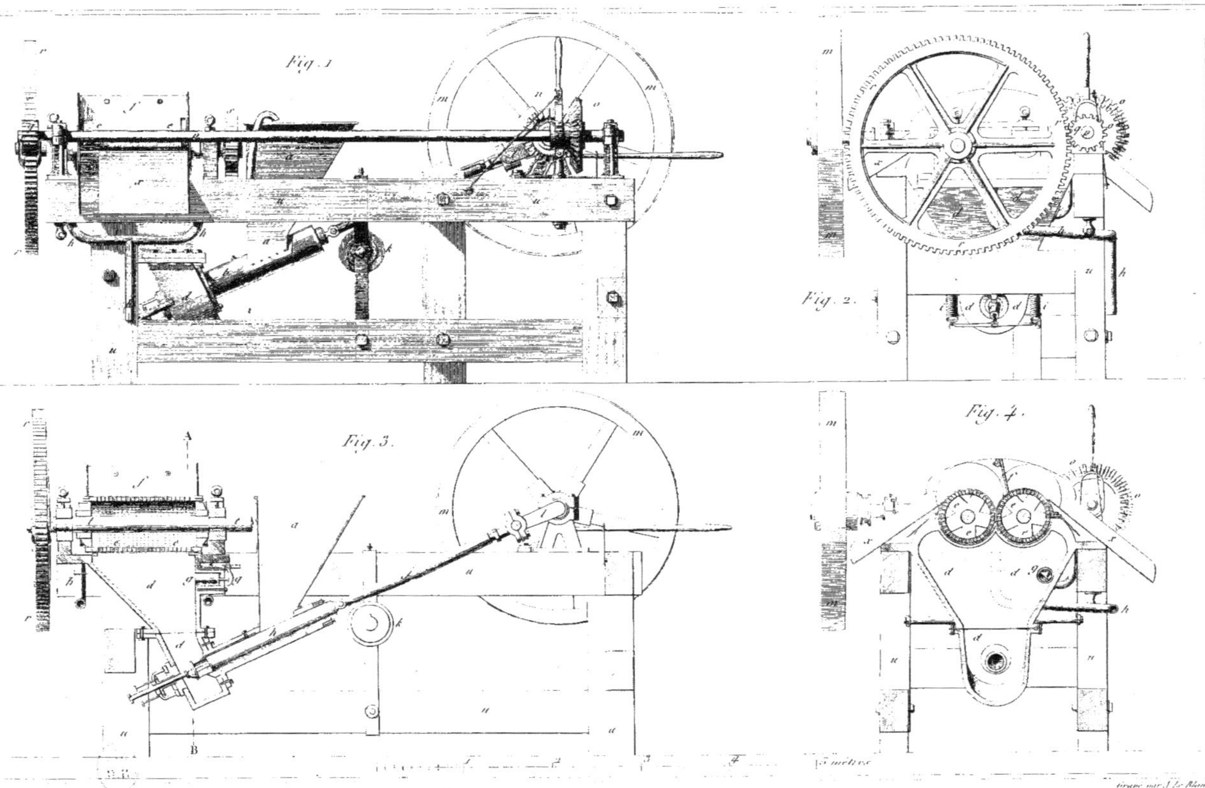
Pl. 96.
Fig. 1.
Fig. 2.
Fig. 3.
Fig. 4.
FABRICATION DU SUCRE DE BETTERAVE.

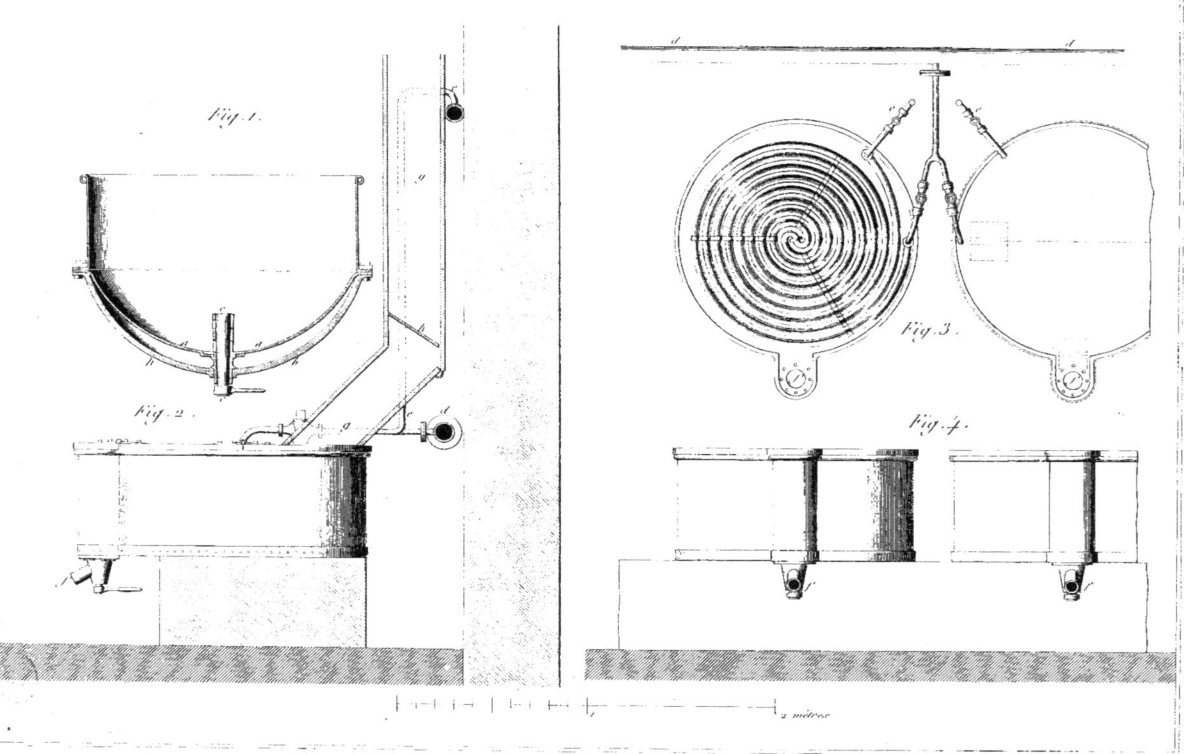

FABRICATION DU SUCRE DE BETTERAVE.

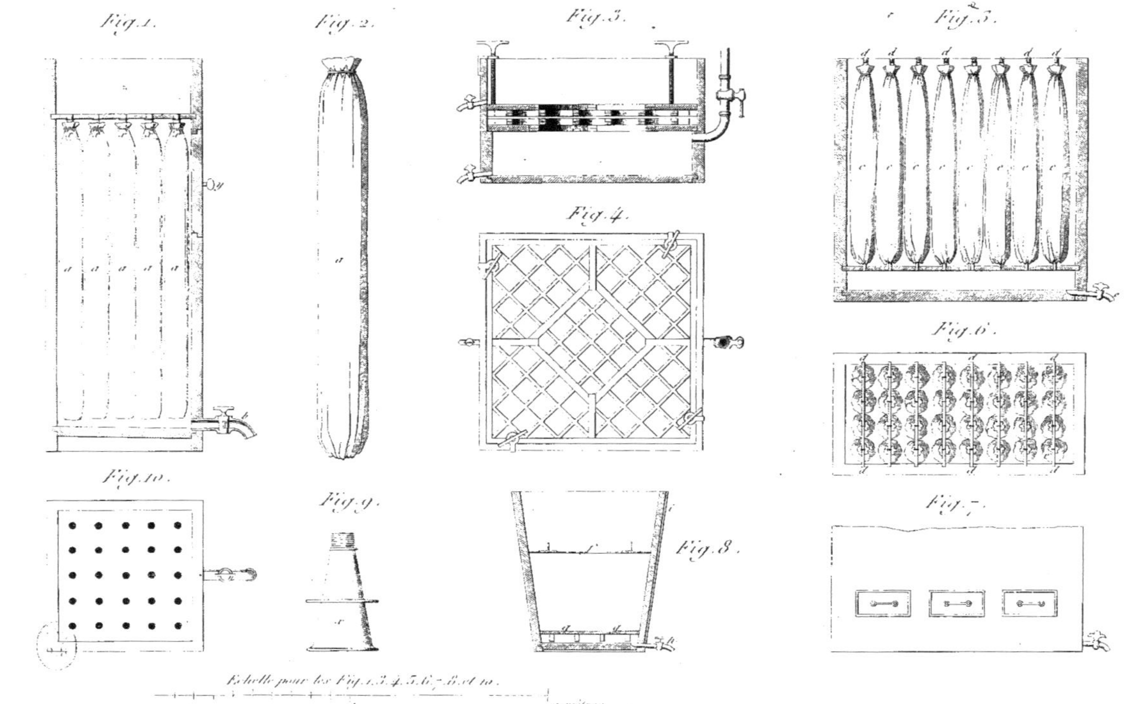

FABRICATION DU SUCRE.

FABRICATION DU SUCRE DE BETTERAVE.

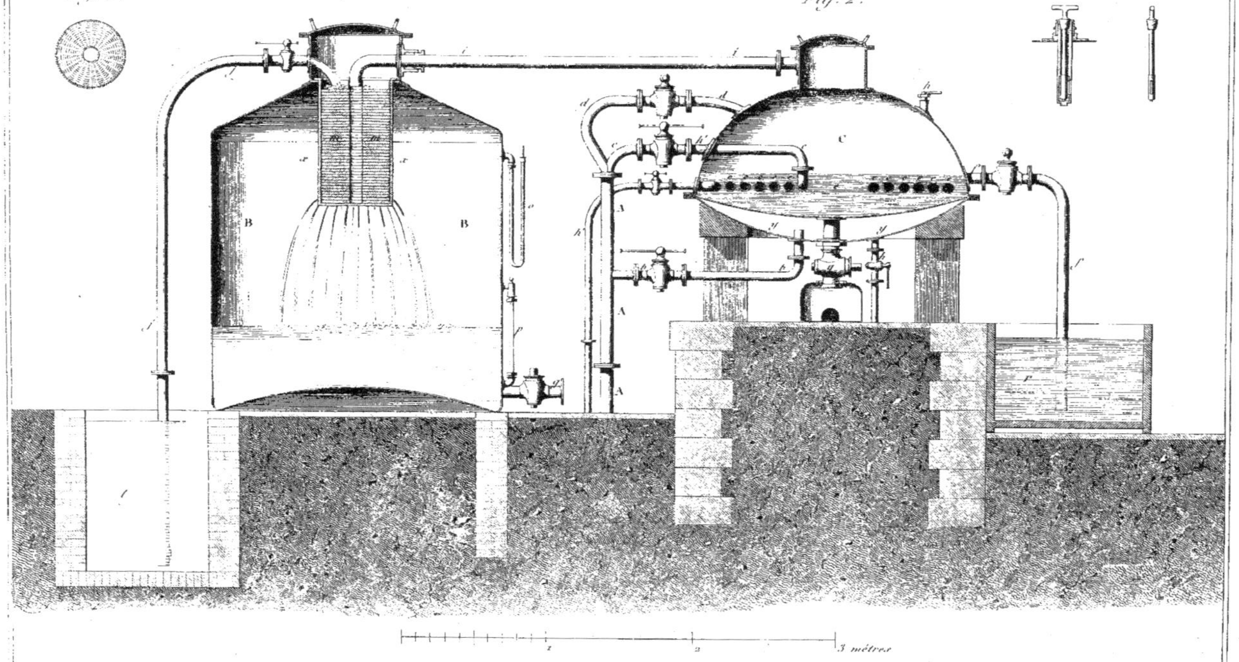

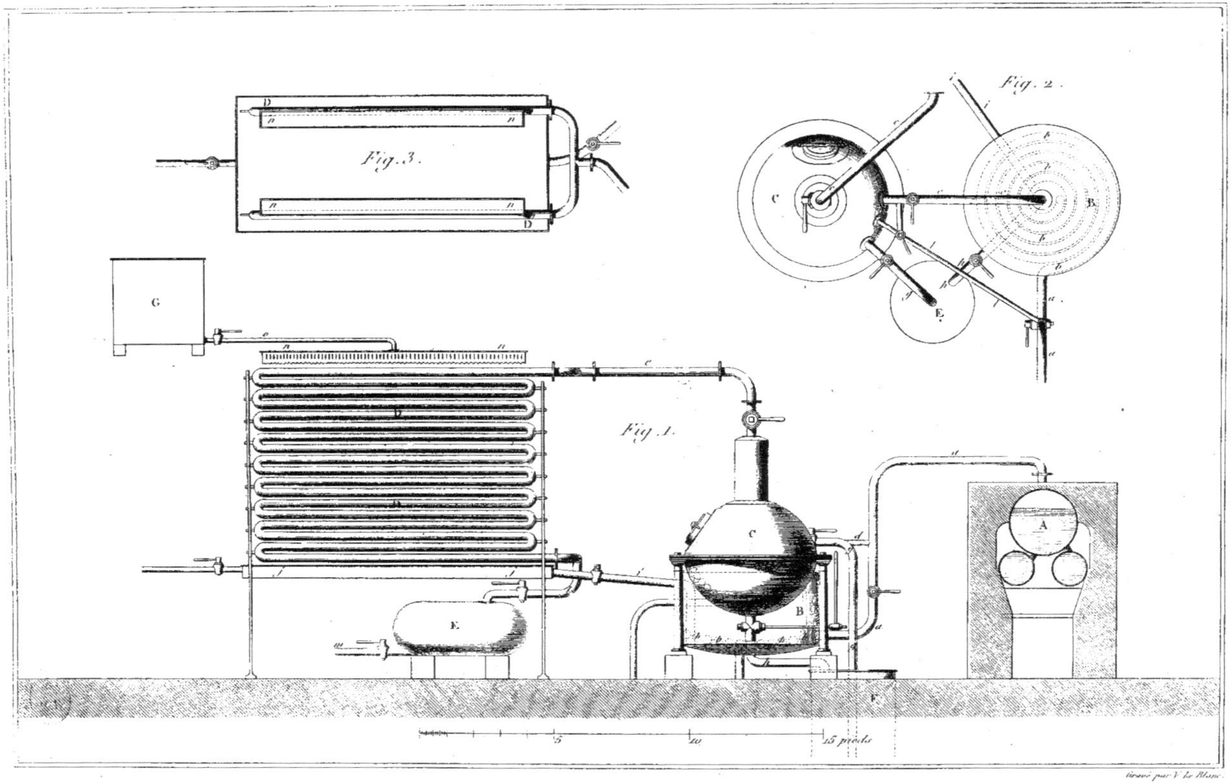

Gravé par V. Le Blanc.

FABRICATION DU SUCRE DE BETTERAVE

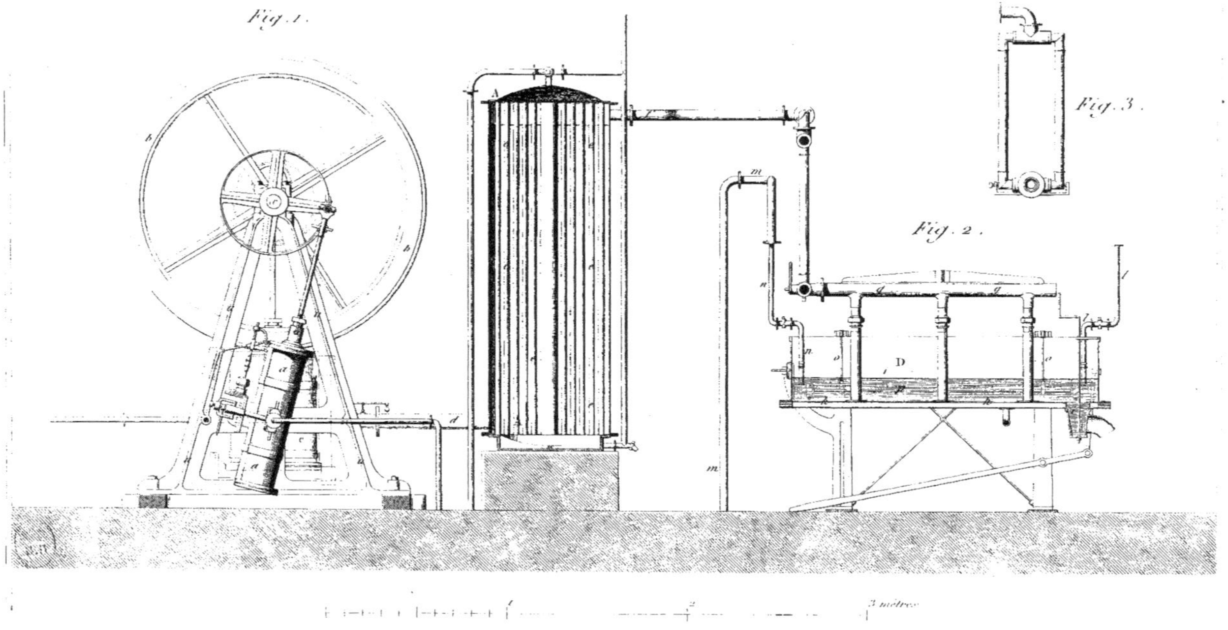

FABRICATION DU SUCRE DE BETTERAVE.

Gravé par A. Le Blanc.

FABRICATION DU SUCRE DE BETTERAVE.

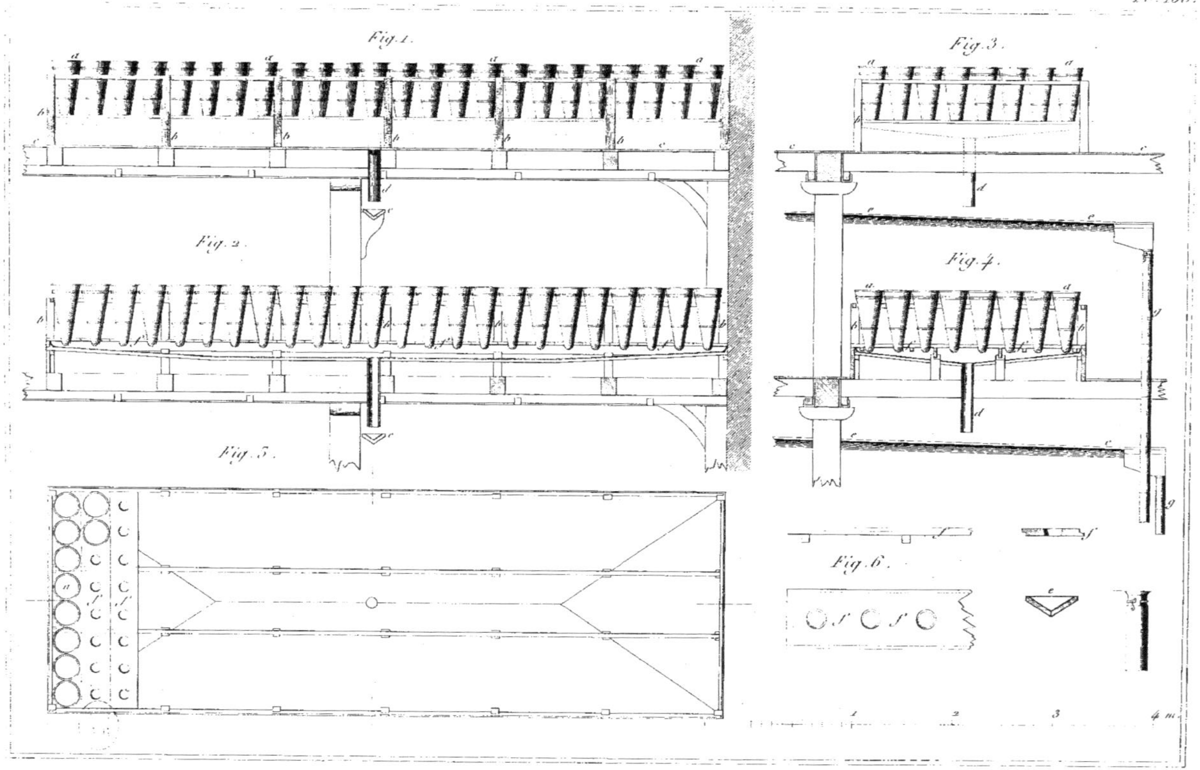

FABRICATION DU SUCRE DE BETTERAVE.

FABRICATION DU SUCRE DE CANNES.

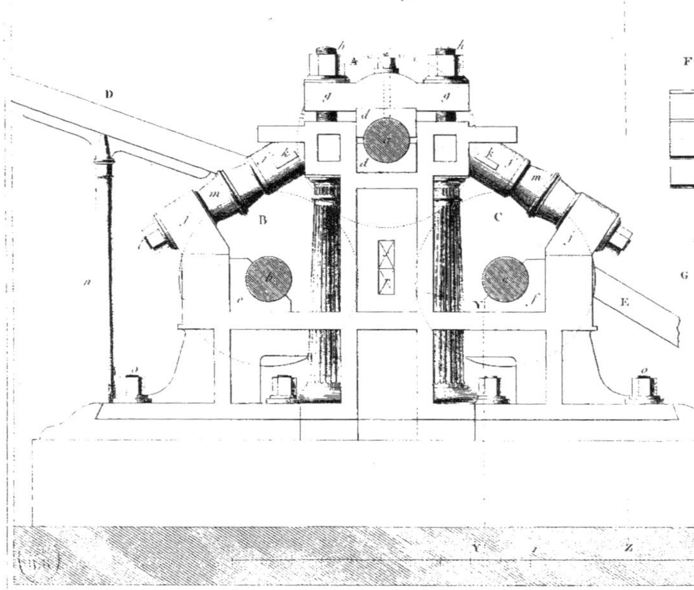

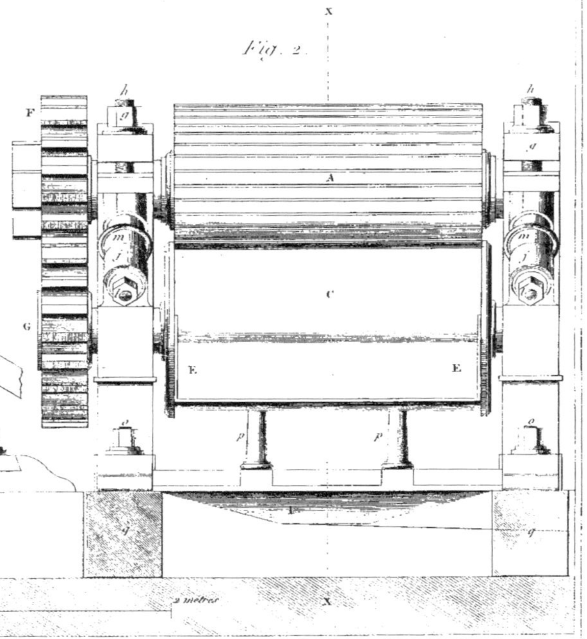

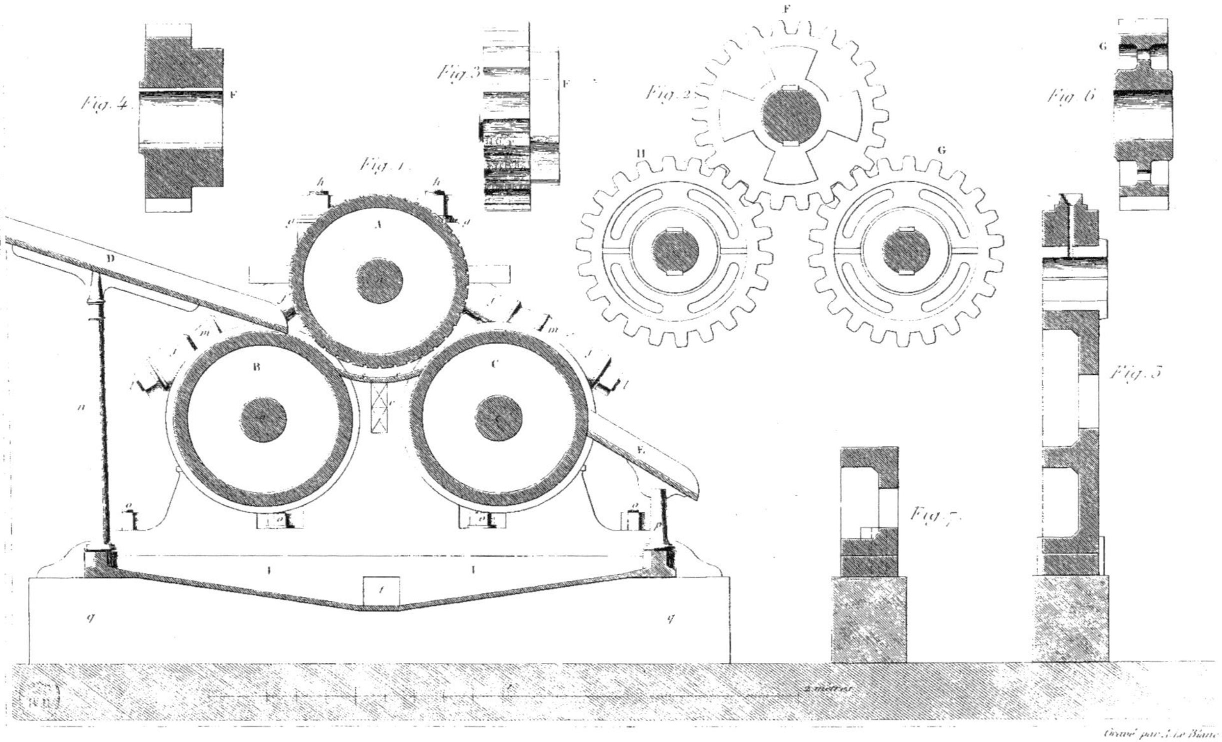

FABRICATION DU SUCRE DE CANNES.

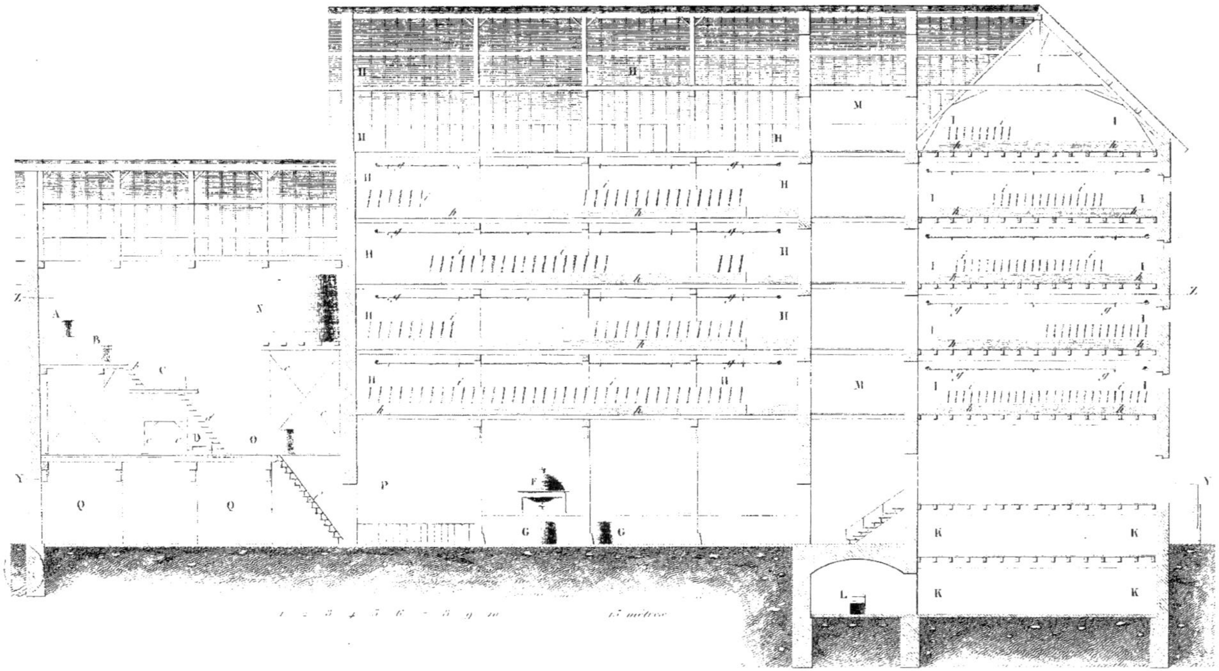

RAFFINAGE DU SUCRE.

Gravé par A. Le Blanc.

RAFFINAGE DU SUCRE.

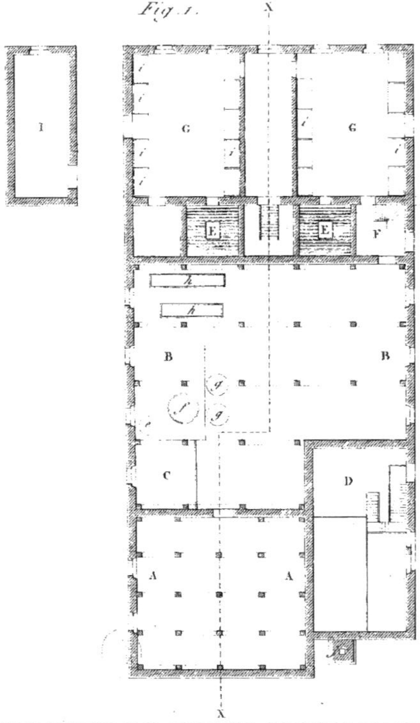

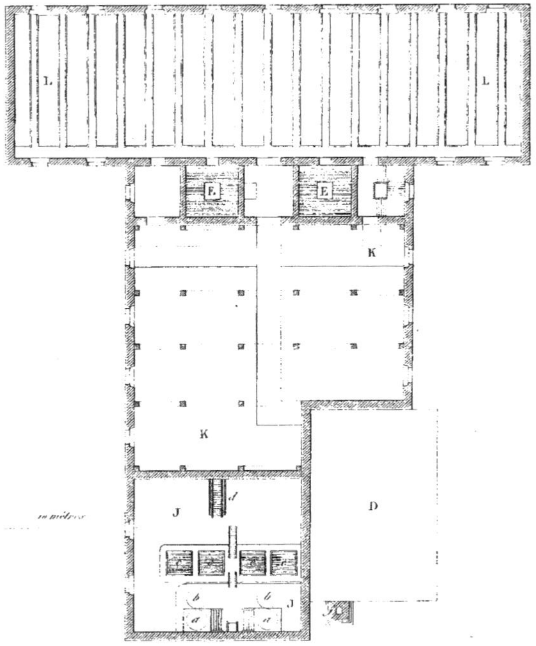

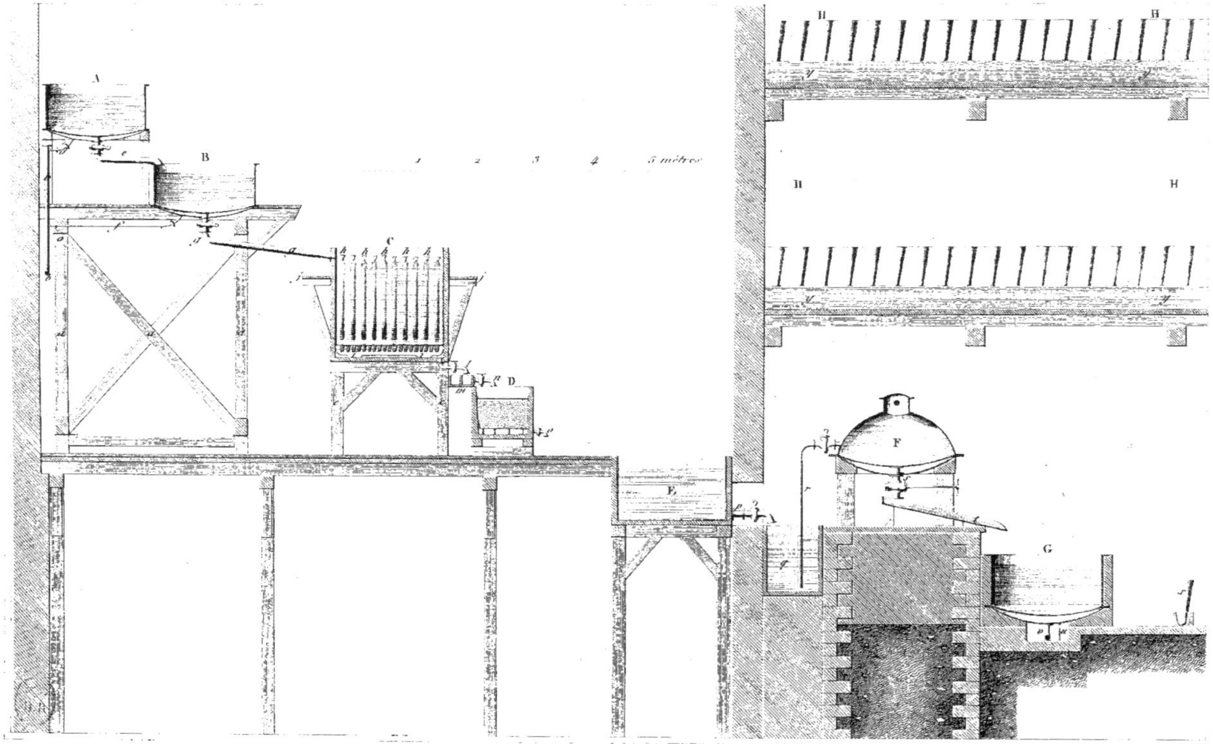

Pl. 108.

RAFFINAGE DU SUCRE.

Gravé par J. Le Blanc.

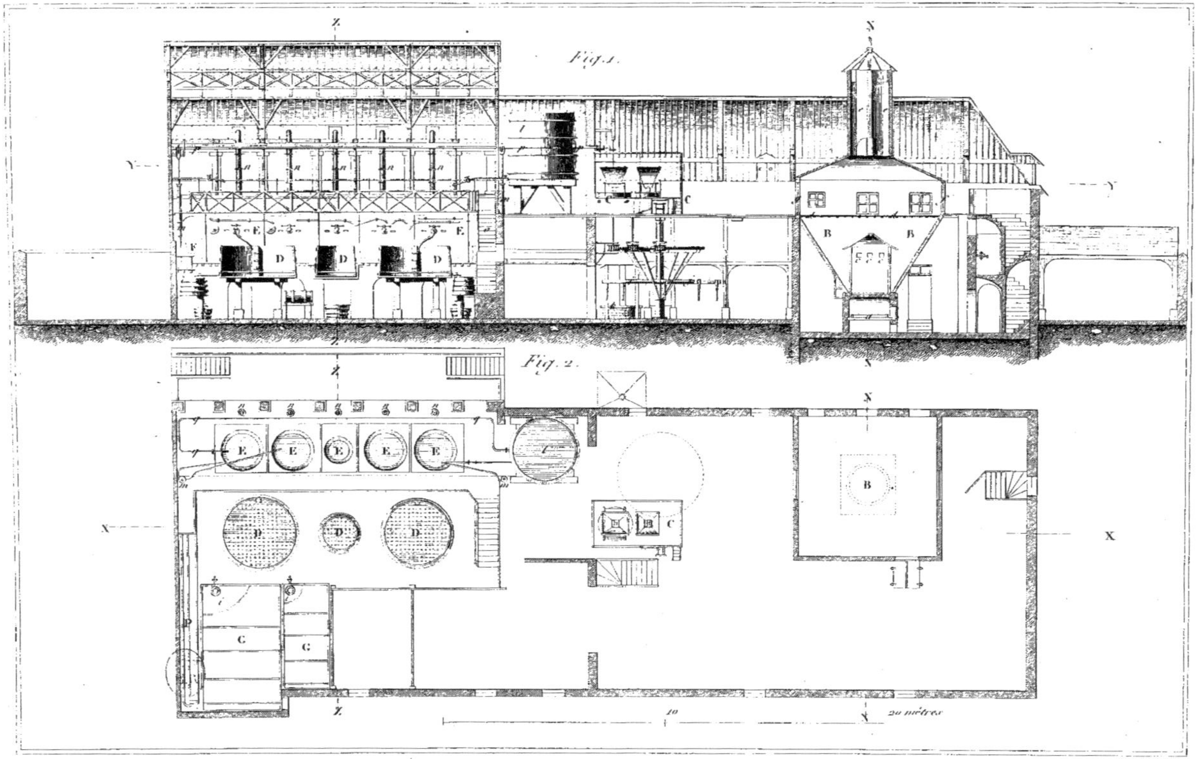

FABRICATION DE LA BIÈRE.

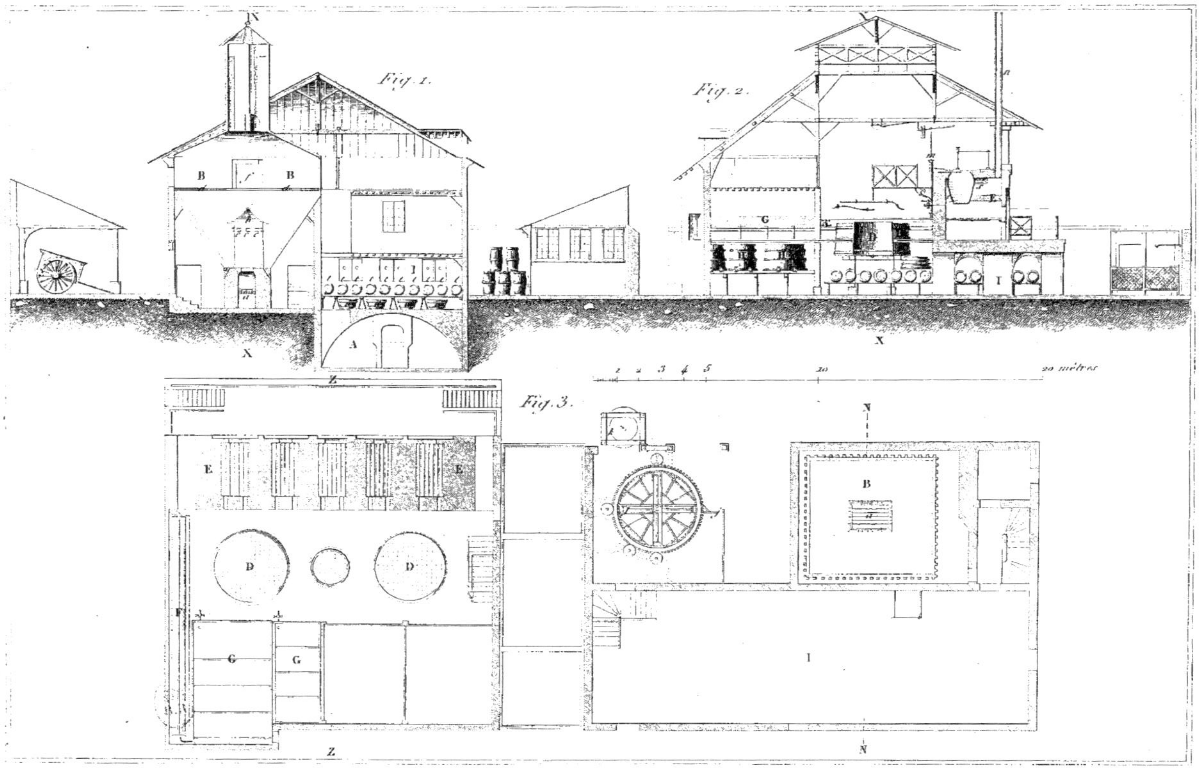

FABRICATION DE LA BIÈRE

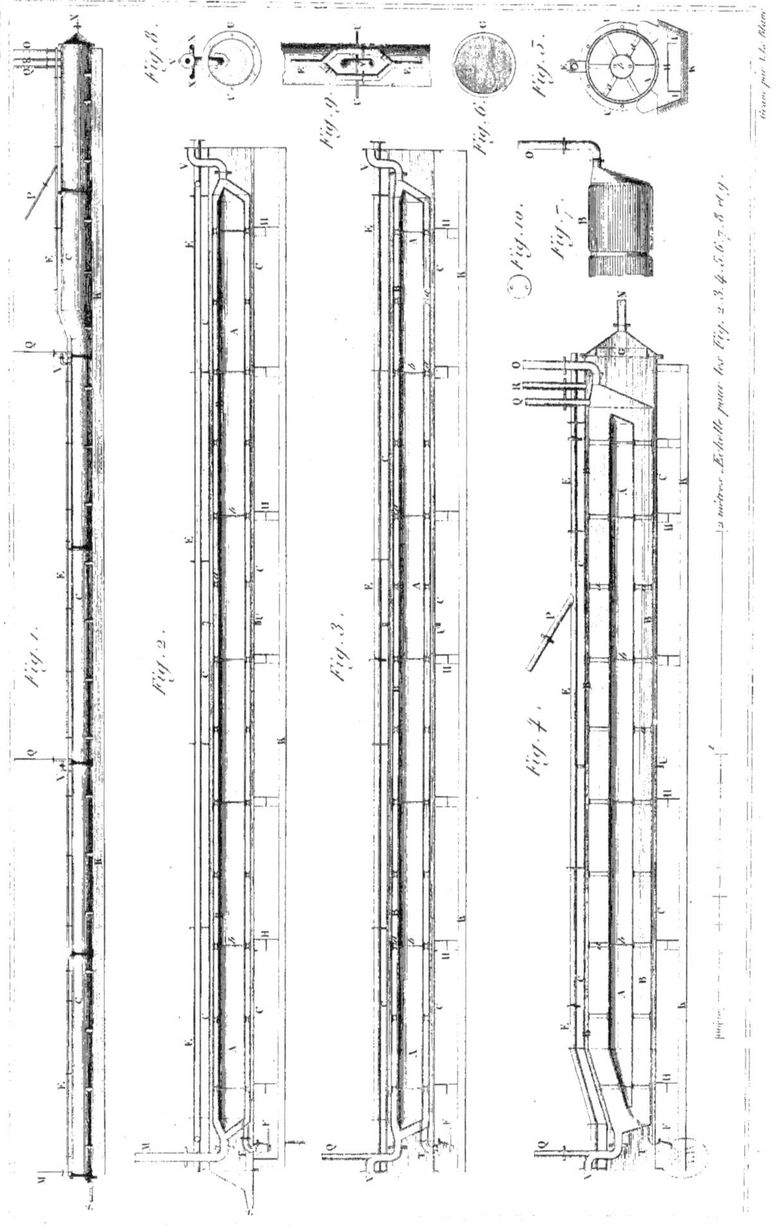

RÉFRIGÉRANT NICHOLS.

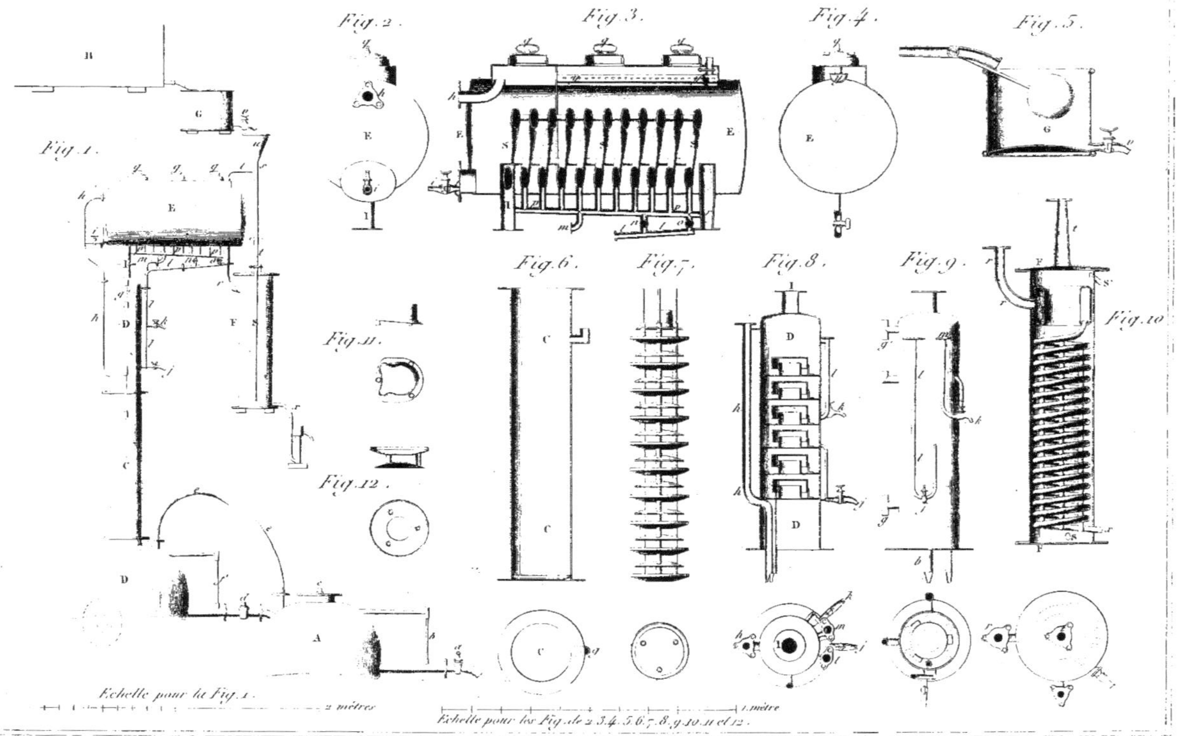

Fig. 1.
Fig. 2.
Fig. 3.
Fig. 4.
Fig. 5.
Fig. 6.
Fig. 7.
Fig. 8.
Fig. 9.
Fig. 10.
Fig. 11.
Fig. 12.

Echelle pour la Fig. 1.

2 mètres

Echelle pour les Fig. de 2. 3. 4. 5. 6. 7. 8. 9. 10. 11 et 12.

1 mètre

Gravé par A. Le Blanc.

DISTILLATION DES EAUX-DE-VIE.

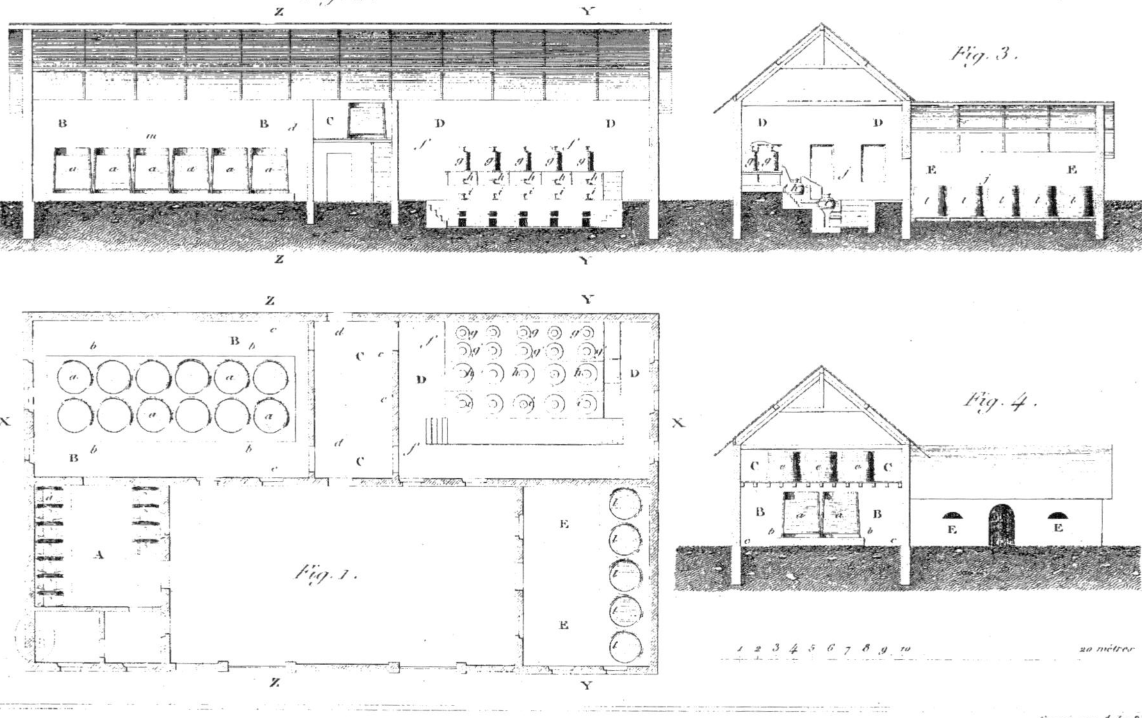

DISTILLATION.

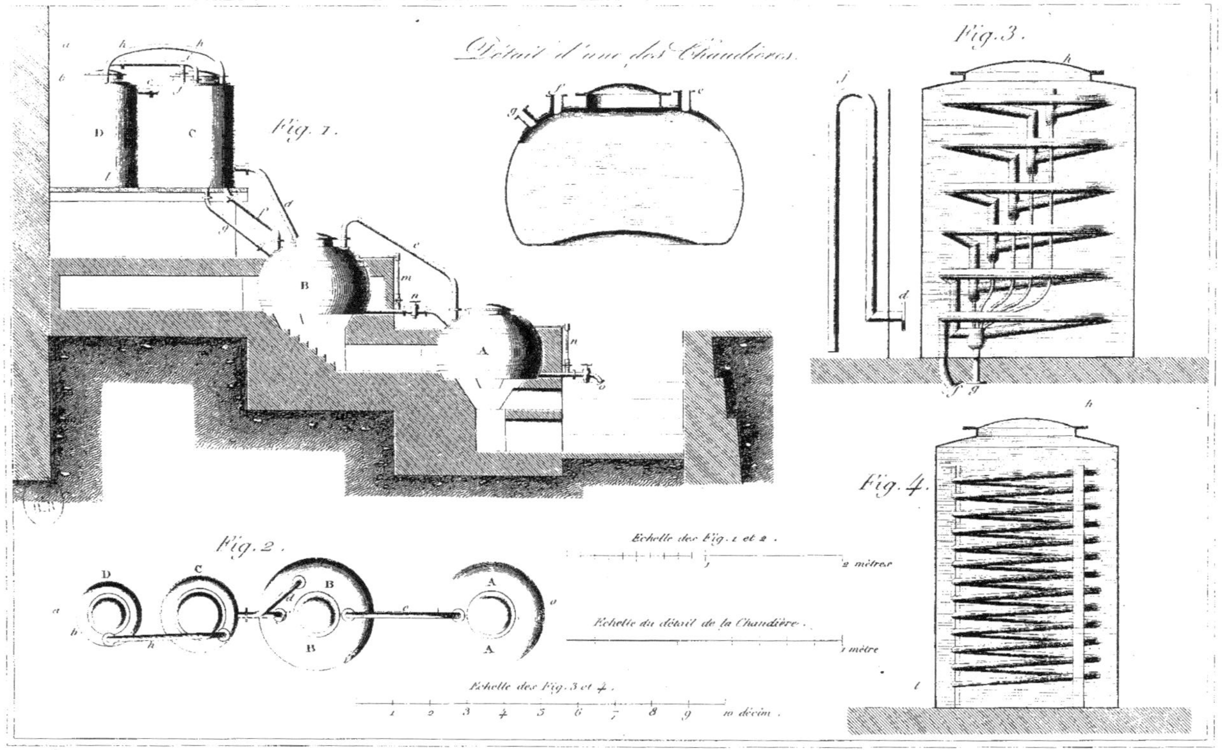

Pl. 114.
Fig. 1.
Fig. 2.
Fig. 3.
Fig. 4.
Détail d'une des Chaudières.
Échelle des Fig. 1 et 2.
2 mètres
Échelle du détail de la Chaudière.
1 mètre
Échelle des Fig. 3 et 4.
1 2 3 4 5 6 7 8 9 10 décim.
DISTILLATION, APPAREIL LAUGIER.

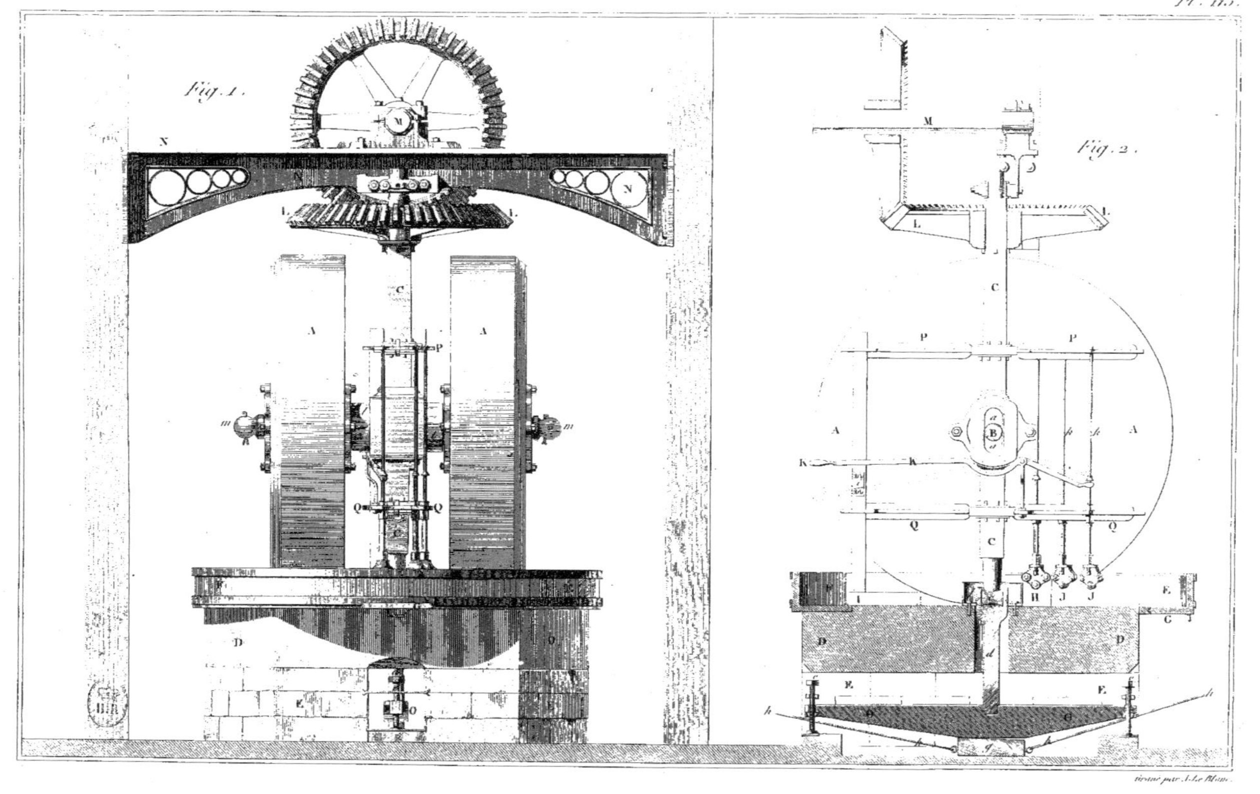

Pl. 115.
Fig. 1.
Fig. 2.
HUILERIE.

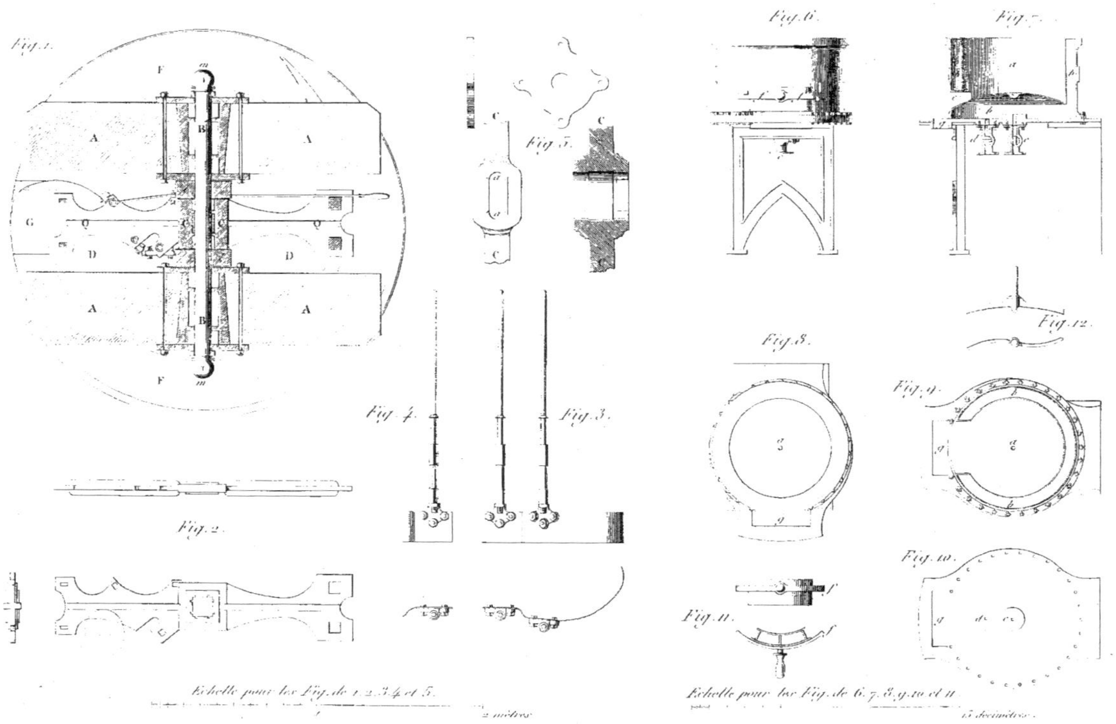

Fig. 1.

Fig. 2.

Fig. 3.

Fig. 4.

Fig. 5.

Fig. 6.

Fig. 7.

Fig. 8.

Fig. 9.

Fig. 10.

Fig. 11.

Fig. 12.

Échelle pour les Fig. de 1. 2. 3. 4 et 5.

2 mètres

Échelle pour les Fig. de 6. 7. 8. 9. 10 et 11.

15 décimètres.

Gravé par J. Le Blanc.

HUILERIE.

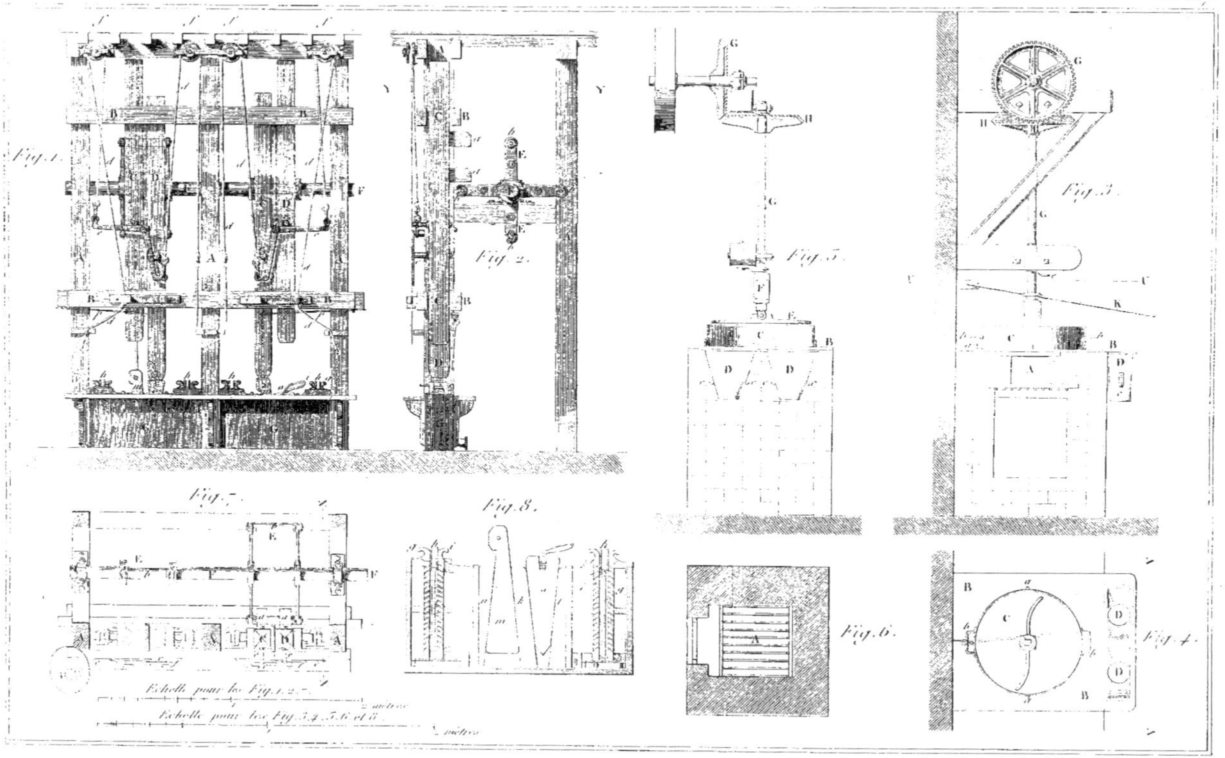

HUILERIE.

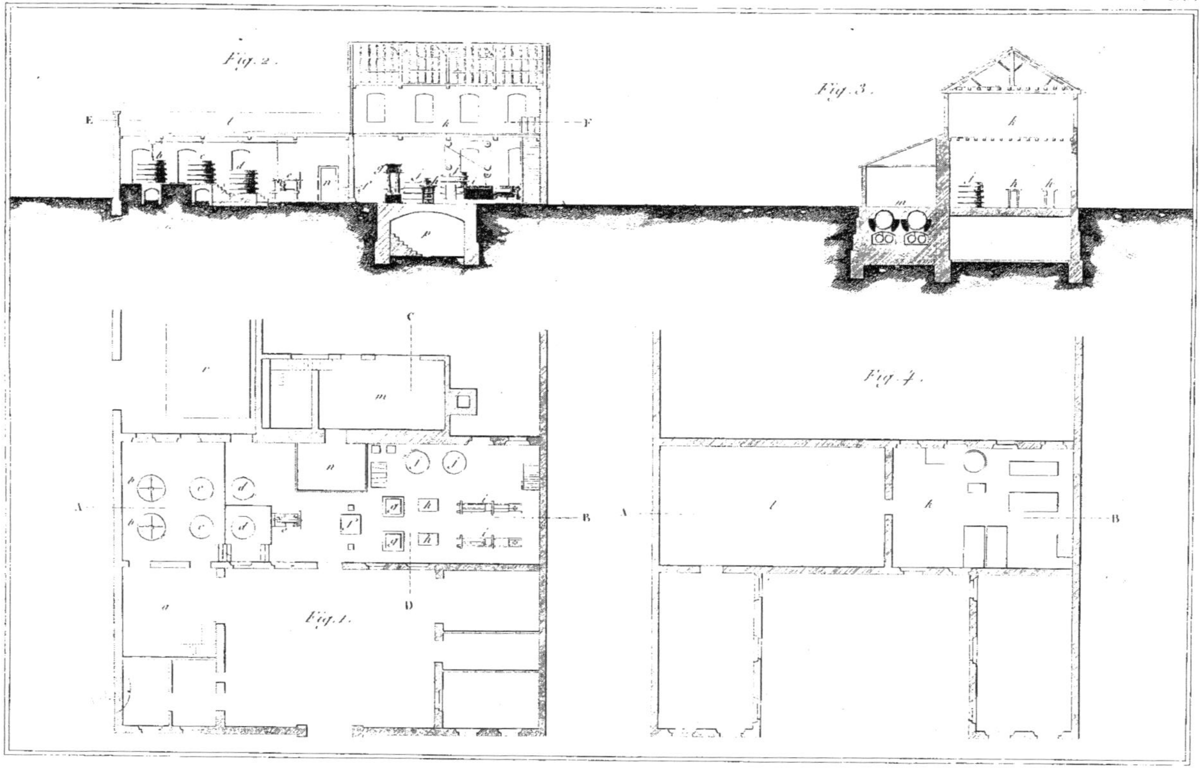

Pl. 118.

Fig. 2.

Fig. 3.

Fig. 4.

Fig. 1.

Gravé par A. Le Blanc.

FABRICATION DES BOUGIES STÉARIQUES.

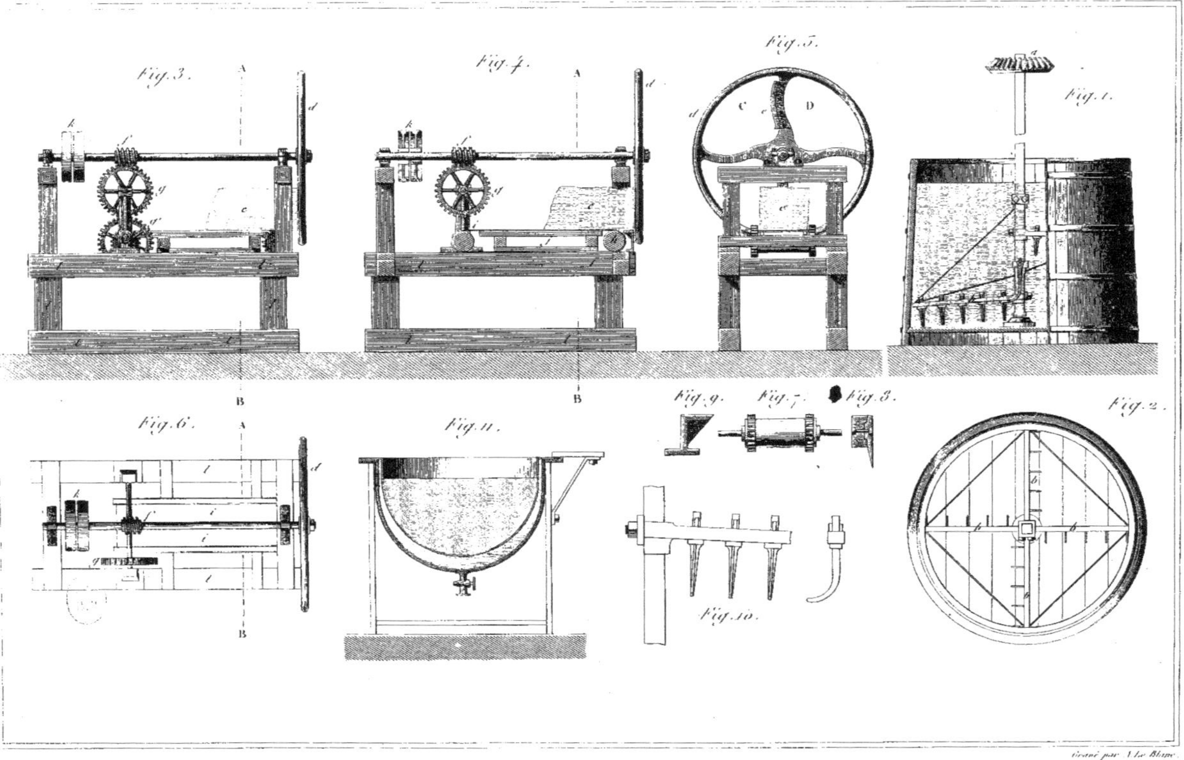

FABRICATION DES BOUGIES STÉARIQUE.

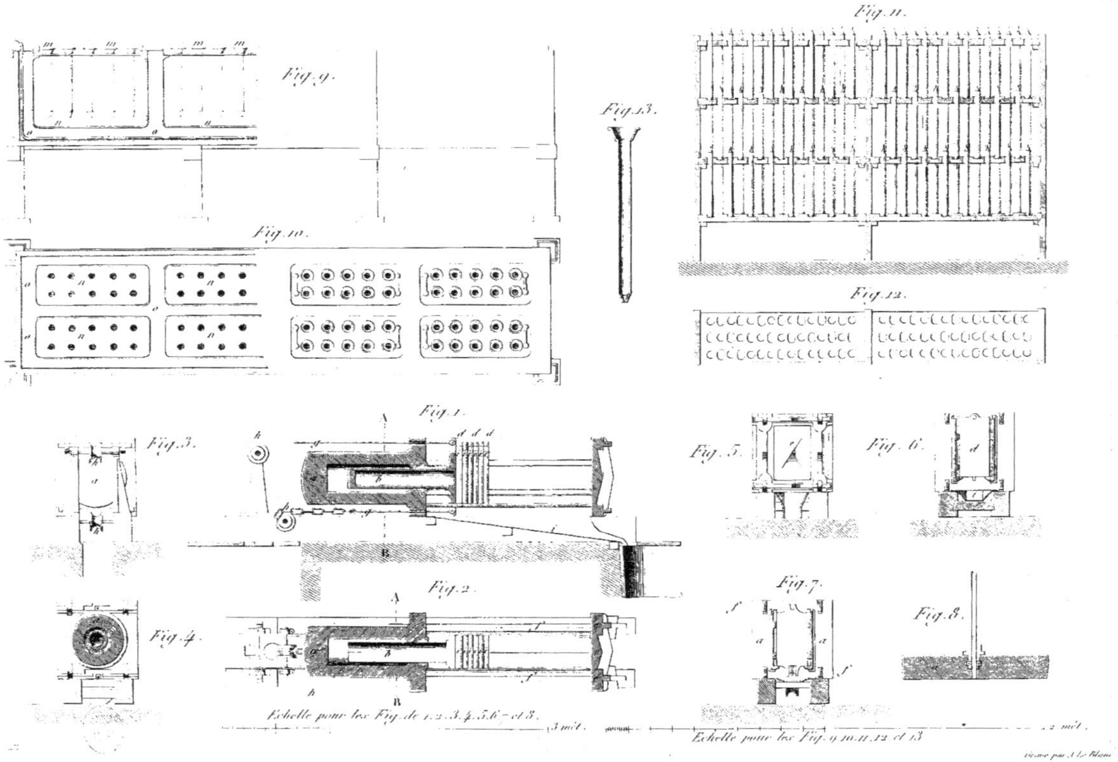

Gravé par A. Le Blanc

FABRICATION DES BOUGIES D'A. STÉARIQUE.

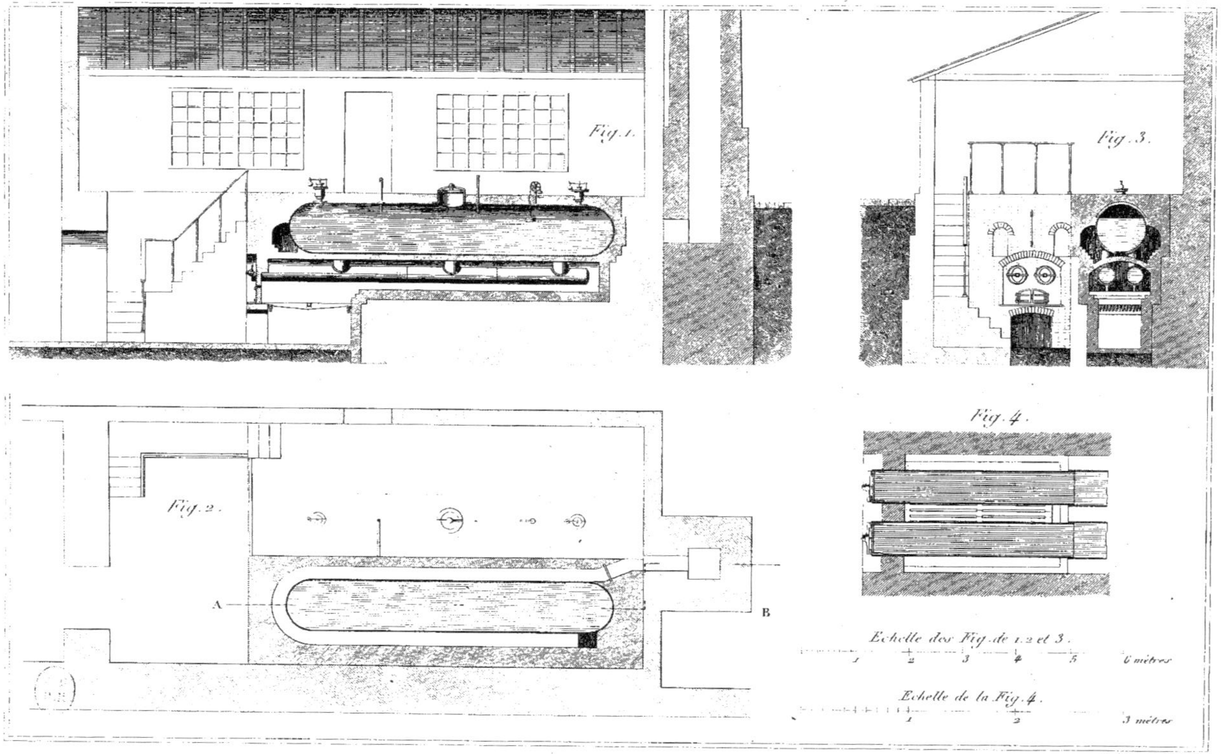

Pl. 12.

Fig. 1.

Fig. 2.

Fig. 3.

Fig. 4.

Echelle des Fig. de 1 2 et 3.

3 metres

6 metres

Echelle de la Fig. 4.

3 metres

A

B

Gravé par A. L. Blum.

FABRICATION DES BOUGIES STÉARIQUES.

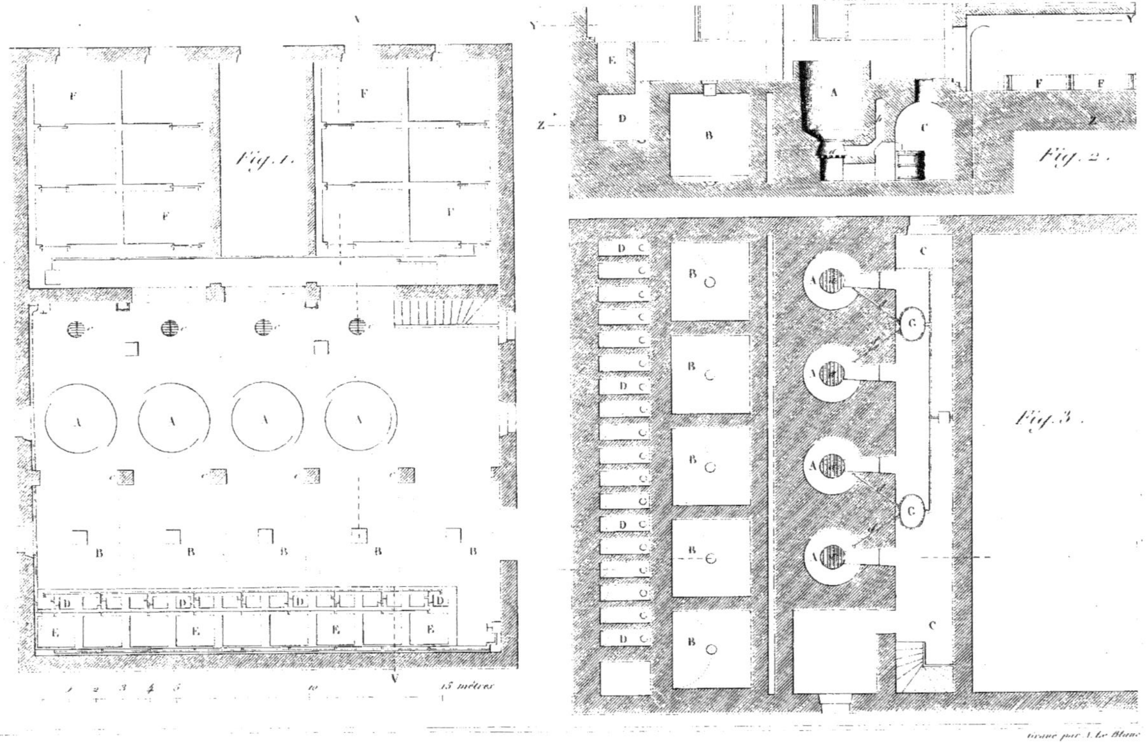

FABRICATION DU SAVON.

Pl. 123.
Fig. 1. 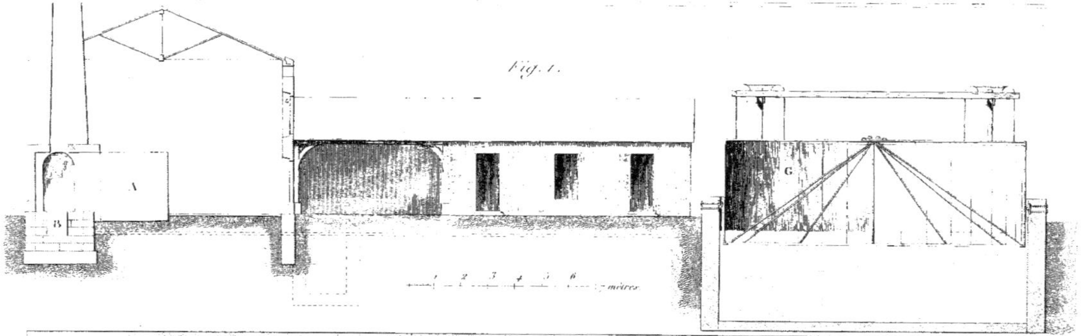
Fig. 2.
FABRICATION DU GAZ A LA RESINE

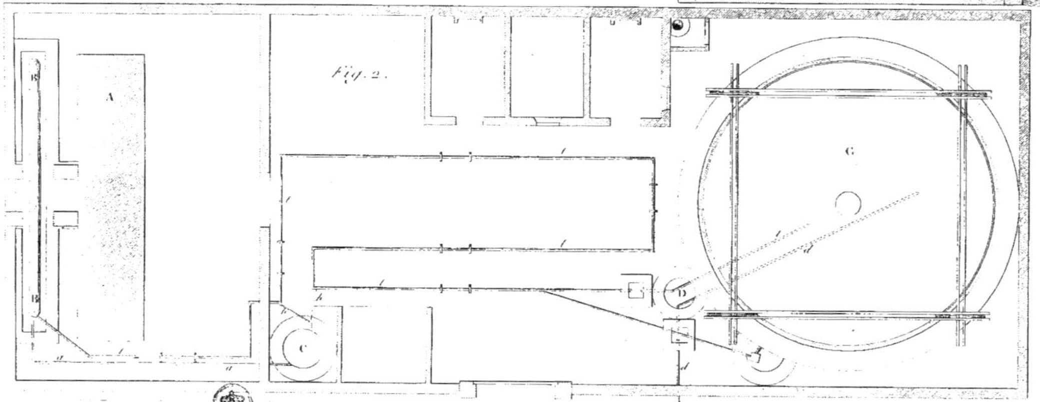

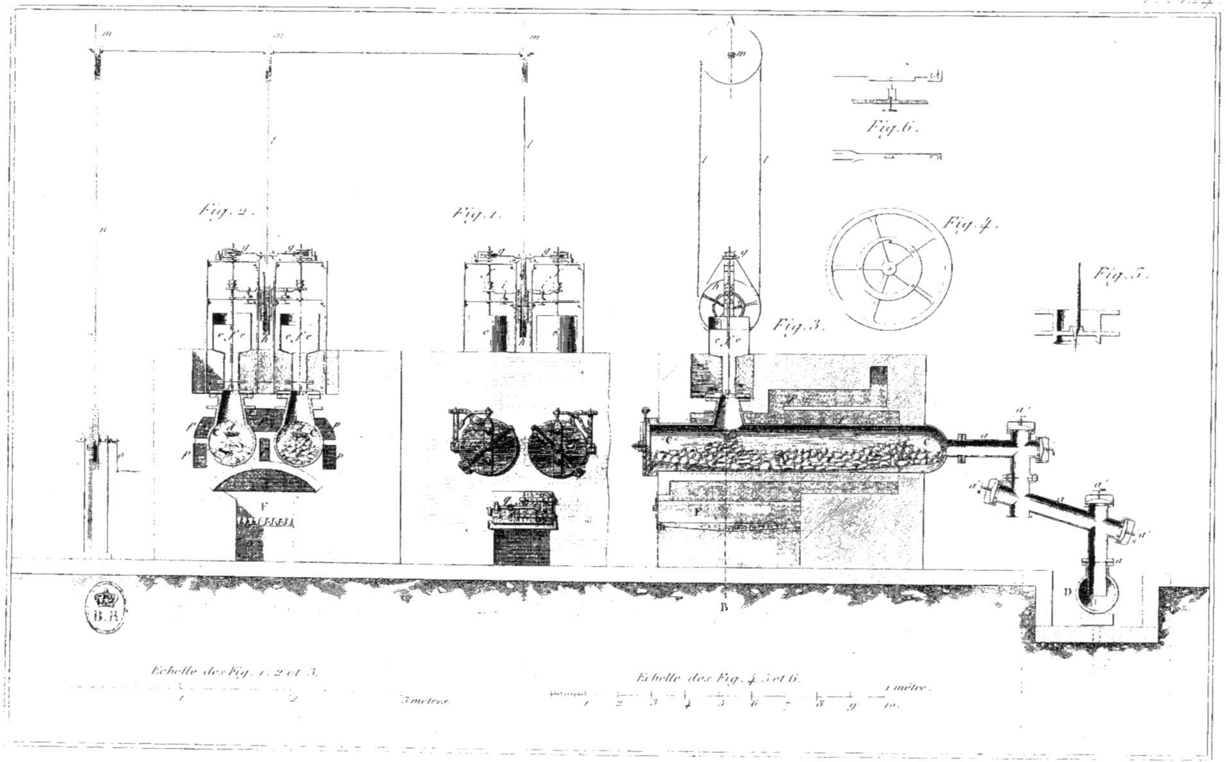

FABRICATION DU GAZ A LA RÉSINE.

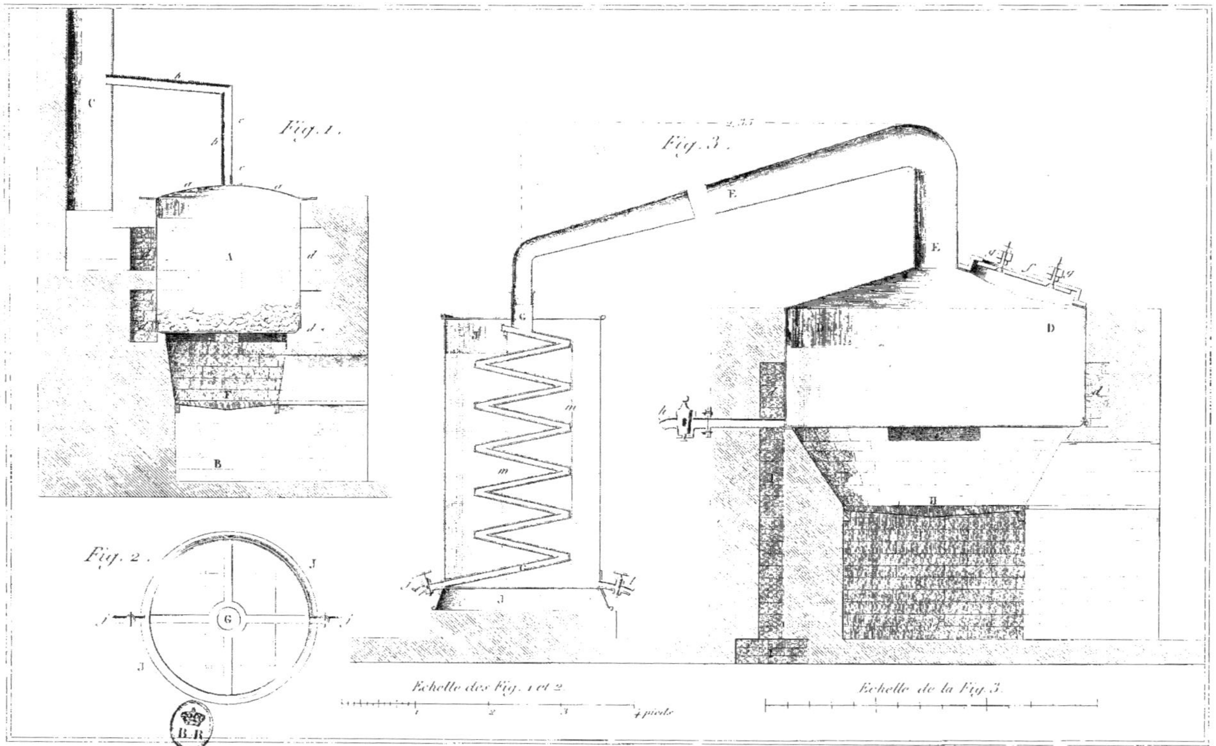

FABRICATION DU GAZ A LA RÉSINE.

PRÉPARATION DU GAZ DE SCHISTE.

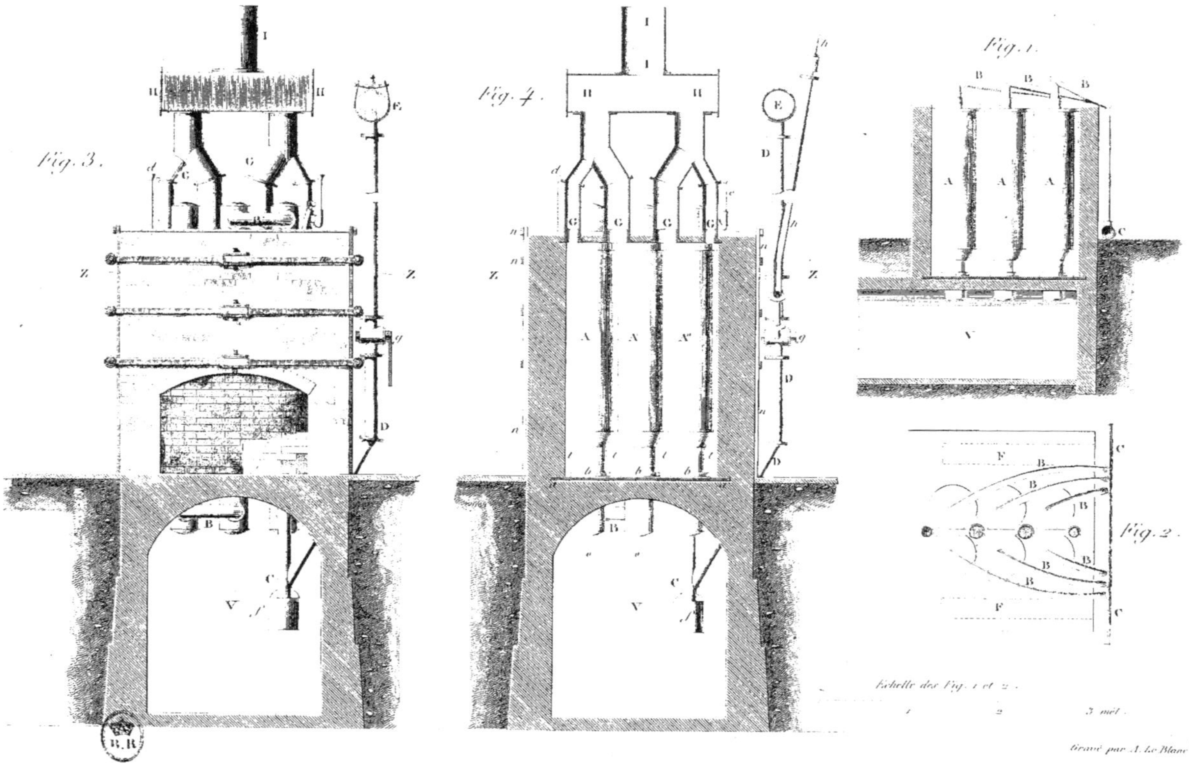

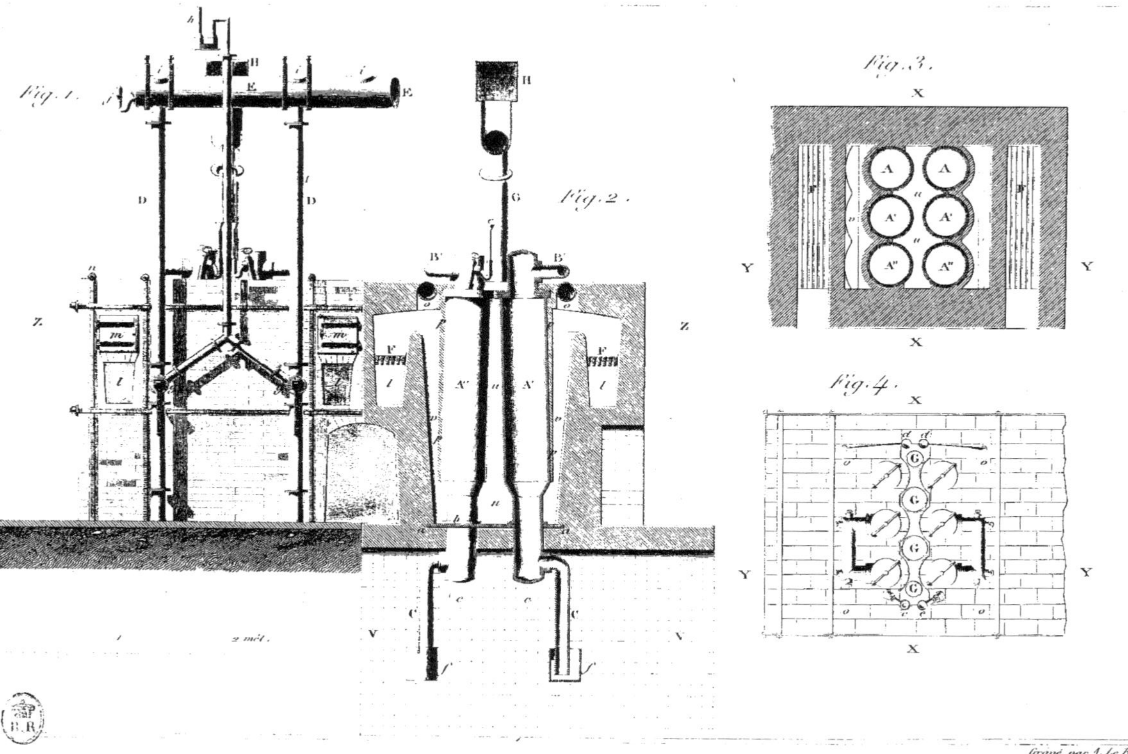

PRÉPARATION DU GAZ DE SCHISTE.

Fig. 1.
Fig. 2.
Fig. 3.
Fig. 4.
Fig. 5.
Fig. 6.
Fig. 7.
Fig. 8.
Fig. 9.
Fig. 10.
Fig. 11.
Fig. 12.
Fig. 13.

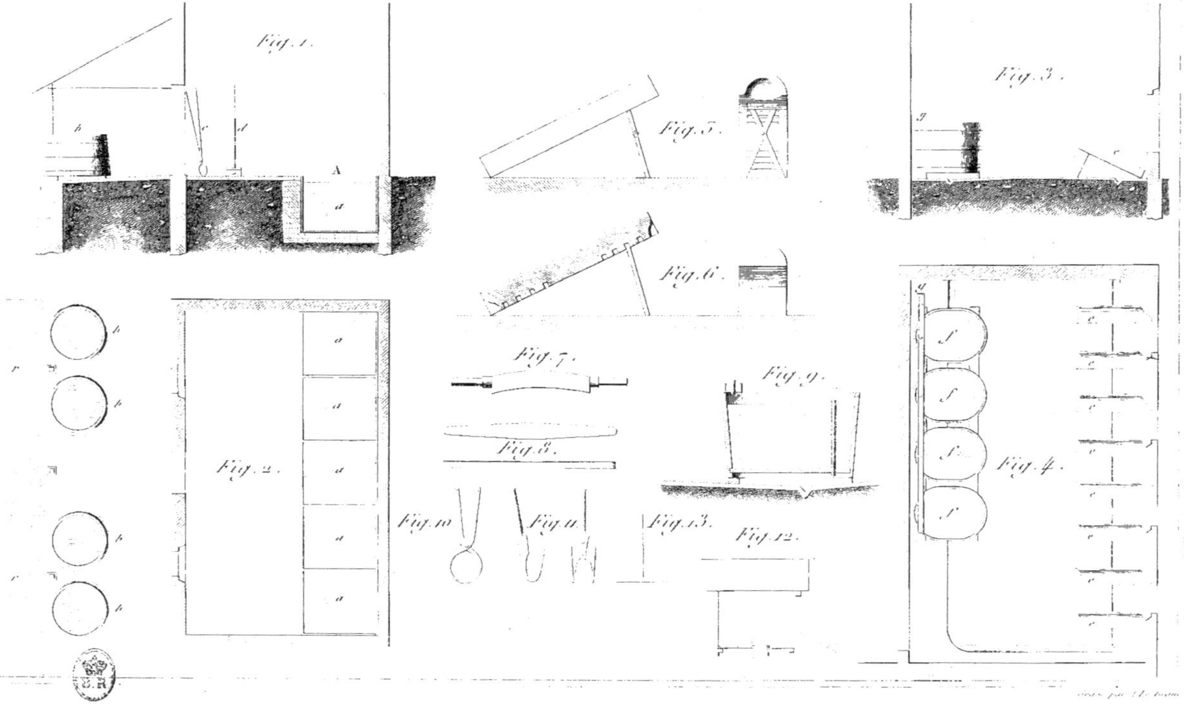

TANNERIE.

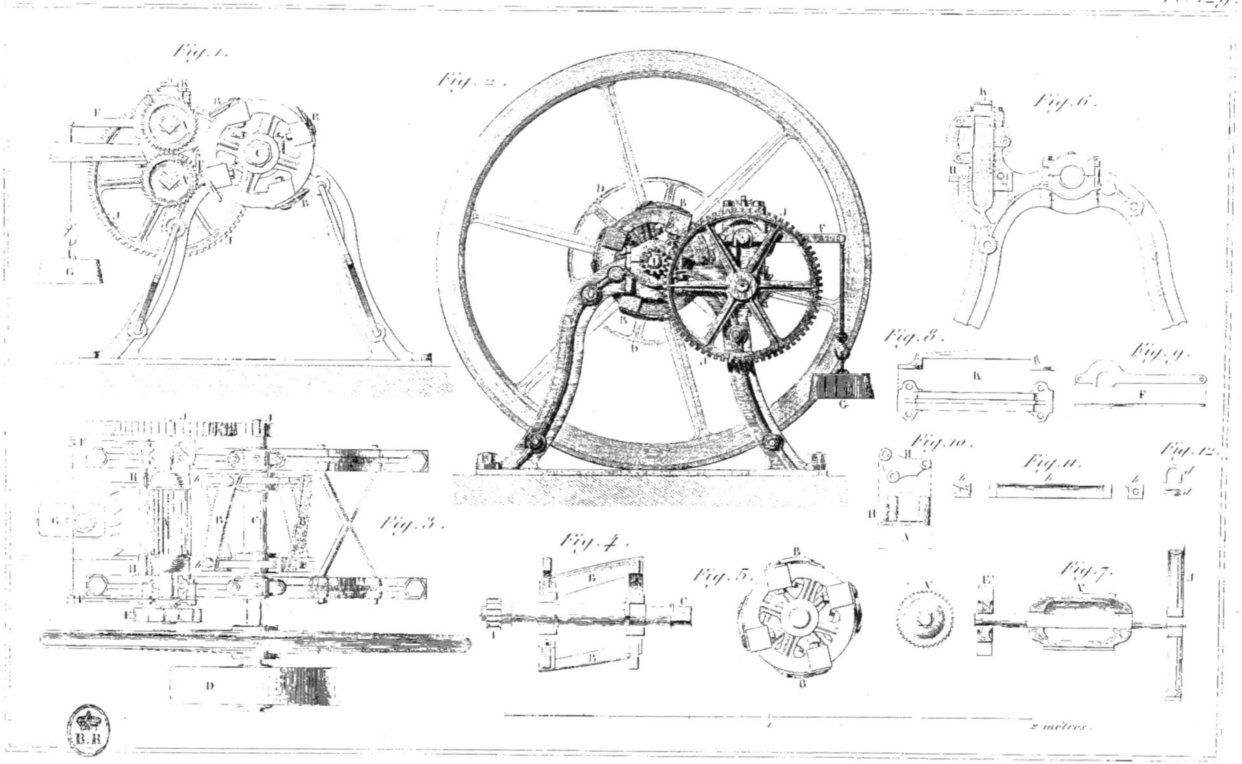

Gravé par A. Le Blanc

HACHE ÉCORCE.

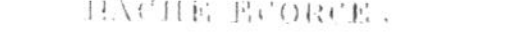

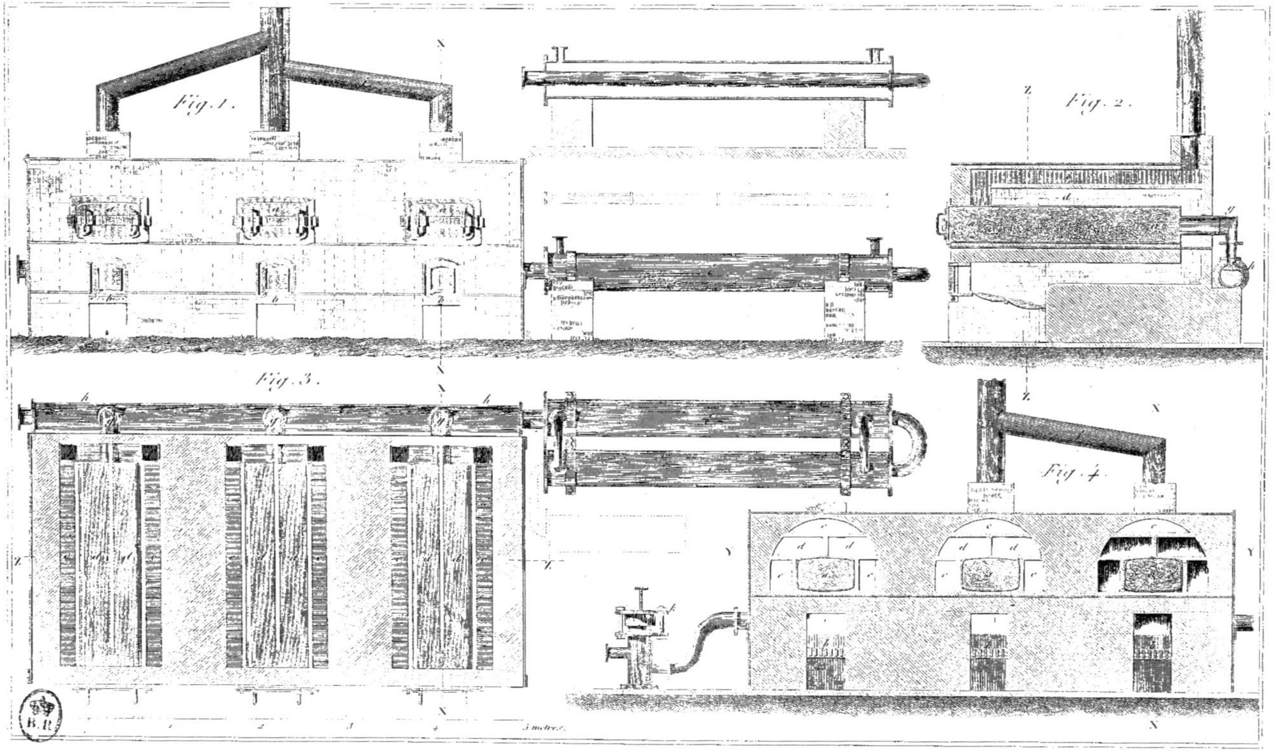

Pl. 13o.

Fig. 1.

Fig. 2.

Fig. 3.

Fig. 4.

5 mètres.

Gravé par J. Leblanc.

DISTILLATION DES OS.

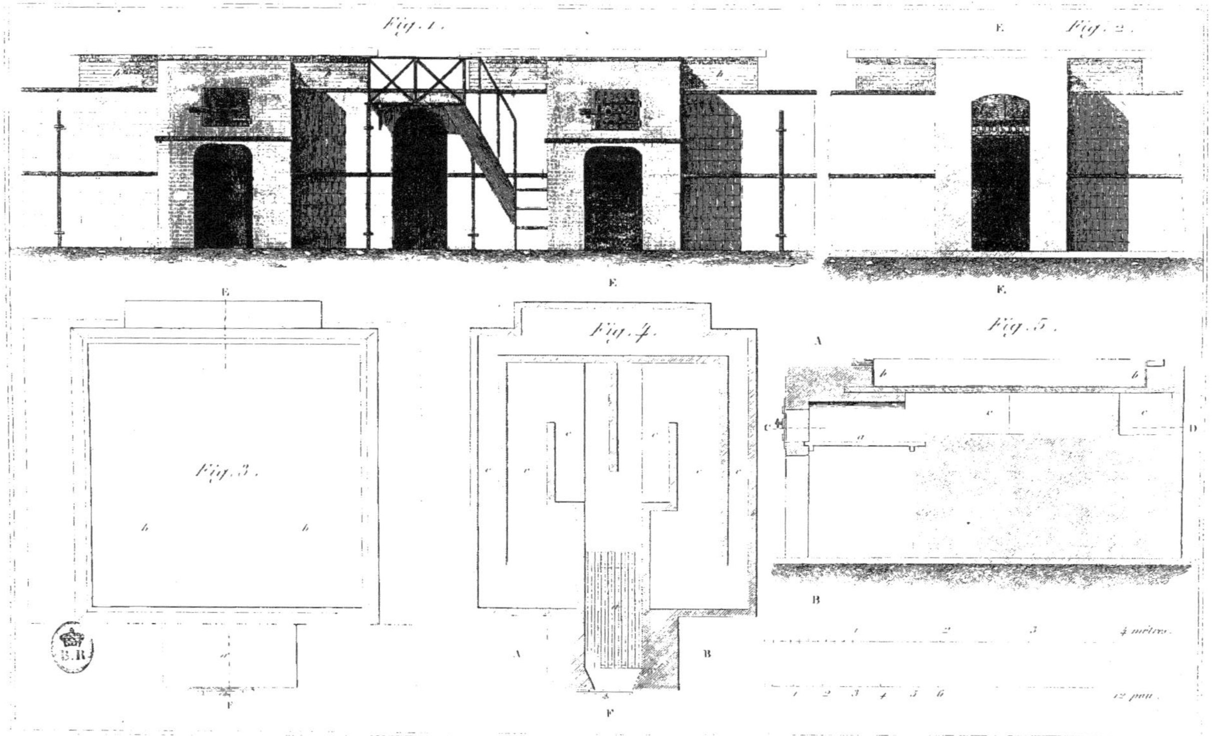

FABRICATION DES SELS AMONIACAUX

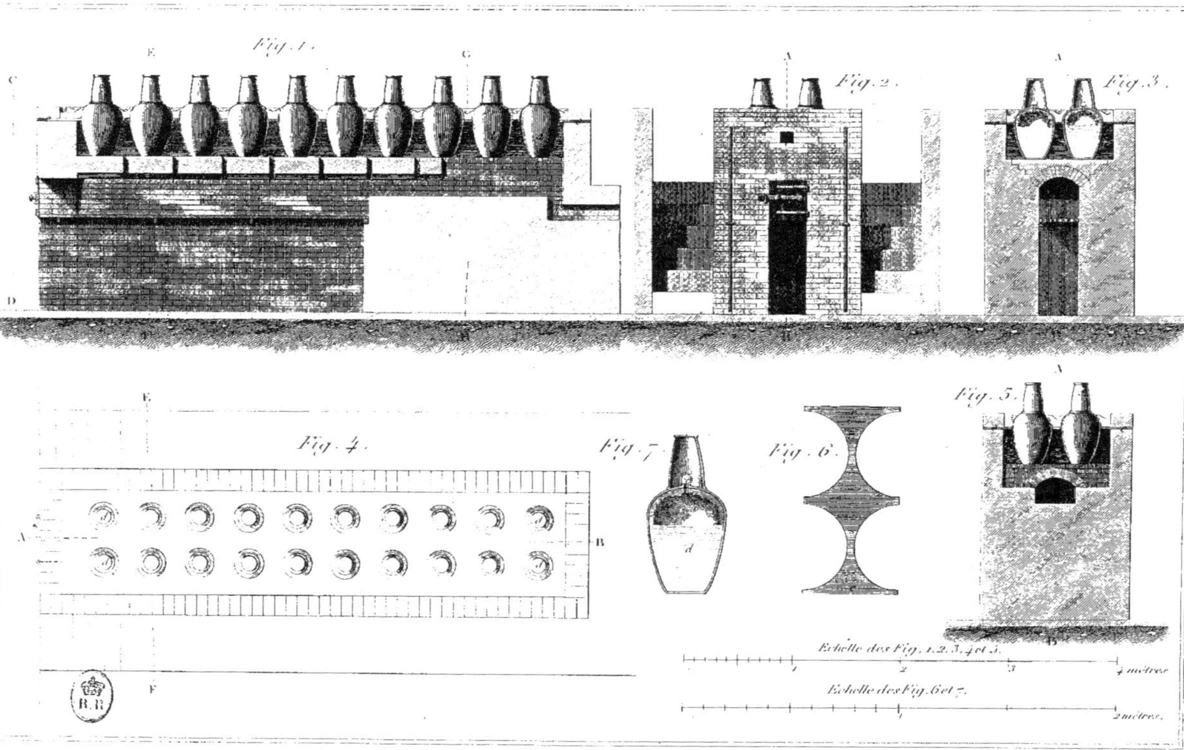

FABRICATION DES SELS AMONIACAUX.

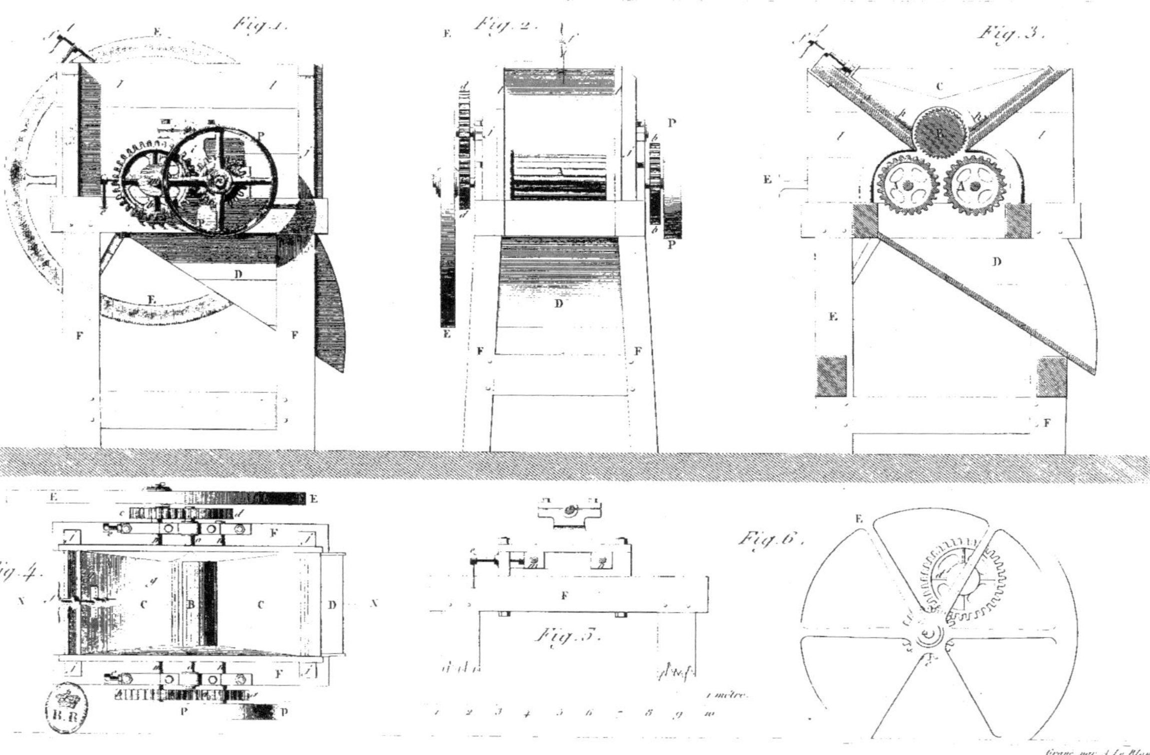

FABRICATION DU NOIR ANIMAL.

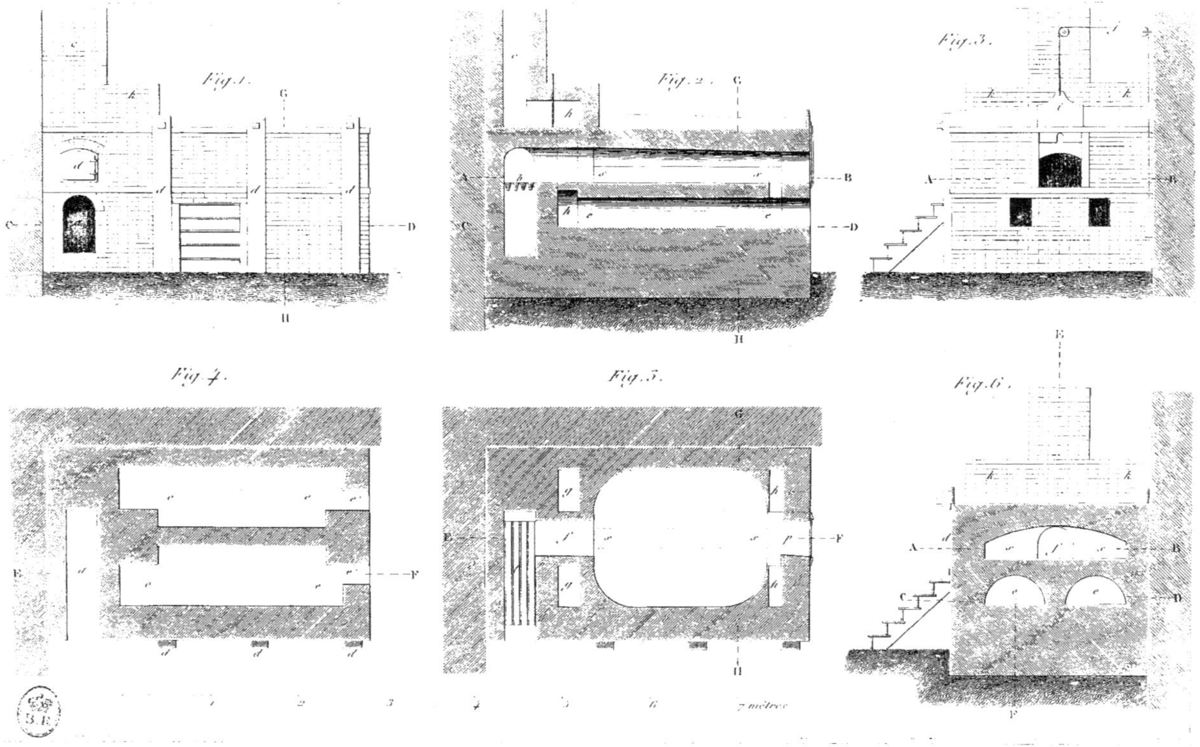

RÉVIVIFICATION DU NOIR ANIMAL.

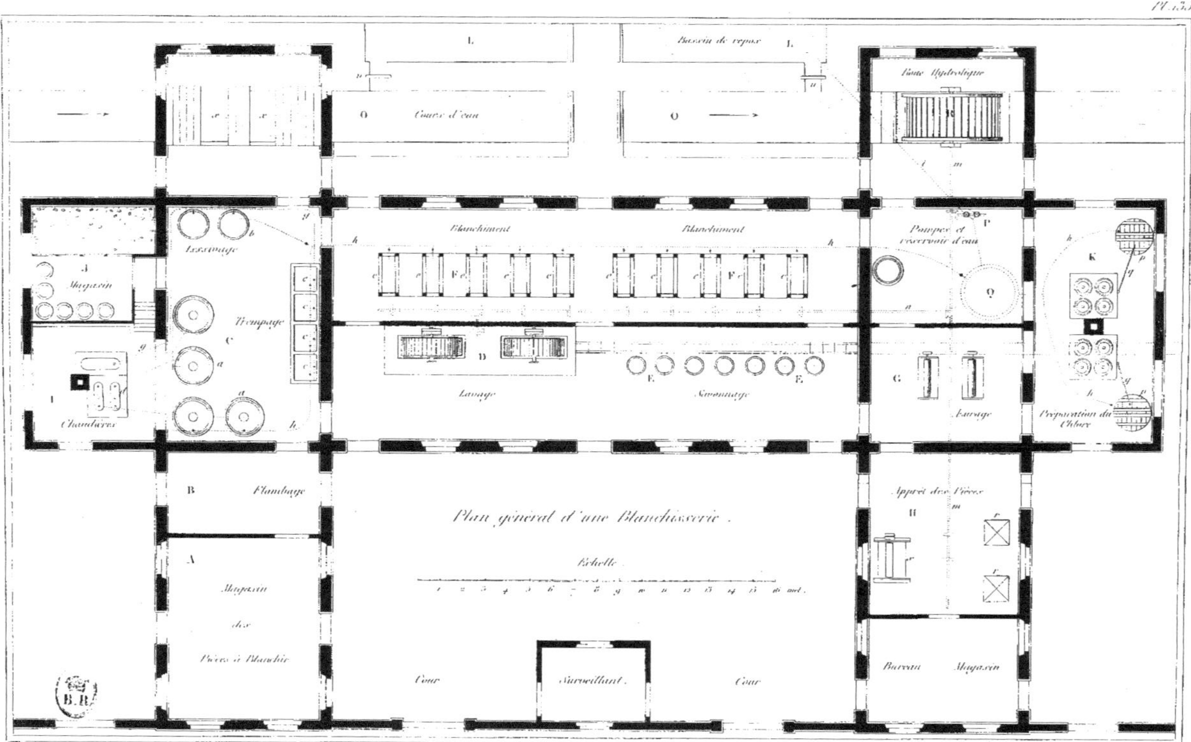
Pl. 135
Bassin de repos. L.
Cuve Hydrofuge.
Cours d'eau. O
Blanchiment
Blanchiment
Pompes et réservoir d'eau
Préparation du Chlore
Essorage
Trempage
Lavage
Savonnage
Lavage
Magasin
Chaudières
B. Flambage
A. Magasin des Pièces à Blanchir
Apprêt des Pièces
Bureau Magasin
Cour Surveillant Cour
Plan général d'une Blanchisserie.
Echelle
F. Bunde del.
Gravé par Baron.
BLANCHIMENT.

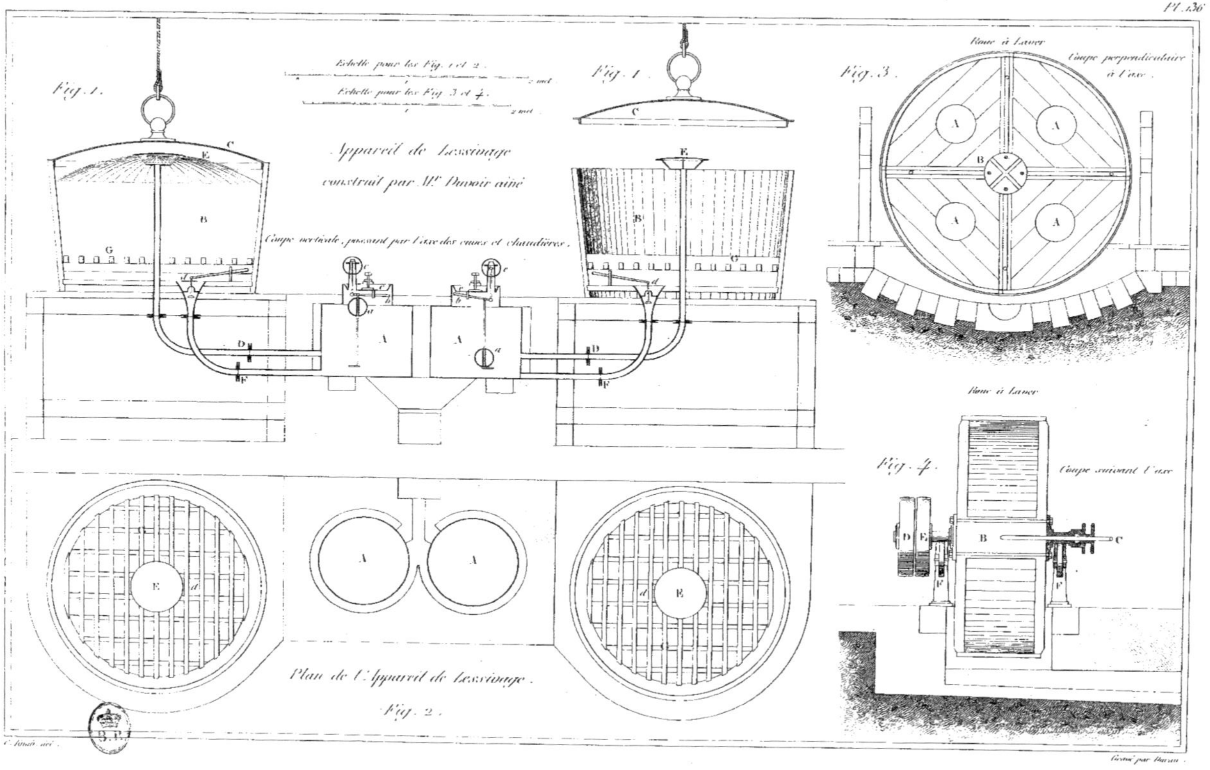

BLANCHIMENT.

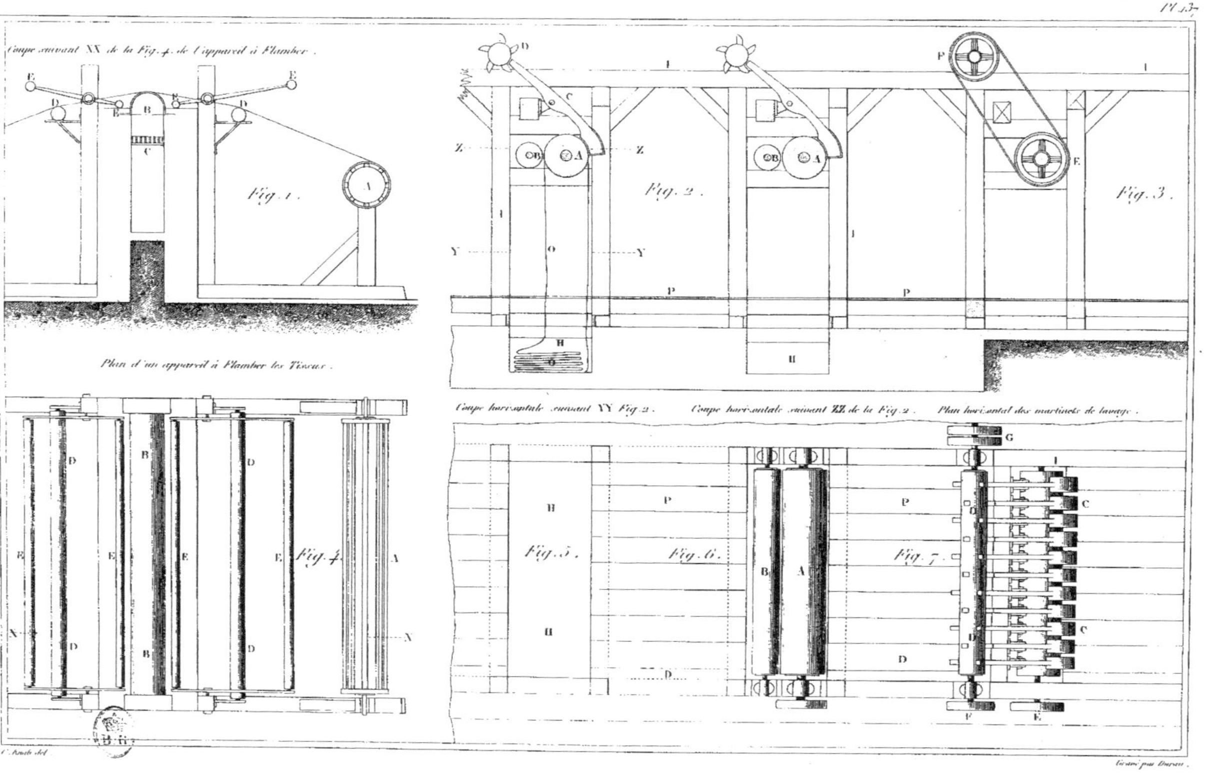

Coupe suivant XX de la Fig. 4. de l'appareil à Flamber.

Fig. 1.

Fig. 2.

Fig. 3.

Plan d'un appareil à Flamber les Tissus.

Fig. 4.

Coupe horizontale suivant YY Fig. 2.

Coupe horizontale suivant ZZ de la Fig. 2.

Plan horizontal des martinets de lavage.

Fig. 5.

Fig. 6.

Fig. 7.

C. Roméli del.

Gravé par Dupuis.

BLANCHIMENT.

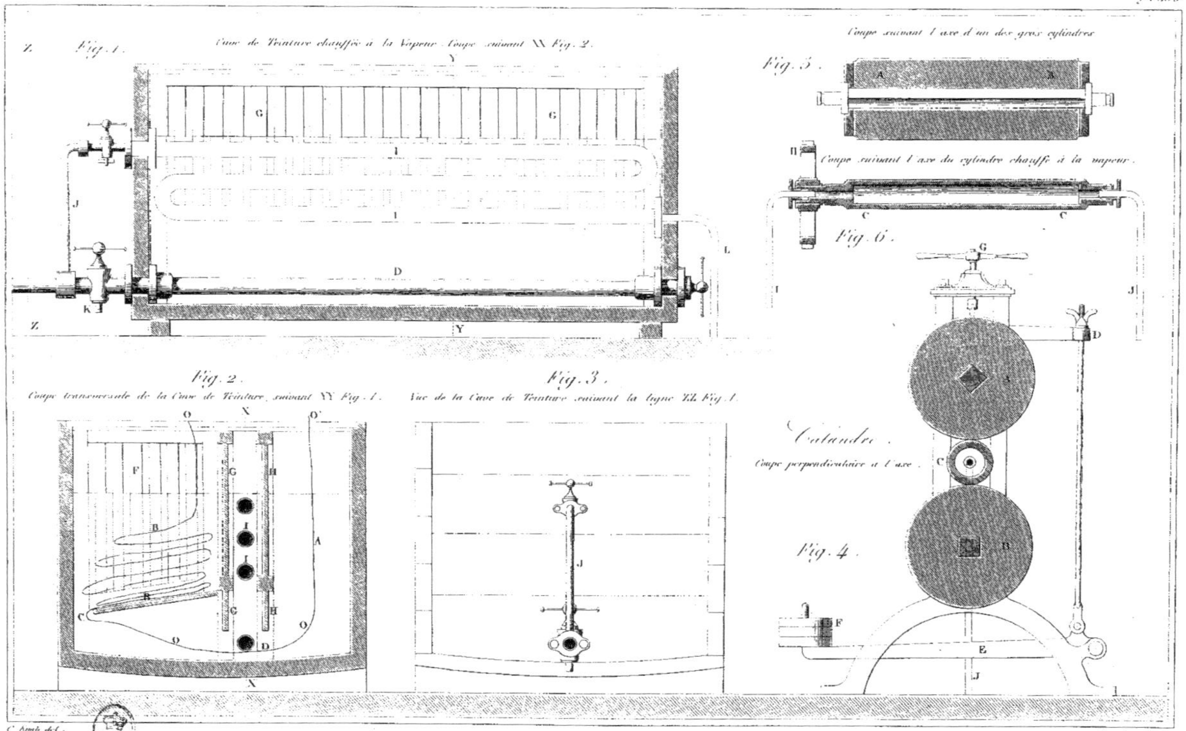

Z. Fig. 1.
Cuve de Teinture chauffée à la Vapeur Coupe suivant XX Fig. 2.
G   G
J
D
Z
K
Y
L

Coupe suivant l'axe d'un des gros cylindres
Fig. 5.
A

Coupe suivant l'axe du cylindre chauffé à la vapeur.
H
C   C
Fig. 6.

Fig. 2.
Coupe transversale de la Cuve de Teinture suivant XX Fig. 1.
O   X   O'
F
G   H
B
A
C   H
O
B
C
D
X

Fig. 3.
Vue de la Cuve de Teinture suivant la ligne ZZ Fig. 1.
J

Calandre
Coupe perpendiculaire à l'axe.
G
D
C
B
Fig. 4.
F
E
J

C. Aimé del.
Gravé par Duvau.

TEINTURE.

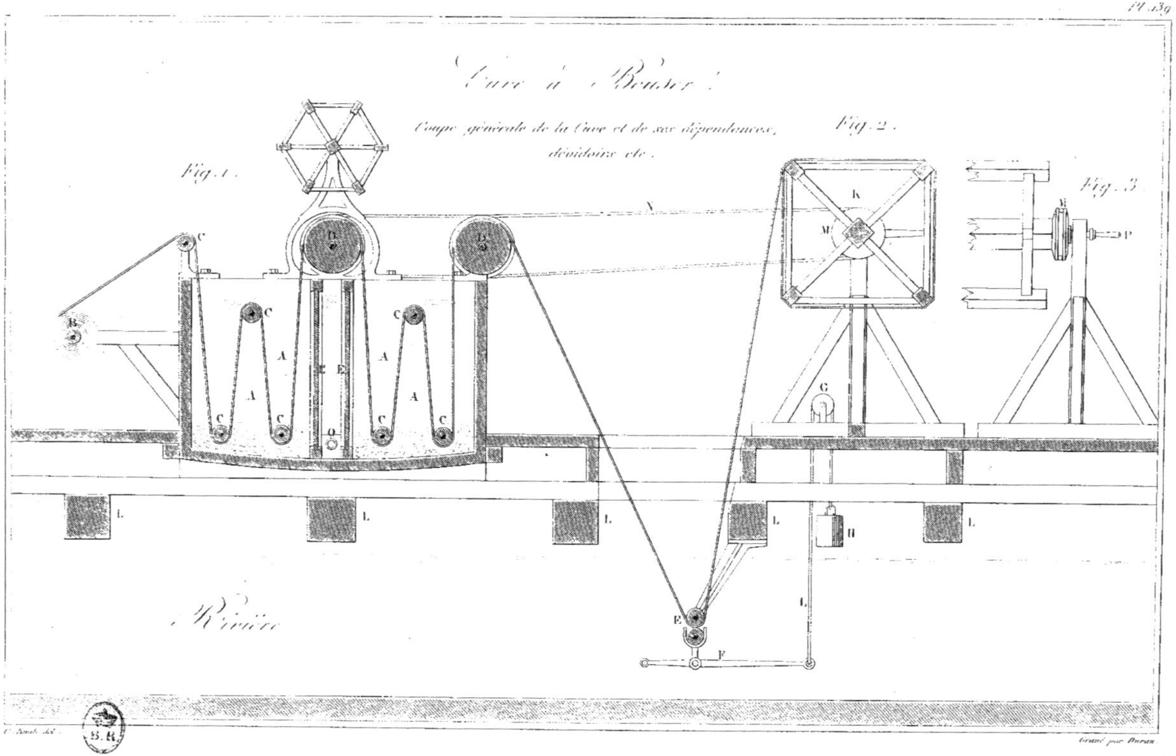
Cuve à Bouter.
Coupe générale de la Cuve et de ses dépendances, dévidoirs etc.
Fig. 1.
Fig. 2.
Fig. 3.
Rivière
C. Bénard del.
Gravé par Duran.

TEINTURE.

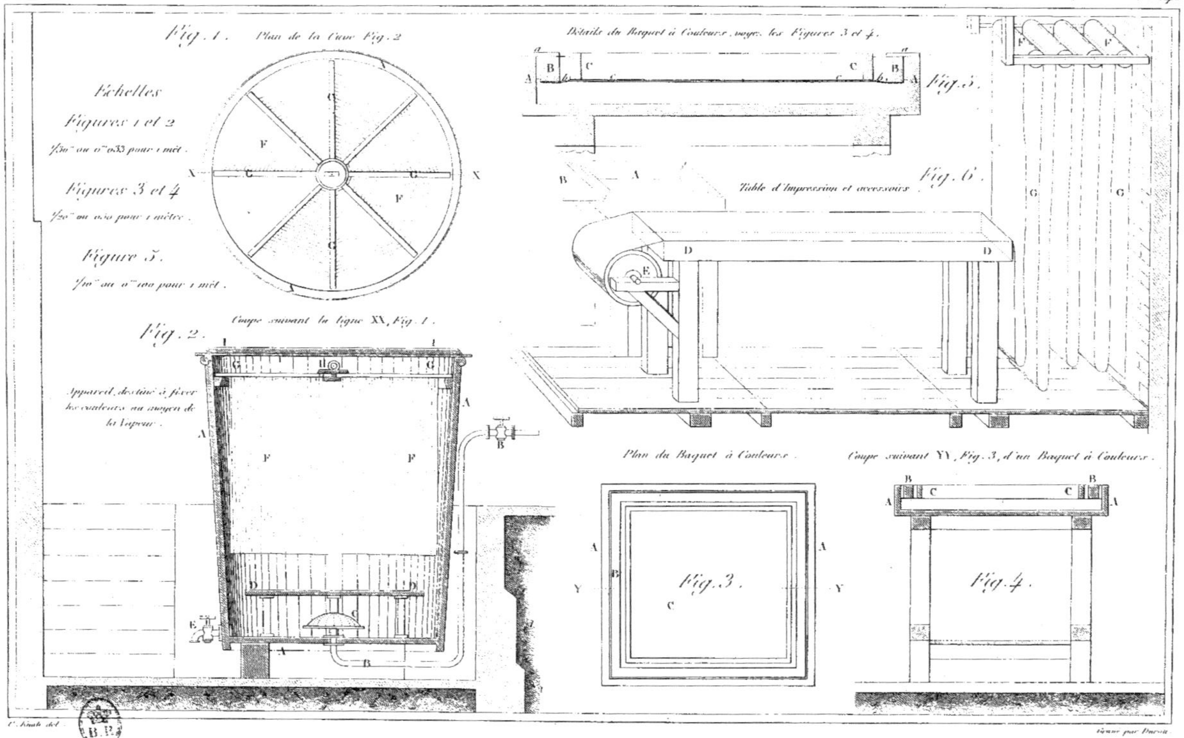

Pl. 140
Fig. 1. Plan de la Cuve Fig. 2
Détails du Baquet à Couleurs voyez les Figures 3 et 4.
Fig. 5.
Échelles
Figures 1 et 2
1/30m ou o.m o33 pour 1 mèt.
Figures 3 et 4
1/20m ou o.50 pour 1 mètre.
Figure 5.
1/10m ou o.m 100 pour 1 mèt.
Table d'Impression et accessoires
Fig. 6.
Coupe suivant la ligne XX, Fig. 1.
Fig. 2.
Appareil destiné à fixer les couleurs au moyen de la vapeur.
Plan du Baquet à Couleurs.
Coupe suivant YY, Fig. 3, d'un Baquet à Couleurs.
Fig. 3.
Fig. 4.
C. Sinal del
Gravé par Dacort
TEINTURE

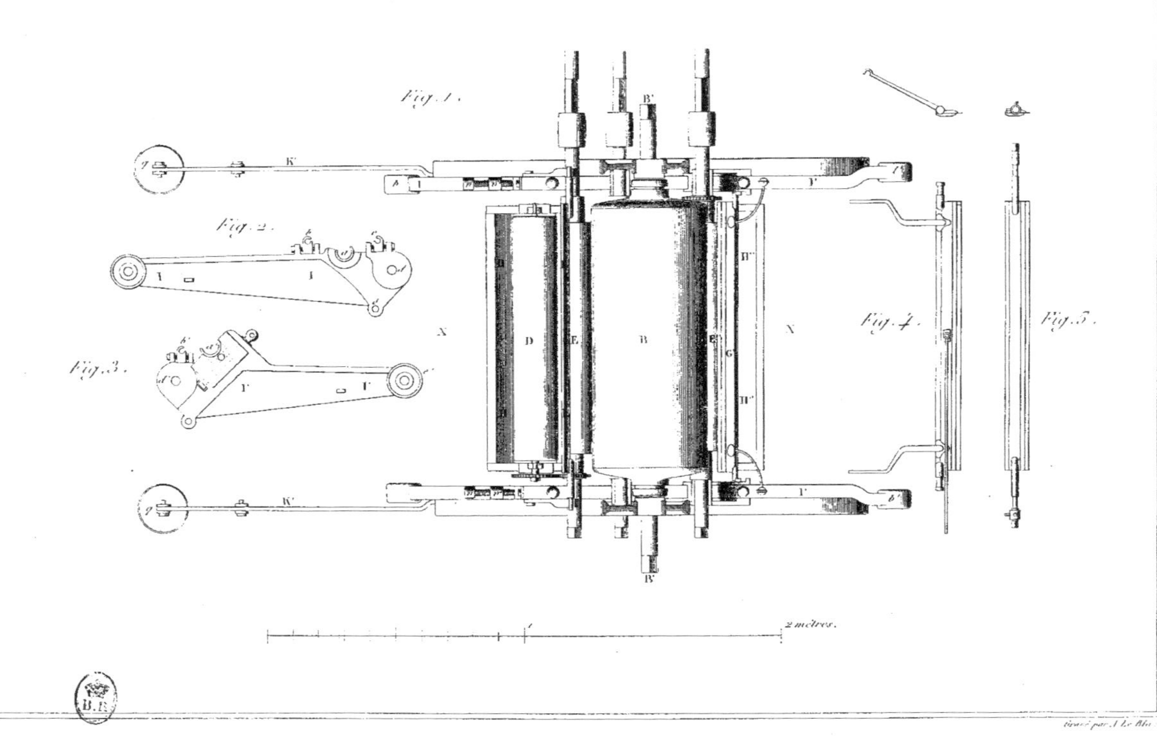

MACHINE A IMPRIMER A 3 COULEURS,

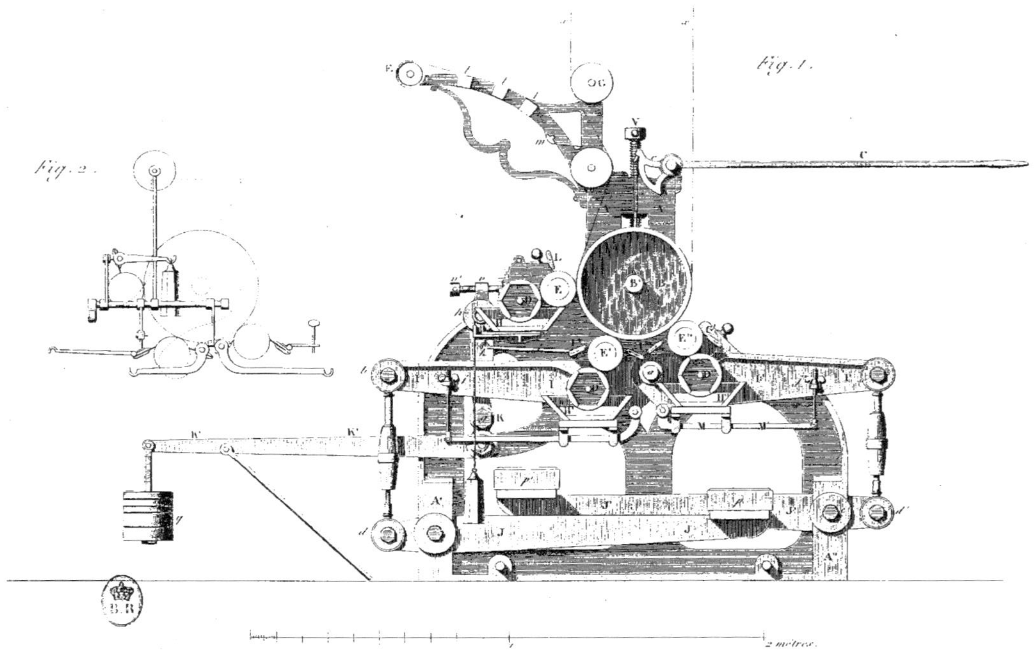

MACHINE A IMPRIMER A 3 COULEURS.

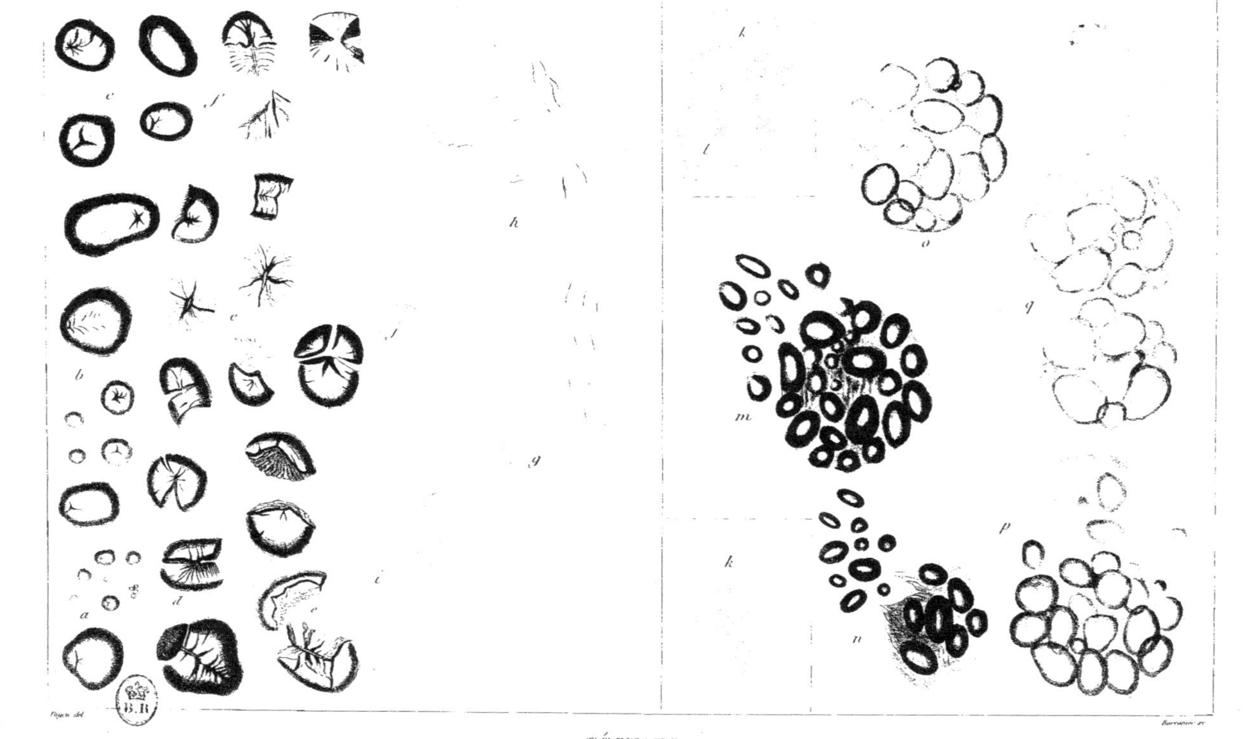

FÉCULES

FÉCULES

Payen del.

Beaumont sc.

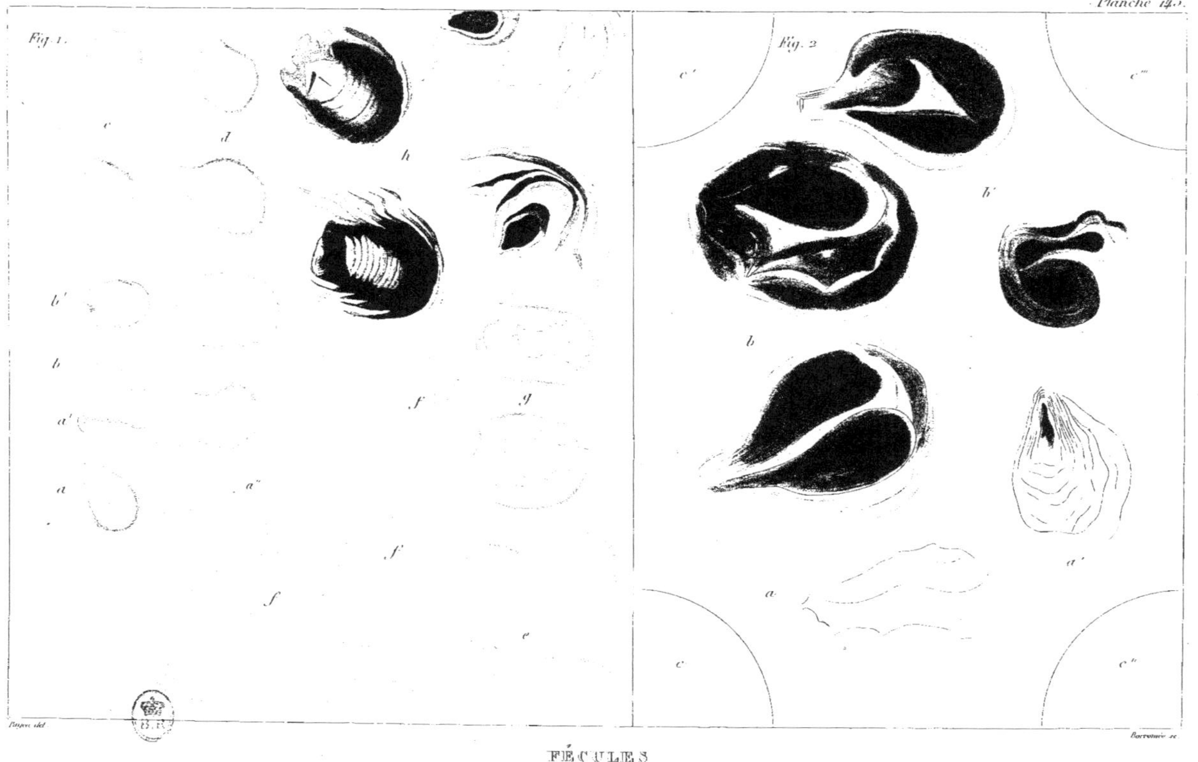

FÉCULES

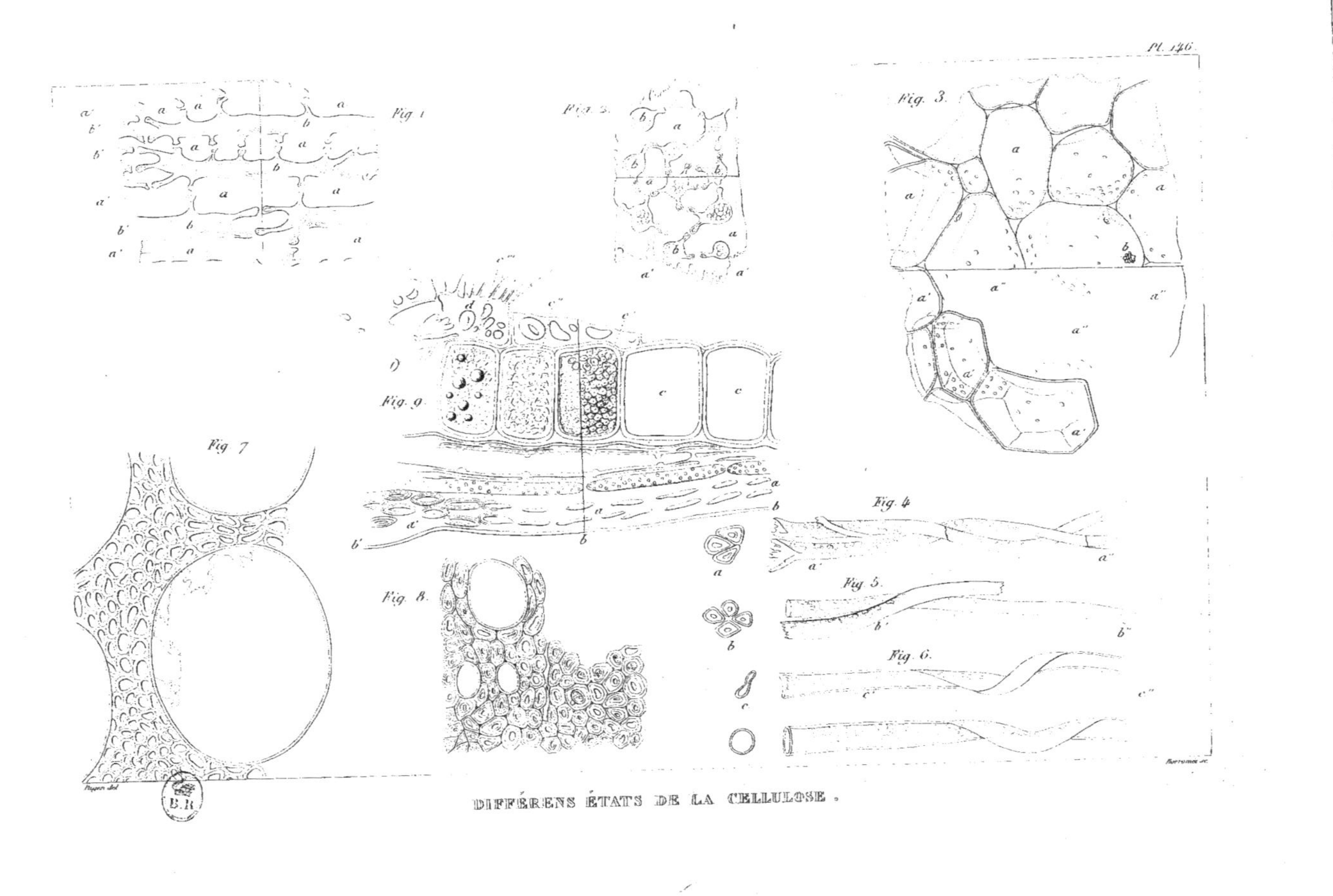

DIFFÉRENS ÉTATS DE LA CELLULOSE.

Pl. 147.

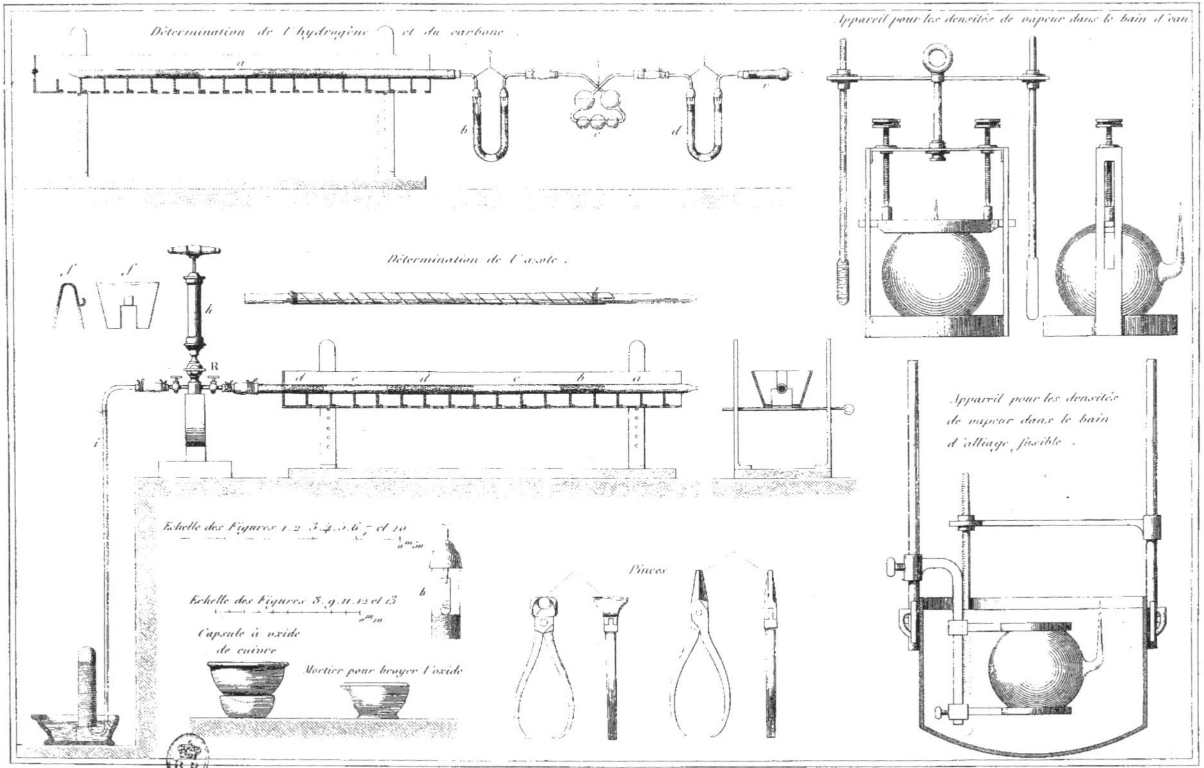

Détermination de l'hydrogène et du carbone.
a
b
c
d
e
Appareil pour les densités de vapeur dans le bain d'eau
Détermination de l'azote.
f
f'
h
R
d
c
b
a
i
Appareil pour les densités de vapeur dans le bain d'alliage fusible.
Echelle des Figures 1. 2. 3. 4. 5. 6. 7. et 10
Echelle des Figures 8. 9. 11. 12 et 13
Capsule à oxide de cuivre
Mortier pour broyer l'oxide
Pinces

Gravé par Dacon

ANALYSE DES MATIÈRES ORGANIQUES.